누가
우리의 **밥상**을
지배하는가

누가 우리의 밥상을 지배하는가

초판 1쇄   2004년   11월 17일   발행
초판 4쇄   2005년   17월 11일   발행
2판 1쇄   2008년   15월 23일   발행
2판 7쇄   2020년   3월 20일   발행

지은이   브루스터 닌
옮긴이   안진환
펴낸이   김성실
제작처   한영문화사

펴낸곳   시대의창
출판등록   제10 - 1756호(1999. 5. 11)
전자우편   sidaebooks@daum.net
페이스북   www.facebook.com /sidaebooks
트위터   @sidaebooks

ISBN 978 - 89 - 5940 - 106 - 2 (03300)

책값은 뒤표지에 있습니다.
잘못된 책은 바꾸어 드립니다.

Copyright ⓒ Brewster Kneen 1995, 2003. This new edition of INVISIBLE GIANT: Cargill and Its Transnational Strategies first published by Pluto Press, London 2003. This Translation is publishing by arrangement with Pluto Press Ltd.

이 책의 한국어판 저작권은 PubHub 에이전시를 통한 저작권자와의 독점 계약으로 시대의창에 있습니다.
저작권법에 의해 한국 내에서 보호를 받는 저작물이므로 무단 전재와 무단 복제를 금합니다.

누가
우리의 **밥상**을

지배하는가

브루스터 닌 지음 | 안진환 옮김

시대의창

일 | 러 | 두 | 기

본문에 나오는 회사와 단체들의 영문 표기는 이 책 뒤의
「각 회사 단체 원어 표기」에 모아놓았습니다.

한 | 국 | 판 | 서 | 문

식량 주권을 위한 선택

나는 약 10년 전 이 책의 초판에 실을 내용을 조사하고자 한국을 방문한 적이 있었다. 그때 나는 카길의 사무소와 시설뿐 아니라 한국의 유기농 농장들과 식량 생산단지 등도 둘러보았다. 그때 나는 한국인들의 향후 식량조달 방식에 관련해서도 카길이 이미 계획을 세워 놓았다는 것을 확인할 수 있었다. 그리고 일부 한국인들은 카길의 의도와는 매우 다른 생각을 지녔다는 점, 특히 한국의 문화와 맛, 전통을 지키는 문제에 있어서는 더더욱 다른 생각을 지녔다는 점을 여실히 느낄 수 있었다.

나는 약 15년의 세월을 카길의 행적을 추적하는 데에 바쳤다. 글로벌 식량체계에 대한 카길의 계략을 사람들에게 제대로 이해시키려면 반드시 그래야 한다고 생각했기 때문이다. 카길은 결코 순진하거나 만만한 회사가 아니다. 또한 비공개 기업이기 때문에 분기별 배당 따위에 연연해 하는 일 없이 장기적으로 생각하고 행동할 수 있는 회사이다. 카길이 자사의 일상적인 활동의 지표로 삼는 장기적인 목표는 점차 세계 전역으로 사세를 넓혀 글로벌 식량체계의 여러 분야(자신들이 참여하는 분야)에서 포괄적이며 수직적인 통합을 이룩하는 것이다. 다시 말해서 카길은 농부들에게는 비료와 사료, 조언 등을 제공하고, 식품회사들에게는 곡물 원료와 성분을 제공하면서, 한국에서든 브라질에서든, 인도에서든 미국에서든, '원하는 것을 원하는 때에 공급하는' 기업이 되고자 하는 것이다.

참으로 고마운 기업이라고 생각할 수도 있겠지만, 그러한 편의를 누리는 대가로 우리는 식량에 대한 주권을 빼앗기고 자국의 식량생산 기반이 취약해지는 위험을 감수해야 한다. 카길은 한국인과 아르헨티나 인, 중국인, 캐나다 인 등을 자신들이 통제하는 식량체계의 생산자이자 소비자로 보고 있으며, 그러한 통제권을 벙기나 아처 대니얼스 미들랜드ADM 같은 극소수의 다국적 곡물 메이저들과 공유하고 있다. 카길은 국가나 지역의 식량 자급자족은 괴이할 뿐 아니라 비효율적인 일이라고 생각한다. 그래서 카길은 고장마다 모양도 다르고 맛도 다르며 종류만 해도 수십 가지에 이르는 김치 같은 음식은 제쳐놓고, 제한된 종류의 병조림 혹은 통조림 피클만을 서울 등지의 대형 마트들에 제공할 계획을 세우는 것이다. 이런 음식에는 유기농 재료가 사용되기도 하고 유전자 변형 농산물이 사

Invisible Giant
누가 우리의 밥상을 지배하는가

용되기도 할 것이다. 카길은 물량이 충분히 크고 돈이 되느냐 여부만 따지지 다른 세세한 것은 별로 신경쓰지 않는다.

카길은 '세계적 규모로 비교우위를 확보하는 것이 최상'이라는 서구 경제학의 고전적인 이데올로기를 추종한다. 이 이데올로기에 따르면, 한국은 주요 곡물과 식물성 기름은 물론이고 심지어 가축의 사료까지 모두 수입에 의존하고 오로지 집약적인 채소 경작과 가금농사에만 매달려야 한다. 국산 쌀로 밥을 지어먹을 생각은 꿈도 꾸지 말아야 한다. 산업화된 식량경제 체제에서는 그런 낭만주의를 허용할 여유가 없기 때문이다.

이제 개인적으로 그리고 정치적으로 결정을 내려야 할 시점이 도래했다. 산업화된 글로벌 식량 생산품의 소비자가 되느냐 아니면 국가별 혹은 지역별 생태학적 식량체계 안에서 생산자와 소비자가 되느냐, 이 둘 중에 하나를 선택해야 할 시점이 되었다는 뜻이다. 이 책은 왜 그런 결정을 지금 내려야 하는지, 왜 그것이 중요한지를 조명하려는 의도를 담고 있다.

현명한 한국인의 올바른 선택을 고대해 본다.

브루스터 닌 Brewster Kneen

서 | 문

보이지 않는
거인의 새 단장

2002년 2월 20일, 나는 카길 사가 지난 한 주 동안 어떤 실적을 올렸는지 확인하기 위해 평소처럼 웹사이트에 접속했다. 그런데 놀랍게도, 나를 맞이한 것은 최근 거래에 관한 뉴스 공지가 아니라 새로운 로고와 함께 다시 태어난 '새로운 카길'이었다. 가운데가 눈물방울 모양으로 움푹 들어간 녹색의 'C' 도안과 'Cargill'이라는 이름이 동떨어져 있어서 진녹색 변기의자를 연상시키던 예전의 로고는 사라지고 없었다. 새로운 로고는 도안의 위쪽 8분의 3에 해당하는 부분인, 'Cargill'의 'a'에서 'i'까지 진녹색 이파리를 아치 모양으로 걸쳐놓고 'Cargill'이라는 이름 자체를 로고로 사용하고 있다. 이는 카길이 이제부터는 '보이지 않는 거인'이기를 거부하겠다는 의지의 표명이다.

사뭇 흥미로운 일이 아닐 수 없었다. 새로운 로고는 카길이 '전통을 기반으로 앞을 향해 나아가겠다'는 것을 알리려는 의도를 담

고 있다. 이 책을 통해 알게 되겠지만, 실제로 카길은 그동안 치열하게 '앞을 향해' 전진해온 기업이다. 카길은 로고에 대해 다음과 같이 설명한다.

새로운 카길 로고의 녹색 아치는 종전 로고와의 연관성을 보여준다… 우리는 그 로고가 사용되었던 지난 36년 동안 조직적으로, 지리적으로 성장한 카길의 많은 부분을 그대로 유지하고자 한다… 동시에, 새로운 카길 역시 보다 친근하고 혁신적이며 진취적인 형태를 갖춰가고 있다… 우리의 근본적인 사업 목적은 영양과 성장 그리고 교류를 증진시키는 데에 있다. 우리의 지식과 활력을 이용하여 삶과 건강, 성장에 필요한 재화와 용역을 제공하는 것이 우리의 목적이라는 의미다.

그리고 새로운 카길에 관해 다음과 같이 새로운 과대광고를 늘어놓고 있다.

카길은 21세기에 들어서면서 새로운 여행의 장도에 올랐다… 식품 및 농산물 사업자인 우리의 주고객들이 필요로 하는 솔루선의 제공자로서 앞으로 10년 이내에 최고의 위치에 오르고자 한다… 우리의 이 여행에는 정직과 신뢰라는 우리의 전통적인 강점들도 동행한다. 또한 세계 각 지역에 재화와 용역을 제공하며 우리가 축적한 전문 지식도 동행한다. 이러한 기초 위에 우리는 각각의 고객들과 보다 견고한 관계를 구축해나갈 것이다. 그리고 그러한 관계를 통해 고객과 함께 다음과 같은 일들을 해나갈 것이다.

- 충족되지 못한 니즈에 대한 탐색
- 니즈를 충족시키기 위한 최선책 탐색
- 차별화되고 가치 높은 솔루션 개발
- 솔루션의 확실한 전달

상당한 비용을 들여 조심스럽게 빚어냈으리라 추측되는 이 글을 읽으면서 나는 그들의 자기중심적인 사고와 빈약한 요지에 충격을 금할 수 없었다. 또한 '가치'라는 개념을 함부로 강조하는 데에도 당황하지 않을 수 없었다. '가치'란 '신뢰'와 '정직'과 동의어인데 말이다. 물론 이들이 나쁜 가치를 말하고 있다고는 할 수 없지만,

Invisible Giant
누가 우리의 밥상을 지배하는가

우리를 위한 그리고 세계를 위한 회사의 비전에 대해서는 아무 언급도 없다는 점이 기가 막힌다는 얘기다. 이 책은 바로 그러한 비전, 즉 카길이 지녀야 마땅한 비전에 일정량의 알맹이를 제시하려는 의도로 집필되었다. 카길이 걸어온 길과 현재 걷고 있는 길을 살펴봄으로써 그들의 비전에 대해 함께 고민해보기로 하겠다.

카길이 내건 애매한 말들은 영리한 술책이다. 어떤 책임도 지지 않으려는 의도인 것이다. 아무런 약속을 하지 않음으로써 지지자들에게든, 비평가들에게든 책잡힐 일을 피하려는 것이다.

카길은 이번에는 5년 혹은 7년마다 규모를 2배로 확장한다든지 또는 수익을 증대한다든지 내지는 어떤 상품 분야에서 최고가 된다는 등의 구체적이고 뚜렷한 목표를 세우지 않았다(한때는 잘도 그러더니 말이다).

새로운 카길에 대해 정말 새롭다고 할 수 있는 것은, 비즈니스 방식으로 '협력'(오늘날 '제휴'나 '합동 벤처'라는 말로 표현되는 협력)이 경쟁보다 낫다는 사실을 원리적으로는 물론 실질적으로도 인정했다는 점이다. 낮은 가격으로 사들여서 높은 가격으로 파는 비열한 구식 장사꾼의 행태는 버리겠다는 취지다. 물론, 아직까지는 취지만 그런 것 같다. 카길은 지금도 다른 기업들의 불운이나 부실 경영을 이용해 그들의 설비를 싸게 사들임으로써 이득을 취하는 데 열성적이기 때문이다. 또한 여전히 카길은 셀 수 없을 만큼 많은 종류의 일용품에 자본력을 행사해 거래를 쥐고 흔드는 글로벌 '장사꾼'이다. 유한한 운명을 타고난 대다수의 기업들은 거의 꿈도 꾸지 못하는 일이다. 그렇다면 카길은 불멸의 기업이라는 말이 된다. 바로 그것이 부도덕한 생물공학자들이 꿈에서나 그리는 불멸성을 발휘하고 있는 이 법인체의 본질이다.

 카길은 표면상으로는 더 이상 다른 기업들로부터 이득을 취하지 않고 '협력자'로서 그들에게 조언을 주려 애쓴다. 최소한 이것이 카길의 특별한 식품 성분 및 원료에 대한 구매자 그리고 농장주들에게 이들이 강조하는 내용이다.

 카길의 회장인 워렌 스테일리는 다음과 같이 말했다.

  "우리는 비즈니스에 대한 접근방식에 있어서 근본적인 변화를 겪고 있습니다. 현재 우리는 농장주들이 상품을 판매할 수 있도록 돕는 일부터 식품사업자들이 공급망의 논리를 이해하고 리스크를 관리할 수 있도록 돕는 일까지, 고객들의 특색에 맞는 가

Invisible Giant
누가 우리의 밥상을 지배하는가

치 창출을 위해 중점적으로 노력하고 있습니다. 이런 전략으로 우리는 모든 비즈니스 관계에서 더욱 고객에 초점을 맞추고 효율성을 지향하며 혁신을 추구하고 있습니다."[1]

'원료'의 판매자이자 '생산품'의 구매자로서 조언을 제공하며 카길이 실제로 하고 있는 일은(자기들 입맛에 맞는) 농업 정책을 만들어나가는 것이다. 농장주들이 판매와 가공을 위한 '원료' 생산자로서 카길의 필요를 충족시킬 만큼 성장하도록 도우면서, 카길이 상당한 지배력을 행사하는 글로벌 시스템을 통해 '생산품'을 판매하도록 도우면서, 카길은 자사의 이익을 최대로 보장해주는 일종의 산업적 농업 시스템을 구축하고 있다. 물론 이 시스템은 반드시 농장주들이나 공공의 이익을 최대로 보장해주는 것도 아니고 세계 각지의 모든 이들에 대한 충분한 영양 공급을 보증하는 것도 아니다.

『보이지 않는 거인Invisible Giant』의 개정판인 이 책의 집필은 경제 각 분야, 특히 농업 비즈니스에 기업들의 자본력이 집중되고 그에 따라 기업들의 지배력이 증가하고 있다는 광대한 이슈에 다시금 관심이 생기면서 시작되었다. 마침 나는 카길에 대한 정보 수집을 게을리 하지 않고 있던 터였다. 1994년 말 초판을 출간한 이래로

'마땅한 근면성'을 발휘하여 카길에 관한 것이라면 무엇이든, 뜻밖에 발견한 것이든 의도적으로 찾아낸 것이든, 모든 정보를 모아 갖가지 형태의 자료나 컴퓨터 파일 등으로 보관해왔다. 나는 새로운 관심이 생기자마자 그동안 모아놓은 정보들을 분류하고 의미를 파악하는 작업에 나섰다. 또한 필요한 경우 여행도 직접 다녀왔다.

카길은 『보이지 않는 거인』이 처음 출간된 이후 자사의 정보 정책을 변경한 것이 분명하다. 카길은 『보이지 않는 거인』이라는 책이 자사에 대한 유일한 정보원이 되는 것을 원치 않았다. 그래서 그들은 인터넷을 적극적으로 활용해 회사 활동에 관한 소식을 일반 대중에게 제공하기 시작했다. 그러면서도 너무 많은 정보를 노출하여 일반인들이 회사의 계략까지 알아채는 일은 없도록 하기 위해 신중에 신중을 기했다.

이들이 자주 사용하는 수법은 정보를 올릴 때 날짜를 명시하지 않거나 정보를 공지한 후 업데이트를 하지 않는 것이다. 카길의 웹사이트는 3년 이상 손을 대지 않은 부분이 많아서 정보가 흥미롭기는 해도 정확하다고 할 수는 없다. 보도 자료와 같은 어떤 정보들은 게시되었다가 사라지기도 한다. 그러한 뉴스가 있던 자리에는 '사용 불가'라는 한 마디만 남을 뿐이다. 무슨 이유로 자료를 급히 삭

Invisible Giant
누가 우리의 밥상을 지배하는가

제했는지 의문스럽지 않을 수 없다. 카길은 또한 사무실과 각종 시설물의 안내 구역에 있던 회사 간행물들도 모두 치워버렸다.

이런 연유로, 그리고(언제나 신뢰할 만한 정보의 최대 원천이 되는) 각지의 카길 직원들과 대화를 나누기 위해 세계 전 지역을 다 돌아다닐 수는 없었던 탓에, 이 책의 모든 내용이 누구든 만족할 만한 최신 정보라고 말할 수는 없다(독자들 또한 그 사실을 금방 발견하게 될 것이다). 나 또한 이러저러한 일의 결과는 어떠했는지 혹은 그 다음에는 상황이 어떻게 전개되었는지, 잘 모르는 부분이 있다는 얘기다. 예를 들면, 카길과 몬산토 두 기업이 각각 혹은 '르네센'이라는 합동 벤처기업으로 현재 중국에서 무슨 일을 벌이고 있는지 나는 모른다. 그리고 물론, 알고 싶다.

다트모스 대학의 사학자 웨인 G. 브로엘 주니어는 카길로부터 1895년에서 1960년까지 자사의 변천사를 담은 공식적인 연혁을 써달라는 의뢰를 받았다.* 그 결과로 탄생한 책은 내가 아는 한 카길의 유일한 공식 연혁으로, 카길이 진정으로 원하던 일종의 가시성

---

* 『Cargill-Trading the World's Grain』(University Press of New England, New Hampshire, USA, 1992)

을 제공한다. 1000페이지가 넘는 이 책은 그 두께로 인해 실로 책장에서 두드러지게 눈에 띄기에 하는 말이다. 이 연혁은 또한 카길의 변천 유형과 회사의 성격은 물론이고 금융가나 정부 기관, 경쟁사들과의 만남에 관해서도 방대한 세목에 걸쳐 여러 가지 '좋은' 이야기들을 담고 있다. 사실상 세부 사항이 너무 많아서 전체적인 내용은 보이지도 않고 볼 수도 없다. 나는 이것이 우연한 일이라고 생각하지 않는다. 던컨 맥밀런 역시 매우 사적인 내용을 담은 카길의 가족사*를 칼라 사진을 곁들인 두 권짜리 책으로 발표한 바 있다. 나는 이 두 종류의 책에서 카길의 역사에 관한 대략적인 개요와 그 밖에 참고가 될 만한 다소의 사료들을 얻을 수 있었다.

이 책에도 많은 세부 사항들이 담겨 있지만 앞서 말한 책들과는 구성이나 표현의 방식이 크게 다르며 집필 목적도 다르다. 내가 나름대로 입수한 정보들을 이용해 만들고자 한 것은, 아웃사이더들이 카길의 사업방식, 걸어온 길과 걷고 있는 길을 객관적으로 이해하는 데 필요한 안내서이다. 따라서 이 책에서는 가격 조작 혐의나 환경

---

* W. Duncan MacMillan, Patricia Condon Johnson, 『MacGhillemhaoil-Au Account of My Family From Earliest Times』 (privately printed at Wayzata, Minnesota, 1990)(2권, 삽화)

오염 문제, 지역사회 차원의 홍보 활동, 그리고 책임감 있는 기업이라면 정부를 대신하여 참여하고 싶어할만한 자선 활동 등과 관련된 이야기나 보고 내용은 다루지 않는다. 중요하지 않아서가 아니라 기업의 전략과는 크게 관계없는 사안들이라서 배제했다는 의미다.

수년간 나는 세계 여러 나라의 카길 직원들과 경쟁업자들, 학자들, 정부 관료들과 대화를 나눴고 가능한 한 많은 카길의 문헌들을 입수했다. 또한 (뒤에 참고문헌으로 언급된)업계의 전문잡지들을 정기적으로 구독하고 여타의 경제 잡지들도 조사했다. 정보는 공유되기 위해 존재한다고 믿는 후원자들과 도서관 관계자들도 발췌 자료들이나 토막 기사들을 보내주는 등 많은 도움을 주었다. 이 책을 통해 카길을 파악하는 전반적인 작업은 그림조각 퍼즐맞추기와 매우 흡사하다. 여전히 다수의 조각들이 빠져 있기는 하지만, 독자들이 전체적인 윤곽을 파악하기에는 충분하다고 자신한다. 또한 다른 사람들이 여기에 수집된 정보들을 종합하여 보다 완성도 높은 그림을 조합하는 출발점으로 이용해주기를 바란다.

나는 객관적이고 유용한 통계를 산출해내기 위해 노력했다. 빠진 수치들이 많기 때문에 아마 어떤 독자는 직접 카길에 문의하고 싶은 충동을 느낄지도 모르겠다(썩 괜찮은 방법이라고 생각한다). 외국 통화를 달러로 환산하면 환율 변화로 인해 오차가 발생할 수 있는 경우를 제외하고는 미국 화폐 단위를 사용했다. 그러나 수치는 하나의 척도일 뿐이다. 힘이나 세력이 관심사인 경우, 숫자의 크고 작음 자체는 그 숫자가 제공하는 레버리지에 비해 그다지 중요하지 않다고 믿는다.

카길은 분명 세계에서 가장 막강하고 유력한 기업 중 하나이다. 그렇기 때문에 우리는 그 기업에 대해서 제대로 알고 제대로 이해해야 한다. 카길은 지금까지 그래왔던 것처럼 앞으로도 계속 가능한 한 많은 나라와 지역의 농업 정책을 결정해 나갈 것이다. 농업 정책에서 담당하는 대중의 역할이 수동적인 소비자의 역할로 국한되어 있는 한 그것은 자명한 일이다. 그러나 공공 정책은 대중의 손으로 만들어져야 한다. 우리는 우리와 다음 세대들의 생활방식과 식량문제에 관련된 근본적인 선택사항들이 우리 앞에 놓여있음을 인식해야 한다. 이러한 선택권은 결코 카길이나 여타의 다국적 기업에 맡겨서는 안 될 우리의 권리이다. 그 기업에서 일하는 직원들의 자질이 아무리 우수해도 그렇다. 우리의 밥상에 대한 지배권을 대중의 이익에 반하는 방식으로 회사를 위해 일하는 소수의 손에 맡긴다는 것은 결코 좋은 생각이 아니다. 그들과 우리의 입장은 엄

Invisible Giant
누가 우리의 밥상을 지배하는가

연히 다르다는 점을 잊어서는 안 된다!

    세계 단일의 '개방' 식량 체계를 꿈꾸는 카길의 비전에 공감하지 않는 모든 이들과 비교우위라는 근거 없는 신조에 동의하지 않는 모든 사람들, 미국과 캐나다, 한국, 브라질, 아르헨티나, 베네수엘라, 인도, 그 밖의 어느 곳에서든 정의와 공정성, 다양성, 그리고 '모두를 위한 식량'을 추구하는 저항자들에게 이 책을 바친다.

추 | 천 | 의 | 글

한 나라의 농업 기반을 지배하는 초국적 농식품복합체들

1865년에 미국 아이오와 주 코너버에서 사업을 시작한 카길Cargill 사는 설립 초기에는 농민들로부터 곡물을 사서 대도시 시장에서 직접 팔거나 위탁판매를 통해서 판매 수수료를 벌어들였다. 카길은, 현재 일부의 지분만을 유지하고 있는 듀퐁DuPont이나 록펠러 센터조차 온전하게 소유하고 있지 못하는 록펠러Rockefeller와는 달리 5세대가 넘어가면서도 견고하게 가계를 유지하고 있다.

카길은 지구에서 나오는 거의 모든 것—곡물은 물론이고 커피, 과일 주스, 설탕, 면화, 원유, 대마, 고무, 소금, 철강 등—을 구매하여 생산, 가공, 선적, 판매하고 있을 뿐 아니라 선물시장에서의 중개업무까지 담당하고 있다. 특히 식음료 생산 부문에서는 매출액이 세계 1위인 비공개 기업이지만, 일반인들에게는 크게 알려져 있지 않다. 『포천』지가 1978년에 미국의 변호사, 교육자, 저널리스트, 정치인을 대상으로 조사한 바에 따르면 그들 중 90퍼센트 가까이가 카길이 어떤 사업을 하는지 모르고 있었다고 한다. 또 다른 비슷한 설문조사에서도 미국 농민의 절반 이상이 카길의 사업 영역을 알지 못한다고 답했다고 한다.

이러한 이유 중에는 카길이 자신의 회사명이 인쇄된 소매상품을 생산하기보다는 첨가물이나 원자재의 공급에 치중하고 있는 것도 있지만 사업 속성상 카길의 사업 영역을 정확하게 파악하는 것이 어렵고 스스로 대중의 관심을 받는 것을 멀리하면서 정치적, 금융적 안정을 추구하기 때문이기도 하다.

카길은 본거지를 미국에 두고 있지만 아시아에서도 가장 큰 초국적 농식품복합체 중 하나다. 아시아에서도 이들의 사업 영역은 가공, 제조업, 서비스 사업에까지 이르고 있다. 한국에서 카길이 벌이고 있는 사업 중 가장 잘 알려져 있는 것은 가축사료용 곡물 수입, 사료 제조, 유량 종자 등 3개 부문이다. 세계의 여러 나라에 걸쳐서 영업을 하는 이유는 국경을 초월하여 교차 보조가 가능하기 때문이고, 또한 이를 적극적으로 이용하여 시장에서의 독점력을 획득하는 것이 가능하기 때문이다.

한편, 카길은 전통적인 주력사업인 곡물운송 판매부문 이외에 농업과 관련된 다른 사업 부문에도 진출하고 있다. 카길은 식료 체인을 형성해오면서 종자 관련 산업에 진출한 지 오래됐지만 바이오테크놀러지에는 접근하지 못했다. 이런 상황에서 카길은 많은 지적

소유권을 가지고 있으면서 매우 포괄적인 여러 개의 종자기업을 소유하고 있는 몬산토 사와 조인트 벤처를 형성하는 방법을 취하고 있다. 예를 들면, 카길은 벤처기업을 통하여 몬산토가 가지고 있는 게놈Genom기술과 바이오 테크놀러지 및 종자기술을 카길의 세계적인 농업투입재의 생산·가공·마케팅 기반을 이용하여 다양하고 새로운 상품으로 개발하고 있다. 또한 식품소매업체와 쇠고기 납품계약을 맺어 소매시장에도 뛰어들어서 '종자에서부터 슈퍼마켓까지' 지배하려는 전략이 현실화되고 있다.

카길과 같은 여러 초국적 농식품복합체들은 여러 가지 형태로 정부 정책에 영향력을 발휘하는 작업도 병행하고 있는데, 카길의 최고경영자인 어니스트 미섹Ernest Micek은 클린턴 정부에서 미국의 수출 확대를 꾀하고 수출 정책을 대통령에게 자문하는 대통령수출자문단의 멤버로 임명되기도 했다. 또한 미국이 UR 협정에서 제안한 내용의 대부분은 카길의 전직 지배인인 다니엘 암스투츠Daniel Amstutz에 의해서 작성되었고, 이 제안서는 다른 농업 관련 초국적 기업들에 의하여 검토되었다. 이 제안서는 곡물무역회사와 농화학 회사의 요구에 맞추어 만들어졌기 때문에 주요 내용은 농가에 대한 보조를 줄이고 생산 조절을 없애는 것이다.

이렇게 볼 때, 농산물 수입개방의 압력으로 곤경에 빠져 있는 한국 농민들과 대척점에 서 있는 것은 미국을 비롯한 농산물 수출국의 농업경영자가 아니라 초국적 농식품복합체라는 사실에 주목해야 한다. 이들 초국적 농식품복합체들은 더 많은 이윤을 얻기 위해 농산물 수출국의 농업경영자뿐 아니라 농산물 수입국의 농민들도 그 대상으로 삼고 있다.

초국적 농식품복합체들은 지구상에서 가장 싸게 원료 농산물을 구매할 수 있는 곳을 찾고, 가공 후에는 이를 가장 비싼 값으로 판매할 곳을 지구 전체에서 찾는다. 이러한 과정에서 한 나라의 농업 기반은 초국적 농식품복합체의 지배 아래 놓여지게 되어 식품의 다양성은 파괴되고 위험식품 문화junk food culture가 만들어지고 있다.

이 책은 WTO와 FAO와 같은 국제 기관의 농업식량정책의 전개에 있어서 초국적 농식품복합체의 역할과 이들 농식품복합체에 의해서 주도되고 있는 세계 식량조달체제의 재편 동향에 대해서는 다소 미진한 부분이 있지만, 카길 사를 통해서 1960년대 이후 식품산업을 중심으로 전 세계를 대상으로 다양하게 전개되고 있는 농식품복합체들의 사업 활동을 자세하게 소개하고 있다는 점에서 큰 의의가 있다. 특히 베일에 싸인 주식비공개 회사의 사업 활동을 파헤치는 작업이 결코 쉽지 않은 상태에서 아시아에서 중남미에 이르는 광범한 지역을 발로 뛰면서 쓴 글이기에 더욱 값지다고 생각된다.

윤병선(건국대학교 사회과학대학 교수)

CONTENTS

Invisible Giant
누가 우리의 밥상을 지배하는가

한국판 서문 _ 식량 주권을 위한 선택 / 5
서문 _ 보이지 않는 거인의 새 단장 / 8
추천의 글 _ 한 나라의 농업 기반을 지배하는 초국적 농식품복합체들 / 20

1_ 보이지 않는 거인들의 교묘한 변신 / 26
2_ 수치로 보는 카길의 모습 / 54
3_ 카길의 역사 그리고 조직과 소유 구조 / 62
4_ 정부 정책을 농단하는 고단수 로비 / 80

5_ 육고기 사육·가공 시장의 공룡이 되다 / 100
6_ 면화·땅콩·맥아사업에도 이름을 새기다 / 134
7_ 온갖 농산물 가공·거래 사업의 끝없는 확장 / 148
8_ 일용품으로서의 금융거래 / 178

9_ '전통'의 변화를 요구하는 전자상거래 / 198
10_ 경쟁력을 배가한 저장 및 운송 시스템 / 206
11_ 카길의 세계 시장 점령 방식 / 224

12_ 화학비료 시장은 우리가 접수한다 / 236
13_ 서부 해안에서 영향력을 확대하다 / 248
14_ '콩의 강' 남미를 정복하다 / 258
15_ 주스 한 잔이 당신의 식탁에 오르기까지 / 282

16_ '구호'라는 미명 아래 길들여진 동아시아 / 298
17_ 종자를 지배하는 자가 농업을 지배한다 / 346
18_ '소금' 제국주의 건설에 열을 올리다 / 366
19_ 카길의 미래는 마냥 장밋빛일 것인가? / 390

한국판 보론 _ 한국의 밥상을 그들이 지배하도록 놔둘 것인가 / 404

자료 인용 / 435
참고문헌 / 443
각 회사·단체 원어 표기 / 445
찾아보기 / 456
발간에 부처 _ 우리의 식량 주권을 일개 기업에 맡길 것인가 / 462

제 1 장

보이지 않는 거인들의 교묘한 변신

Invisible Giant
누가 우리의 밥상을 지배하는가

> 찰스 다윈은 이런 말을 했습니다. "살아남는 종은 가장 강한 종도 가장 영리한 종도 아니고, 변화에 가장 잘 적응하는 종이다."
>
> — 루스 킴멜슈(카길의 일원)

곡물원료 식품 업계의 권위 있는 전문지 『밀링&베이킹 뉴스 Milling & Baking News』는 2001년 중반 한 사설에서 솔직한 어조로 해당 산업의 현황을 다음과 같이 요약했다.

한때는 곡물식품 산업의 여타 부문을 압도하던 국제 곡물산업이 지난 1년여 동안 극적인 대변동을 겪어왔다. 얼마 전만 해도 도전을 불허하던 곡물 교역의 파워가 여러 측면에서 약화되었을 뿐 아니라 그렇게 급격한 변화를 겪고 있는 이 산업의 미래에 대해서 당연한 의문까지 제기되고 있다. 국내적으로든 국제적으로든 곡물사업 방식이 너무나 급격하게 변화를 겪고 있는 탓에 이제 19세기와 20세기를 지배하던 곡물사업은 더 이상 존재하지 않는다고 선언해도 무리가 없을 것이다.(2)

1979년 댄 모건의 『곡물 상인들Merchants of Grain』이 출판되었을 무렵, 세계에는 유사한 사업 방식을 보유한 5대 곡물 메이저가 있었다. 벙기, 드레퓌스, 앙드레, 콘티넨탈 그레인, 카길이 그들이다.

1877년 스위스에서 창립된 앙드레는 몇 번의 도산 위기를 극복한 후 훨씬 작아진 규모로 경영을 계속하고 있다. 1921년 쥴 프리부르와 르네 프리부르가 프랑스에 설립한 콘티넨탈 그레인은 최근 곡물사업 부문을 카길에 매각했다. 드레퓌스는 최근까지 지속해오던 곡물 판매에 대한 관심을 줄이고 전통적인 재무 리스크 관리사업을 확대해 그 분야에서 세계 각지의 다른 기업에게 '서비스' 제공자가 될 계획을 갖고 있다.

벙기와 카길의 경우 대규모로 사업의 구조 조정을 추진중인데, 그 중 카길은 여전히 두말할 여지없이 곡물 교역의 지배자로 군림하면서 한편으로 세계 식량 체계의 모든 분야에 촉수를 뻗고 있다. 카길의 2001년 홍보 책자는 '회사소개' 란에서 다음과 같이 이야기하고 있다.

카길은 농산품, 식품, 금융 상품, 그리고 공산품과 서비스 분야에서 국제적인 판매자이자 가공업자, 배급자입니다. 우리는 공급망 관리, 식품 응용, 그리고 건강과 영양에 대한 차별화된 고객 솔루션을 제공합니다.

우리는 여러분이 먹는 빵의 밀가루, 국수의 밀, 달걀 프라이의 소금이며 토르티야의 옥수수, 디저트의 초콜릿, 청량음료의 감미료입니다. 우리는 또한 여러분이 먹는 샐러드 드레싱의 올리브유이며 여러분의 저녁 식탁에 오르는 쇠고기, 돼지고기, 닭고기입니다. 우리는 여러분이 입는 옷의 면이며 여러분 발밑에 깔린 양탄자의 안감, 여러분이 경작하는 밭에 뿌리는 비료입니다.

콘티넨탈은 곡물사업을 카길에 매각한 이후, 주력 분야의 전문화를 꾀하고 있다. 회사명을 콘티그룹 컴퍼니로 바꾸었으며 가축사료사업(미국 최대 규모)과 돼지고기 일관생산 사업(미국 3위), 가금사업(미국 6위) 그리고 동물사료 사업과 양어사업에 주력하고 있다. 1차 생산업자들이 양돈업을 근본적으로 재검토하고 있는 마당에 콘티그룹이 최근 돼지고기 가공업체인 프리미엄 스탠다드 팜스를 인수하고 캠벨 수프의 가금사업 부문을 사들였다는 사실에 주목해야 한다. 그러나 콘티그룹에서 가장 급속히 성장하고 있는 사업체는 상업 및 소비자 금융회사인 콘티 파이낸셜이다.

카길은 금융사업 부문에 훨씬 더 조심스런 태도로 임하고 있는데 이는 아이러니컬한 점이 아닐 수 없다. 콘티넨탈의 곡물사업 부문을 인수한 것에 대해 카길은 이렇게 말한다.

우리는 농장에서 곡물을 가져다가 전 세계 고객에게 공급하는 방식에 있어서 더욱 경쟁력 있는 인프라를 구축할 것입니다. 생산자는 더 많은 돈을 받게 될 것이며 소비자는 보다 저렴한 가격에 곡물을 제공받을 것입니다.[3]

여기서 농부와 소비자들은 '왜 카길이 1차 생산자에게 더 많은 가격 혜택을 주려고 할까?'라는 의문을 제기해봐야 한다. '세계화'를 향한 카길의 주요 동기는 농부들에게 합당한 가격의 혜택을 주는 것도, 계속 농사를 짓게 하려는 것도, 가족이나 지역 사회를 먹여 살리게 하려는 것도 아니다. 다만 곡물 메이저들이 말하는 이른바 '부가가치적' 활동을 위해 세계 어디서든 안정적이고 저렴하게 원료에 접근하려는 것뿐이다.

여기서 말하는 '가치'란 영양적인 측면을 말하는 것이 아니다. 그보다는 주주에게 돌아가는 가치를 뜻한다. 어떤 경제신문을 들춰봐도 중요하게 다루어지는 것은 농가의 소득이나 지역 사회의 경제적 안정, 시민의 건강 또는 정의와 평등이 아니다. 비즈니스 뉴스는 대부분 주주 배당금이나 기록적인 수익에 관한 내용이 주를 이룬다. 토론토에서 발행되는 『글로브 앤드 메일Glove and Mail』은 1면에 의기양양한 어조로 다음과 같이 보도한 바 있다.

"캐나다 로열 뱅크, 캐나다 역사상 최대 수익 올리다: 로열 뱅크는 1998 회계 연도에 사상 최고인 18억 2천만 달러라는 경이로운 순익을 달성했다."

그런데 바로 밑에 나온 기사의 헤드라인은 '프레리prairie(대초원)

곡물 농가들 파산 직면'이었다. 토론토의 『글로브 앤드 메일』이 전하는 바에 따르면 이 은행의 수익으로 남녀노소 할 것 없이 캐나다의 모든 국민에게 1인당 60달러씩 돌아가는 셈인데 이는 당시 돼지 사육 농가가 돼지 한 마리당 손해보고 있는 금액과 일치하는 액수였다.

농부들이 기꺼이 돼지 사료를 구입하고 일정액의 손해를 감수하면서까지 돼지를 팔려고 하는 한, 그리고 그렇게 해서 주식 가치를 유지할 수 있는 한, 카길 혹은 메이플 리프 식품, 스미스 필드 같은 기업들이 과연 다른 문제에 신경이나 쓸까?

카길이 대형 기업이라면 월마트는 초대형 기업이다. 그래서인지 카길은 기꺼이 월마트에 고객 맞춤 솔루션을 제공한다.

> 월마트의 2000년 총 판매액은 1650억 달러로, 그 중 13퍼센트인 220억 달러를 식품 판매가 차지한다. 따라서 식품 판매의 증대는 월마트의 1급 목표이자 성장의 동력인 셈이다. 포장 상품 case-ready 분야의 창시자인 카길은 포장육 case-ready meat만을 취급한다는 월마트의 목표와 요구에 부응할 준비가 되어 있다.⁽⁴⁾

나는 카길이 자사와 아홀드 사의 관계에 대해 언급한 것은 한번도 들어보지 못했다. 아홀드는 2001년 말까지 미국에서 슈퍼마켓 사업으로 240억 달러, 식품사업으로 190억 달러의 매출을 올리던 네덜란드의 거대 식품소매업체이다.

1990년대 초 『보이지 않는 거인』의 초판을 위해 조사하던 중 나는 1979년 모건의 책 이후 곡물사업과 농산물 관련 사업에 대해 일반적으로 다룬 출판물이 거의 전무하다는 사실을 알게 되었다. 1960년대와 1970년대에 받았던 부정적 인식이 싫었던 곡물업계는 대중이 품은 적대감의 방향을 정부로 돌리기 위해 공동 노력을 기울인 끝에, 의도한 대로 큰 효과를 거두었다. 대중의 변화는 1981년 로널드 레이건의 미국 대통령 취임과 더불어 두드러졌다. 기업은 선인이 되고 정부는 악당이 되었다. 초국가적 기업Trans-national Company, TNC들이 세계를 바꾸는 방식에 대한 비판적 분석은 사라졌다. 그리하여 2001년 현재, 곡물의 종자에서부터 슈퍼마켓에 이르기까지 글로벌 식량 체계는 주주 가치의 최대화를 주된 목표로 삼고 있는 놀랄 만큼 적은 수의 거대 기업들 손에 들어가 있다.

『보이지 않는 거인』의 개정판이자 최신 자료를 바탕으로 사실상 재집필한 이 책의 목적은 전 세계까지는 아니어도 미국에서 가장 큰 비공개 기업이 자신들의 비즈니스 이익과 우리의 먹거리에 대한 지배권을 확대한다는 변하지 않는 목표를 성취하기 위해 어떻게 변이를 계속하고 있는지 보여주는 것이다. 카길에 대한 이야기를 이어가기 전에 벙기와 드레퓌스에서 일어나고 있는 변화를 짚어볼 필요가 있다. 이야기가 진행되는 동안 이들 회사의 이름이 곳곳에 등장할 것이기 때문이다.

벙기, 왕성한 '식욕'을 뽐내다

벙기는 1818년 암스테르담에서 곡물 무역회사로 출발했다. 1859년 회사는 벨기에의 앤트워프로 이전했고, 1884년에는 부에노스아이레스로, 이후 다시 브라질의 상파울루로 자리를 옮겼다. 2001년 가을, 회사는 주식공개상장IPO을 통해 기업을 공개했는데, 그에 대한 준비 차원으로 본사를 브라질에서 뉴욕의 화이트 플레인즈로 옮겼다.

지난 한 세기 동안 벙기의 비즈니스는 남아메리카에 집중되어 있었다. 그러나 벙기는 북아메리카와 남아메리카 모두에서 가장 큰 대두 가공업자이며 양적 기준으로 볼 때 세계에서 가장 큰 대두 수출업자이기도 하다. 또한 벙기는 주요 옥수수와 식용유 가공업자이며 라틴아메리카 최대의 밀 제분업자이자 브라질 최대의 비료 일관 생산업자이다. 2000년 벙기는 총수익 가운데 35퍼센트를 비료사업에서 올렸고 35퍼센트를 '농업 관련' 사업에서, 26퍼센트를 식품 사업에서, 그리고 4퍼센트를 '기타' 사업 부문에서 올려서 97억 달러의 순익을 창출했다. 2001년 순익은 115억 달러였다.

1998년 벙기는 10개국에 걸쳐 3만 7000명에 달하는 직원을 거느리고 있었으며, 분쇄공장 30개와 식용유공장 20개, 식용유 경화시설 10개, 포장공장 13개, 콩단백공장 1개, 200개가 넘는 사일로silo(사료, 곡물 등을 저장하는 원탑 모양의 건조물)와 (양곡기를 갖춘)대형 곡물창고, 항만시설 3개, 그리고 화물선 450대를 보유하고 있었다. 당시 벙기가 보유한 지분은 다음과 같았다.

- 브라질의 라틴아메리카 최대의 콩 가공업체인, 식품 복합기업 세발 알리멘토스의 지분 58퍼센트
- 브라질의 라틴아메리카 최대의 비료와 인산 생산업체인 브라질 세라나의 지분 77퍼센트
- 아르헨티나 최대의 식품 생산과 공급업체인 몰리노스 리오 데 라 플라타의 지분 60퍼센트
- 브라질의 정백분, 제과 및 관련 소비 제품 일관제조업체인 산티스타 알리멘토스의 지분 68퍼센트
- 벙기 오스트레일리아의 지분 100퍼센트
- 베네수엘라의 최대 식품업체 가운데 하나인 그라모벤의 지분 100퍼센트(그라모벤은 1998년에 카길에 매각되었다)[5]

벙기 노스아메리카의 회장 겸 CEO인 존 E. 클라인은 『밀링&베이킹』과의 인터뷰에서, 아버지 월터 클라인이 1959년 경영권을 맡기 전까지 회사는 본질적으로 곡물거래 회사였다고 말했다. 15년 전 아버지로부터 경영권을 인수한 뒤 존 클라인은 전략적으로 미시시피 강과 그 지류에 초점을 맞추고서 퀘벡 시에 원양 집하시설을 건설했고, 세인트로렌스에 개발한 수로를 이용하는 업체 가운데서 주요 곡물 수출업자로서의 위치를 계속 강화해나가기로 결정했다.

"현재 벙기는 미시시피 강과 그 지류를 따라 다른 어떤 경쟁사보다 월등한 저장력을 확보하고 있다."[6]

한동안 벙기와 콘티넨탈 그레인은 수출 목적의 합작투자회사를 만들고 거기에 주력했지만 콘티넨탈이 독립된 기업으로 남아 있지

못할 것 같은 기미를 보이자, 벙기는 1998년 젠-노 곡물과 합작회사를 차려 루이지애나 주 멕시코 만에 접한 지역에 집하시설을 여러 개 만들고 곡물을 수출했다. 1999년 벙기 글로벌 마켓을 창설한 것은 계획경제가 시장경제 체제로 이행되고 그 여파로 전 세계 정부 구매기관들이 사유화된 것에 대응한 조치였다.

클라인은 미국 내 벙기의 대두시장 점유율이 17퍼센트라고 추정했는데, ADM과 카길에 이어 세 번째로 높은 점유율이다. 벙기는 1979년 일리노이 댄빌에 있는 라우호프 곡물의 대두 가공공장을 인수하면서 옥수수 건식제분사업에 진출했고, 이때 옥수수 건식제분공장 2개도 함께 확보했다. 벙기 제분은 현재 미국 최대의 옥수수 제분업체이며 세계 최대 업체이기도 할 것이다.[7](건식제분에 대해서는 162쪽 '옥수수 가공업계의 선두로 나서다'를 참조하라.)

곡물 메이저들의 방향 전환과 통합, 그리고 독점을 위한 서로간의 협력 증대는 벙기와 카길의 관계에서 가장 확실하게 드러나고 있다. 1995년 5월 두 회사는 모종의 합의를 봤는데 그 내용은 이러했다. 카길은 오리건 주 포틀랜드에 있는 벙기의 수출용 곡물창고를 인수하는 한편, 알칸사스 주 오시올라에 있는 카길 소유의 강변 곡물 집하시설과 미주리 주 프라이시스 랜딩에 있는 벙기 소유의 강변 곡물 집하시설을 맞교환한다는 것이었다. 1995년 초 벙기는 미시시피 강과 그 지류에 곡물 교역사업을 더욱 집중시키기 위해 사우스다코타와 미네소타, 콜로라도 그리고 캔자스에 있는 곡물 집하시설 19개를 카길에 매각하였다.

벙기가 포틀랜드 집하시설을 기꺼이 포기한 것은 상류에 기점시설origination facilities을 갖추지 못했기 때문이었다. 반면 카길은 이 집 하시설의 인수로 환태평양의 거래 고객들뿐 아니라 북아메리카 농장에 대한 접근이 확대될 것이라고 말했다. 같은 해 말 카길은 영국 리버풀에 있는 벙기의 오일시드(콩, 면화, 해바라기 씨 등 기름을 짤 수 있는 농산물의 종자) 분쇄 및 제유사업체인 비이코 사를 인수했는데, 그럼으로써 처음으로 영국에서 고형 지방을 병이나 상자에 담아 판매하는 사업에 진출할 수 있게 되었다.

1998년 12월 카길은 벙기 베네수엘라의 제분사업체인 그란데스 몰리노스 데 베네수엘라, 일명 그라모벤을 인수하였다. 이 인수 항목에는 카라카스 근방에 위치한 밀가루 제분공장과 파스타 제조공장 그리고 식용유 가공공장도 포함되어 있다.

드레퓌스, 끝없이 자라는 공룡이 되다

루이 드레퓌스는 1851년에 창설된 이래 줄곧 드레퓌스 가家의 소유였고 그 가족들이 경영을 맡아 왔다. 현재 회장은 윌리엄 루이 드레퓌스이며 본사는 파리에 있다. 루이 드레퓌스의 전무이사 브루스 리터는 『밀링&베이킹 뉴스』와의 인터뷰에서 다음과 같이 말했다.

15년 전 우리는 순수한 곡물회사였습니다. 현재 우리는 스스로를 리스크 매니지먼트 회사라고 생각합니다. 우리는 커피나 설탕, 쌀과 면화, 육류, 감귤류 그리고 에너지 부문 등으로 사업을 다각화했습니다… 우리는 리스크가 존재하는 곳이라면 세계 어떤 시장이든 도움을 제공할 수 있습니다… 오늘날의 기업들은 가격 리스크와 경영 독립상의 리스크, 품질과 물류상의 리스크에 직면해 있습니다.[8]

1993년에 드레퓌스는 아처 대니얼스 미들랜드ADM와 합작 벤처를 설립했고, 그에 따라 ADM은 미국에서 드레퓌스가 소유한 대형 곡물창고 46개의 운영권을 인수했다. 이로써 ADM은 저장력 면에서 볼 때 미국 최대의 곡물회사가 되었다. 그러나 드레퓌스는 퀘벡에 있는 수출용 곡물창고의 운영권은 그대로 보유하였다.

보다 최근에, 드레퓌스는 콘티그룹으로부터 텍사스 보몬트에 있는 대형 수출용 집하시설과 그에 딸린 곡물창고 3개를 사들임으로써 미국에서의 수출 역량을 확대했다. 또한 텍사스 주 휴스턴의 초대형 공공 곡물창고를 임대하고, 카길이 임대해 사용하던 시애틀의 86번 부두Pier86의 사용 권한도 인수했다(자세한 내용은 뒤에 다시 언급할 것이다). 드레퓌스는 새로이 증대된 수출력을 보강하기 위해 곡물 공급원인 지역 회사들과 잇달아 제휴 관계를 맺었다. 이 같은 미국 내에서의 성장을 상완하는 조처로 드레퓌스는 캐나다 내에서의 곡물 저장력을 대폭 확대하는 작업에 착수했다.

2001년 10월, 루이 드레퓌스 사와 카길은 태평양 북서부 지역의 사업을 통합하려는 목적으로 CLD 퍼시픽 곡물 LLC(유한책임회사-편집자)라는 합작투자회사를 설립했다. 이 회사는 앞으로 총 5억 5300만 리터(1580만 부셸)의 곡물을 수용할 수 있는 곡물창고 10개를 증설할 예정이다. 카길은 오리건 주 포틀랜드에 있는 수출용 설비 2개뿐 아니라 포틀랜드와 루이스턴 사이를 흐르는 콜롬비아 강과 스네이크 강 유역에 있는 6개의 시설을 CLD에 임대해주었고, 드레퓌스는 포틀랜드의 수출용 집하시설과 워싱턴 주 윈도스트에 있는 양수시설을 넘겨주었다. 『밀링&베이킹 뉴스』에 보도된 기사에 따르면, 이 두 기업은 합작회사 설립을 발표하면서 다음과 같이 거창하게 선언했다.

"카길과 루이 드레퓌스는 곡물수출 사업에서 서로간의 적극적인 경쟁을 계속할 것이다."

그러나 내가 아는 한 이 기사는 카길 웹사이트의 어디에도 게재되지 않았다.[9]

루이 드레퓌스 캐나다는 다우 아그로사이언스의 넥세라Nexera 종자에서 나오는 특산물인 캐놀라(채소 식물의 한 가지로, 개량 품종)를 판매하기 위해 2002년 다우와 아주 흥미로운 계약을 맺었다. 사실 캐놀라의 종자는 다우의 자회사인 마이코젠에서 생산된다. 유전자 변형GE을 하지 않고도 특히 건강에 좋은 오일을 함유하고 있는 캐놀라인 넥세라는, 캐나다 캐놀라 시장에서 급속도로 성장하여 불과 3년 만에 5퍼센트의 점유율을 기록했다. 드레퓌스는 이 캐놀라 판매를 통해 유통경로 관리IP 특산 농작물 유통업에서 점점 다우와 어깨를 나란히 할 정도의 유리한 위치를 차지해가고 있다.

'카길'은 정체를 드러내지 않는다

회사들이 국경을 초월하여 사업을 운영하는 것은 전혀 새로울 것이 없다. 그러나 1950년대 말경까지만 해도 생소한 일이었다. 이후 한동안 이러한 기업들은 '다국적 기업'이라 불렸다. 회사가 여러 나라 국민들로 구성되어 있거나 또는 여러 나라의 이익을 대표한다는 의미에서다. 그러나 현재 네슬레, 유니레버, 카길 그리고 미츠비시는 각기 다른 국적을 가진 사람들로 이루어지지도 않았고 다국의 이익을 대변하지도 않는다. 다양한 국적을 지닌 구성원들이 경영하는 회사이니 만큼 편의상 혹은 관례상 어떤 특정 국가의 법 제도 아래에서 운영되는 법인 조직이어야 하지만, 그들은 어떤 정부나 국가에도 충성하지 않는다. 법인체와 고용주의 이익을 최우선으로 생각해야 하기 때문에 특정 국가의 이익을 염두에 둘 수가 없는 것이다. 무수히 많은 시장으로 가득한 이 세계에서 어디든 살고 있으면서 동시에 아무데서도 살고 있지 않은 셈이다.

카길의 글로벌 사업 활동에 대해 아는 사람은 거의 없다. 그리고 그 활동에 대해 설명할 수 있는 사람은 더욱 드문데, (나와 만나서 대화를 나눈 많은 이들을 보고 판단할 때)대부분의 카길 직원도 모르는 것은 마찬가지이다. 이것은 우연이 아니다. 사업의 전체적인 윤곽이나 회사의 실질적인 파워가 드러나면 많은 이들이 불안해 할 것이다. 그렇기 때문에 거의 보이지 않는 상태를 유지하는 편이 낫다는 것을 이들은 경험을 통해 알고 있다. 예를 들어 보자.

테네시 주 멤피스에 위치한 호헨버그 사 사무소를 방문하면, 세계적인 면화교역회사 중 하나인 이 회사가 카길의 계열사라는 것을 쉽사리 눈치채지 못할 것이다. 또 다른 예로, 카길의 사무실은 으레 있겠지 싶은 비즈니스 구역을 벗어나서 외진 구역의 정체 모를 건물에 자리잡고 있다. 건물 로비에 표시되어 있는 거주자 명단 말고는 카길의 존재를 알게 해주는 표시는 전혀 없다.

나 역시 도쿄에서 바르샤바에 이르기까지 카길의 중역들을 만나고 다니면서 "어떻게 저희 사무실을 찾아 내셨어요?" 하는 질문을 받은 적이 한두 번이 아니다. 비슷한 예로, '운송 서비스'라는 이름이 새겨진 번쩍거리는 화물 트럭으로 가득한 주차장을 발견하더라도 그곳이 자신이 찾던 카길 계열사가 맞는지 확인하려면 사무실에 들어가 문의해 보아야 한다.

카길이 두르고 있는 '보이지 않는' 망토는 사람들이 '볼 수 없는' 것과는 또 다른 형태를 띠는데, 가장 대표적인 예로 '비공개'가 있다. 카길 주식회사는 언제나 비공개 정책을 유지해왔다(한 번도 일반인을 대상으로 주식을 공모한 적이 없다). 그래서 일반 개인처럼 세부적인 사항을 밝히지 않아도 무방하도록 사업자 법규의 보호를 받는다. 분기별 또는 연간 보고를 할 필요도 없고 채권 발행을 공시할 의무도 없다(예외적으로 딱 한 번 그런 적이 있긴 하다). 심지어 카길은 공급업자와 은행가들을 위해 신용평가 등급을 매기는 사람들에게 회사 자료를 공개할 필요도 없다. 기업신용 평가기관 D&B는 1994년 카길에게 최고의 등급을 주었는데, 아마도 한 해 걸러 한 번씩은 그래왔을 것이다. 그러나 D&B는 나에게 "카길이 우리에게 100퍼센트 협조하는 것은 아닙니다"[10]라고 말했다.

카길은 그들에게 회계 감사 보고서를 제공하기는 하지만 그것은 '요약본'일 뿐이다. 이러한 점만 봐도 카길(혹은 대부분의 비공개 기업)에 대해 분석하거나 보고서를 작성하려 할 때 얼마나 큰 어려움에 부딪치는지 알 수 있다. 비록 1995년 이 책의 초판이 출판된 이후 카길이 분기별 혹은 연례 재무 보고서라는 것을 공개하고 있기는 하지만 말이다. 이는 결코 회계 감사 보고서라고 간주할 수 없는 것들인데다가 어차피 그런 의도로 만들어진 것도 아니다. 카길은 회사에 이득이 되리라 판단되는 자료만을 공개한다.

위성사진 촬영 이전 시대에는 세계의 이미지를 국가나 대륙이 아닌 물과 '지리'의 개념으로 보려면 풍부한 상상력이 필요했다. 내가 개인적으로 가장 좋아하는 세계지도는 정치적 경계선은 무시하고 지세와 물길을 한 눈에 알아볼 수 있게 표시한 복합 인공위성 사진지도이다. 이 지도에는 군이나 도, 주, 국가도 없고 인종도 없으며 세계은행도 국제연합도 표시되어 있지 않다. 바로 이 세계 이미지가 카길의 출발점인 것이다. 비록 카길이 한편으로는 각국의 시장, 수상에서 대통령까지 모든 레벨에 걸쳐 정치적 관할권을 가진 자와의 관계를 꾸준히 다지는 작업도 병행하고 있지만 말이다.

카길은 인공위성의 관점으로 무엇을 보는 것일까? 비교적 단순하게 그린 전 세계 주요 곡물재배 지역, 그리고 그 지역들을 세계 주요 시장으로 연결해주거나 그럴 잠재적 가능성이 있는 물길이다. 따라서 브라질에서 카길이 보는 것은 대두가 자라는 강줄기들이다. 우림이나 정글 지대가 아니라 마투 그로수 대평원과 대양으로 물길을 틀 수 있을 경우 그곳의 콩 생산 능력에 주목하는 것이다. 인도 대륙에서 카길이 보는 것은 2개의 세계적인 곡창지대이다. 즉, 곡물 생산지대인 펀자브Punjab와 옥수수와 오일시드를 생산하는 중남부 지역 평원이다.* 그리고 펀자브의 문제점이 대양으로 접근할 길이 없다는 것임을 단번에 파악해낸다. 기타 세계의 다른 지역을 보는 시각도 모두 이런 식이다.

카길이 계속해서 성공을 거둘 수 있었던 데에는 이 같은 '생태학적' 감각이 크게 작용했으리라고 나는 확신한다. 국가나 정부, 나아가 무역협정 같은 기존의 정치적 질서나 틀에 의해 회사의 사업과 이해관계가 좌우되도록 하는 대신, 카길은 인구 분포나 지리, 지역 그리고 물길에 주목해온 것이다.

카길은 일단 전략이 결정되면 관할 정부기관에 대응하기 위한 전술을 만들어 낸다. 실제로 카길은 국제적인 무역협정에 들이는 비용보다 훨씬 많은 비용을 사업 활동 지점으로 결정한 곳에서의 활동에 유리하도록 국가적 혹은 지역적 환경을 조성하는 데 들이는 것으로 보인다. 카길은 세계은행이나 국제통화기금IMF이 생기기 훨씬 전부터 이미 자체적으로 국제무역협정을 만들고 진전시켜왔다.

역사적으로 우리 회사 제품 라인의 교두보는 잡종 종자(주로 옥수수)와 일용품 수출 마케팅 그리고 동물사료 제분사업이었다.

---

* 1993년 인도 정부는 식량 정책을 180도 바꾸어 인도 독립 이래 유지해왔던 밀과 쌀을 비롯한 주식 일용품의 수출 제한을 폐지했다. "인도 정부는 인도 북부 펀자브 같은 곡창지대에서 국제적 경쟁력을 갖춘 농작물 생산력을 증대시킬 수 있는 가능성을 지적하였다"고 『밀링&베이킹 뉴스』가 1993년 5월 4일 기사에서 전했다.

지금까지의 전략은 이러하다. 첫째는 자본 투입과 기술 그리고 핵심 경영으로 교두보를 창출한다. 둘째는 캐시 플로cash flow*를 포지티브화한다. 셋째는 캐시 플로를 재투자하여 교두보를 확대한다.[11]

카길은 지리와 사업 활동 구역에 주목하는 것에 그치지 않고 전략 회의에서 군사 용어를 사용하기까지 한다. '교두보Beachhead'라는 용어는 적어도 지난 10년 동안 카길이 줄곧 사용해 온 핵심어이자 전략적 컨셉이다.

카길, 이기적인 본질을 뛰어난 포장술로 감추다

카길은 창사 이래 줄곧 어떤 정부 기관에게라도 사적 또는 공적 경로로 정책을 지시하는 데 주저함이 없었다. 어떤 때는 경제 개발 용어로, 또 어떤 때는 인도주의 용어로 포장하지만, 숨김없이 자사의 이익만을 고려한 지시일 경우도 종종 있다. 카길의 웹사이트에는 '스피치speeches'라는 표제 아래 회사의 공공 정책 발표 중 핵심적이라고 간주되는 연설문 몇 개가 실려 있다. 18년간 카길에서 사장으로 있다가 회장으로 승진했고 1995년 은퇴하면서 85년에 걸친

---

* 기업의 결산기마다 세금을 공제한 이익금에서 배당금과 임원상여금을 공제하고 감가상각액을 더한 것이다. 이것이 많을수록 외부자금에 대한 의존도가 줄어들기 때문에 재무의 건전성을 표시하는 지표로 쓰인다. —편집자

맥밀런 가의 카길 경영에 종지부를 찍은 휘트니 맥밀런은 적당한 기회 몇 차례를 신중하게 골라 세계 식량 생산과 '식량 안보'에 관한 카길의 시나리오를 제시하였다.

개도국에서 가장 절실한 농업적 과제는 국내에서 소비되는 식량을 생산할 능력을 개발하는 것이라고 믿고 있는데, 이는 잘못된 생각이다… 각 나라는 국내에서 가장 생산률이 높은 품목을 집중적으로 생산해서 교역해야 한다… 생계형 농업은 자원의 오용을 부추기고 환경을 망칠 뿐이다.[12]

카길의 부사장인 로빈 존슨도 같은 식의 주장을 펼쳤다.

빈곤의 대물림을 끊는다는 것은 생계형 농업에서 상업 농업으로의 이전을 의미한다. 생계형 농업은 농부의 소득 증대를 불가능하게 하고 해당 국민이 식량 교역 시스템의 이점을 누리지 못하게 하여, 결과적으로 흉작에 더욱 큰 타격을 받게 만들고 나아가 취약한 토지 자원의 남용으로 환경에도 막대한 해를 끼치게 한다.[13]

빈곤에 대하여 카길이 제시하는 처방의 이기적인 본질을 꿰뚫어 보는 것은 어려운 일이 아니다. 카길은 원료 제공자이자 일용품의 구매자 겸 거래자이고 가공업자이며 그 모든 영역에 걸쳐 활동하는 투기자이다. 카길이 최대의 적으로 꼽는 것은 생계형 농업이나 자급 또는 자립 등, 점점 확대되는 카길의 글로벌 시스템에 통합되어 거기에 의존하게 되는 것에 대한 대안이라고 하는 것들이다.

만약 현재 감소하고 있는 기업형 농가의 일원으로 안정적이고 적당한 금전적 소득이 있거나 그렇게 되길 원한다면, 카길이 제시하는 길에 합류하는 것이 일시적으로 이득이 될 수 있다. 그러나 세계 대부분의 인구에게 있어서 일용품 생산의 산업화라는 카길의 방식은 처음에는 의존, 그 다음에는 구매력 결핍으로 인해 굶주림에 이르는 길일뿐이다. 그럼에도 맥밀런은 카길과 카길의 사업 방식을 세계 굶주림에 대한 해결책으로 보고 있다.

금세기에 세계적인 차원의 기근 문제를 타파하는 데 결정적인 역할을 하리라 기대되는 기관이 출현했습니다. 바로 현대적 글로벌 기업입니다. 카길로 대표되는 그러한 기업들은⋯ 우리가 직면한 기아 문제에 본질적으로 대처하고자 노력하고 있습니다. 우리는 사람들의 삶에 기본적으로 필요한 재화와 서비스를 공급합니다. 또한 우리가 아니라면 존재하지 않았을 새로운 시장을 개척하고 있습니다. 우리는 필요한 자본을 제공하고, 시장의 효율성 증대에 필요한 기술과 전문 지식을 제공하며, 그렇게 해서 증대된 효율로 얻은 경제적 이익을 우리와 거래하는 구매자와 판매자 모두에게 되돌려줍니다.[14]

1996년 카길의 부사장 로빈 존슨은 아시아태평양 경제협력체인 APEC의 보고서 'APEC과 글로벌 식량 체계 구축'에서 회사의 이념을 분명히 밝혔다. 카길이 회사의 정치적 목표를 설명할 때 즐겨 쓰는 표현은 '개방된 식량 체계'이다.

자급자족은 아시아의 증가하는 식량 수요에 실질적인 답이 될 수 없다. 지역의 공급량 변동에 유연하게 대응하고 저비용 생산업자들의 생산력을 이용하기 위해서는 교역의 확대가 필요하다. 효율적인 식량 생산자들이 가지고 있는 이점과 그들의 발전된 생산 기술을 활용함으로써 맬서스 딜레마를 피할 수 있다… 식량 안보가 식량 자급자족을 요구하는 것으로 잘못 해석되는 경우가 종종 있다. 그러나 그것이 각 나라가 자국의 모든 기본적 먹거리를 생산해야 한다는 것을 의미하지는 않는다. 사실 개방된 교역 체계는 자급 체계와 비교했을 때 부인할 수 없는 세 가지 장점이 있다… 첫째, 교역은 농산물 부족에서 오는 위험 부담을 줄여준다… 둘째, 소비자를 효율적인 생산자에게 연결해 줌으로써 식품 비용을 낮출 수 있다… 셋째, 비교우위를 통해 소득을 증대하고 일상 식량의 질을 개선시킨다.[15]

이러한 '진실'은 너무나도 자명한 논조로 씌어 있어 증명을 요구하거나 반박할 여지도 없어 보인다. 참고자료는 전혀 제시되지 않는다.
휘트니 맥밀런의 뒤를 이어 카길의 회장 겸 CEO가 된 어니스트 미섹은 1998년 그 같은 카길의 주장을 다음과 같이 명료하게 요약했다.

우리는 먼저 무역을 통해 얻을 수 있는 것과 얻을 수 없는 것을 구분해야 한다. 무역은 다수가 공유할 수 있는 큰 이익을 창출한다. 예를 들어, 수출 지향적 산업 사회는 더 큰 소득을 올리며 더 많은 일자리를 창출한다. 소비자는 더 많은 혜택을 누리고 기업은 경쟁으로 인해 항상 발전을 도모하게 되며 무역 증대는 전반적인 경제 성장을 초래한다. 이러한 혜택은 무역 활동에 참여하는 모두에게 돌아가는 것이다… 비교우위라는 룰을 적용함으로써 무역은 효율을 증진시키고, 부를 창출하며, 그렇게 해서 생긴 부를 통해 환경을 보호하고 인권을 개선하는 데에도 이바지할 수 있다.[16]

미섹은 미국 정부에 카길의 주장을 개진하기에 아주 좋은 위치에 있었다. 한 예로 1997년 그는 미국무역비상대책위원회의 의장을 맡았는데, 이는 '국제 시장에서 미국의 경쟁력을 개선하기 위해 무역 정책을 지원하는' 미국의 메이저 기업 53개의 대표로 이루어진 기구였다. 그로부터 1년 뒤에는 클린턴 대통령에 의해 대통령수출위원회에 위촉되었다. 이는 대통령에게 무역 정책에 대해 조언하고 미국의 수출 증대를 촉진할 목적으로 25년 전에 설립된 조직이었다. 당시 미섹은 이런 말로 영향력을 과시하였다.

우리가 정책을 만드는 건 아니지만 이 모임은 상당한 권한을 가지고 있다. 대통령과 의회 그리고 장관들까지 하나같이 우리의 말 한마디 한마디에 주목한다.[17]

미섹은 예정보다 한 해 앞선 1999년 CEO 자리에서 은퇴했지만 1969년부터 카길에서 근무한 워렌 스테일리가 사장에 취임하여 카길의 새로운 전략을 실행에 옮길 수 있도록 2000년까지 회장직에 그대로 남아 있었다(1994년부터 1998년까지는 미섹이 사장이었고, 1998년부터 2000년까지 사장직을 맡은 스테일리는 현재 대표이사 겸 CEO이다).

2000년 4월에는 그레고리 페이지가 사장 겸 최고 운영책임자로 선출되어 당시 55세인 워렌 스테일리의 사장직을 넘겨받았다. 당시 48세의 페이지는 22세 때 카길에 입사한 이래 미국뿐 아니라 싱가포르와 태국에서도 여러 지역을 두루 거치며 회사의 육류 가공, 동물사료와 금융사업을 담당해 왔다. 스테일리가 사장으로 취임한 일과 관련하여 카길이 발표한 언론 보도 자료는 스테일리가 전임자인 미섹의 업적을 언급한 연설문을 인용하고 있다.

"어니는 134년의 회사 역사상 가장 힘든 시기를 극복할 수 있도록 용기와 지혜로 우리를 이끌어주었다. 동시에 그는 우리 회사가 자산집약적 일용품회사에서 지식기반 회사, 솔루션 지향 회사로 전향하도록 우리를 고취시켰다."

나아가 스테일리는 카길의 전문가들이 가져야 할 비전을 구체적으로 제시하면서, "컨설턴트로서의 역할을 확대하고, 농업을 철저히 연구하여 농부들이 육류에서 곡물에 이르기까지 전 제품 라인에 걸쳐 효율성과 수익성을 창출하는 데 카길이 어떤 도움을 제공할 수 있는지 보여주어야 한다"고 강조했다.

스테일리는 1999년 6월과 7월 두 차례에 걸쳐 회사의 고위 간부진에게 지침서를 하달했는데, 여기에서 그는 자신의 향후 계획을 대략적으로 밝히면서 간부 각자의 역할과 책임에 대한 지시 사항도 적시했다. 그는 새로이 만든 기업 본부Corporate Center를 이렇게 설명했다.

"기업 본부에서는 회사 전략을 수립·집행하고, 자원을 제공하며, 인력을 계발·훈련시키고, 회사의 성공에 필수적인 외부 트렌드와 주요 고객을 파악하고 관리하는 데 관심과 노력을 집중할 것입니다. 우리의 기업 본부는 카길의 문화와 가치, 기본적 신념의 관리자가 될 것입니다."

이러한 기본적 신념을 자세히 설명하면서 그는 "회사의 자원을 제공하는 것에는 자원(자본과 인력, 지식)을 공유하는 것과 그것의 레버리지 효과도 포함되며, 각 자원의 실제 활용에 있어 한계 조건을 설정해줘야 한다"고 덧붙였다(여기에는 카길이 통화 시장, 특히 러시아 루블화에 투기하여 수억 달러를 손해 본 경험에서 얻은 교훈이 반영되어 있다).

'기업의 행동양식 촉진'에는 '장려하는 행동양식을 규정하고 역할 모델을 제시·강화하는 것'이 포함되며, '사업 지역 관리'에는 '성공을 용이하게 만드는 공공 정책이 수립되도록 유리한 환경을 추구하는 것'도 포함된다고 했다. 이는 지역 관리자의 역할과 관련된 사항에서 더욱 자세히 제시되고 있는데, 이들 관리자의 책임중에는 '카길을 대표해 고위 정치인들과 접촉하는 것'도 포함되어 있다.[18] 뒤이어 발표한 지침 '전략 목표: 성장을 위한 헌신'에서 스테일리는 이렇게 말했다.

"우리는 농산물 유통 체계에서 최고의 고객 솔루션을 제공하는 회사로 성장하길 원합니다."

그러면서 그는 휘하 간부들에게 다음과 같은 금언을 전했다.

"우리는 오늘의 성장을 생각하면서 잠이 들고, 내일의 성장을 꿈꿔야 하며, 미래의 성장을 위한 통찰력을 품고 잠에서 깨어나야 합니다."[19]

이러한 '새로운 카길'의 미래 지향성은 카길 경영진의 전반적인 연령대가 60세 미만이라는 것과 지난 몇 년간 카길에 평생을 바친 사람들 사이에 있었던 경영권 교체 과정의 신속성에 잘 반영되어 있다. 이는 카길이 가지고 있는 리더십 개발 과정에 대해 많은 것을 말해주는데, 그것은 여타의 회사들과 차별되는 카길만이 가지는 특성이라고 볼 수 있다.

카길의 전망은 비교적 최근에, 카길의 중역 짐 프로코판코가 행한 연설에 잘 나타나 있다. 다소 지나치게 솔직했던지, 그 연설문은 2001년 12월에 확인해 보니 웹사이트에서 삭제되고 없었다. 이는 내가 지난 수년간 카길의 행적을 쫓다가 깨달은 사실과 맞아 떨어진다. 즉, 이 회사가 계속해서 언론 공개 자료를 수정·편집하는 과정에 개입하고 있다는 것이다. 언론 보도 자료가 웹사이트에 올랐다가 사라지거나 '자료를 찾을 수 없음'이라는 공고만 남기고 공백 처리되기 때문에, '실시간' 회사 동정을 파악하기 위해서는 웹사이트를 계속해서 모니터하는 것이 불가피하다.

프로코판코의 연설은 회사 내부 인사가 사용하기에는 다소 예사

롭지 않은 표현을 써 가며 변화하는 카길의 전략을 명확하게 제시해주었다(그리고 바로 그런 이유로 웹사이트에서 삭제되었는지도 모른다).

카길은 단순한 국가 간 일용품 교역에서 출발하여 텔레비전이나 자동차 생산과 아주 흡사한 방식으로 식량생산과 식품유통체계를 개발하는 쪽으로 전환했다. 실제 생활에서 실감할 수 있는 예를 들면 이러하다. 카길은 플로리다 주 탬파에서 인산비료를 생산한다. 그 비료로 미국과 아르헨티나에서 대두를 생산하고, 이 대두는 식품과 기름으로 가공된다. 가공된 대두 상품은 태국으로 출하되어 닭고기 사료로 쓰이고, 이 닭고기는 다시 가공 처리되거나 조리된 후 포장되어 일본과 유럽의 슈퍼마켓으로 출하된다. 상당히 복잡한 과정이 아닐 수 없다.[20]

서구 산업 세계가 자국에서 또는 다른 어느 곳에서도 기아를 감소시키는 데 실패한 것처럼, 카길도 이제는 전 세계를 먹이겠다는 거창한 야망을 버리고 '선진국'의 부유한 사람들에게 '고객 중심 솔루션'을 제공한다는 보다 세속적인 목표에 만족해하는 듯하다.

카길의 루스 킴멜슈는 퓨 이니셔티브Pew Initiative*의 2001년 회의에서 이와 관련해 다음과 같이 발언했다.

---

* 대중에게 농업 생명공학에 관한 중립적이고 객관적인 정보를 제공하는 것을 목적으로 하는 미국의 비영리 단체

카길은 적어도 지난 10년간 기꺼이 비싼 값을 지불하려는 고객들에게 IP(유통경로 관리) 농작물을 공급해 왔습니다. 흰 옥수수, 토르티야 용이나 간식용으로 식용 등급을 받은 황색 옥수수 그리고 두부 제조에 적합한 품질을 가진 대두 등이 그 예입니다. 또한 일본의 일부 고객은 수확 후 화학약품 처리를 하지 않은 우리 회사의 다양한 옥수수 상품을 매우 질 높은 식품으로 평가하고 있습니다… 그렇다면 농작물 유통경로 보증의 대가가 비싼 것일까요? 그렇습니다. 그러나 뒤집어 생각해 보면 효과적인 유통경로 관리 시스템이 없을 경우의 대가가 훨씬 크다고도 말할 수 있을 것입니다.

나는 세계 곳곳으로 뻗어 놓은 제국의 촉수를 확고하게 유지하면서 동시에 상황에 맞추어 변화해가는 카길의 내구성과 적응력에 종종 경탄을 금치 못한다. 분명 그 원동력의 일부는 카길의 '기업 문화'가 지닌 힘에서 나오는 것일 터인데, 회사 직원들의 학습 속도가 굉장히 빠르다는 것 또한 하나의 '문화'라고 볼 수 있다.

앞서 인용한 여러 연설문에도 나타나 있듯, 각각 다른 시기에 각각 다른 직원이 불가사의할 정도로 동일한 메시지를 전달하고 있으며 심지어는 똑같은 용어마저 사용하고 있다. 극소수의 회사 내부 인사들이 짜놓은 각본을 앵무새처럼 그대로 읊어대는 게 아닌가 하는 생각이 들 정도다.

현재 카길의 기업 홍보 캠페인 표어인 '잠재력 육성'은 다른 사람들에게 이타적인 서비스를 제공한다는 기업 정신을 잘 반영하고 있다. 비록 다른 사람들이라는 것이 굶주리는 인구가 아니라 카길의 고객을 뜻하는 것이지만 말이다.

'잠재력 육성'이라는 표현은 여러 차원의 의미를 내포하고 있다. 철학적 차원에서는 저렴한 먹거리를 효율적으로 공급하여 전 세계인의 생활 수준과 성장 가능성을 높인다는 카길의 기업 비전을 나타낸다. 보다 실질적인 차원에서는 우리의 고객, 예를 들어 식품회사들과 보다 긴밀히 협력하여 이들이 사업 활동에서 잠재력을 100퍼센트 실현하도록 돕고자 하는 것이다… 고객이 찾는 것은 식품 재료 하나가 아니라 그들이 원하는 맛과 영양 그리고 간편한 조리법까지 완벽하게 갖춘 최종 산물이다.

이런 관점에서 볼 때, 원료 공급자는 고객 기업들과 긴밀히 협력하여 그들과 그들의 고객인 소비자들이 어떤 것을 추구하는지 알아내야 한다. 그리고 그렇게 함으로써 우리는 함께 최종 목표에 도달하는 길을 찾을 수 있는 것이다… 우리의 궁극적 목표는 무엇일까? 바로 어떤 식품회사에게든 최고의 동반자가 되는 것이다. 다시 말해 우리 회사의 식품 고객인 기업들이 자신의 고객인 소비자들에게 보다 나은 맛을 전달하도록 상품과 서비스를 제공하는 것이다.[21]

제 2 장

수치로 보는 카길의 모습

Invisible Giant
누가 우리의 밥상을 지배하는가

그저 몇 사람이 모여서 먹고 살아보려고 애쓰는 겁니다
- 이게 바로 가족 회사죠.

- 바바라 이스만(카길 캐나다 부사장)

카길은 1865년에 설립된 비공개 미국 회사다. 카길은 1997년 '재무 보고서'에서 자사를 다음과 같이 설명하고 있다.

72개국 1000여 지점에서 7만 9000명이 넘는 직원을 두고 100여 가지의 사업 활동을 전개하고 있는, 농산물과 식품, 금융과 산업 제품 분야의 국제적 거래업자이자 가공업자, 판매업자이다. 카길이 생산하고 거래하는 상품에는 곡물과 오일시드, 과일 주스, 열대 일용산물과 섬유, 육류와 달걀, 소금과 석유 그리고 가축사료와 비료, 종자가 포함된다. 금융 부문에는 금융상품 거래와 부실자산 투자, 복합 파생금융, 선물중개 그리고 리스업이 포함된다.

카길은 미네소타 주 미니애폴리스 교외 미네통카에 위치한 본사에서 인공위성과 전용 광케이블 시스템을 통해 글로벌 활동을 지휘한다. 카길이 대중에 공개한 통계 수치에 의심이 가더라도 증거를 요구할 수는 없다. 법적으로 카길과 같은 비공개 기업은 결산 재무보고서를 공개할 의무가 없고 일반인에게 주식을 공모하지 않으므로 그들의 요구에 응할 일도 없으며 카길과 같이 많은 분사와 계열사 또는 합작벤처를 설립하고 수많은 파트너를 둔 기업이 수익과 손실을 숨길 수 있는 방법은 한두 가지가 아니기 때문이다. 그러나 수치는 최소한 상대적인 윤곽과 규모는 드러내게 마련이다.

1971년(5월 31일 회계연도 마감), 러시아의 대규모 곡물 구매가 있기 하루 전날, 카길은 연매출을 20억 달러로 보고했다. 1982년에 이 수치는 290억 달러로, 1994년에는 거의 2배인 471억 달러로 뛰었다. 1994년 카길은 금융시장 부문에서 파생금융거래(주택저당담보 보증채권에 기초한 계약)로 그 해 초에 1억 달러의 손해를 보았음에도 불구하고 영업이익 15억 달러, 당기순이익 5억 7100만 달러를 보고했다.[22]

1994년 미니애폴리스의 한 지역 신문은 카길이 제공한 것이 분명한 경영지표를 게재했는데, 그것은 1970년부터 1990년까지 카길 사업 활동의 변화를 보여주는 자료였다. 이 수치를 보면 상품 부문(대규모 일용품 무역)이 순자산 비율로 볼 때 카길 사업의 37.3퍼센트에서 17.6퍼센트로 줄어들었다. 비상품 부문(오일시드 가공과 옥수수와 밀가루제분, 가금류나 가축사료 그리고 종자 같은 농업상품, 강철이나 비료 및 소금 등의 산업 생산품, 금융 서비스)은 62.7퍼센트에서 82.4퍼센트로 증가하였다. 유일하게 감소 추세를 보인 비상품화 사업은 6.3퍼센트에서 2.3퍼센트로 하락한 운송 부문이었다.[23]

카길이 전 세계에서 거둬들이는 수익은 1996년 560억 달러로 절정에 달했고 1997년에도 같은 수준을 유지했다.

카길의 CEO인 어니스트 미섹은 1997년 『월스트리트 저널Wall Street Journal』과의 대담에서 카길이 미국 전체 곡물 수출의 25퍼센트와 오일시드 생산량의 25퍼센트, 전체 옥수수제분의 25퍼센트 그리고 소 도축 부문의 20퍼센트를 지배하며 총 300개의 대형 곡물창고를 보유하고 있다고 밝혔다.[24]

그러나 1998년의 경우 수입이 510억 달러로 감소했고 캐시플로는 15퍼센트 감소하여 그 해 16억 달러를 기록했다. 이에 대해 카길은 곡물의 처리시설과 가공시설의 세계적 과잉 추세, 금융 위기로 인한 아시아 지역의 수요 감소, 엘니뇨로 인한 시장 불확실성의 증대 그리고 카길이 결국 손을 뗀 부문인 소비자 금융업에서의 손실 때문이라고 해명했다. 같은 해 카길은 남미와 유럽의 오일시드 가공시설을 인수하고 폴란드와 중국에 사료제분공장을 건설하는 데 14억 달러를 투자하였다.

그 해 초 카길은, 곡물 메이저 가운데 하나가 급격한 수익성 하락과 위태로운 금융 상태를 보이는 것을 걱정한 월스트리트의 신용평가 기관들로부터 두 달 사이에 두 차례의 경고를 받았다(이 같은 경고는 혹시 카길이 은행에서 돈을 빌리는 경우 그 이자율에 영향을 끼칠 수도 있다는 것 말고는 아무 의미가 없다). 또한 큰 수익원이기도 한 금융 부문의 급속한 다각화와 확장도 여러 가지 문제를 드러냈는데, 이는 카길이 이동식주택 대출사업의 손실 보전을 위해 9천만 달러에 달하는 충당금 비용이 발생했을 때 극에 달했다. 한 내부 문건에 따르면 1998년 총매출 514억 달러 중 93퍼센트를 일용품 무역과 가공에서 벌어들였으며, 이익 중 45퍼센트는 미국 영토 밖에서 발생했다.[25]

1999년 카길이 공개한 매출액은 다시 460억 달러로 하락했지만 2000년에는 480억 달러를 기록하며 다시 증가하기 시작했다. 2001년 카길은 매출 494억 달러를 발표하면서 '먹거리와 농업에서 최고의 고객맞춤 솔루션 제공자가 되고자 하는' 기업 전략의 수행에 상당한 진전을 이루었다고 보고했다. 좋은 성과를 거둔 부문은 육류 가공과 금융사업, 글로벌 곡물과 오일시드, 소금 그리고 글로벌 석유와 대양 수송 부문이었다. 반면에 밀가루, 주스와 강철사업에서는 설비 과잉으로 타격을 받았으며 계속되는 농업시장의 하락세로 인해 저장사업과 비료 생산에서는 손실이 컸다고 밝혔다.

	1971	1982	1994	1996	1997	1998	1999	2000	2001
총수입액(억 달러)	20	290	471	560	560	514	460	480	494

2002년 1월, 카길은 2002 회계연도 상반기 6개월간 전년 동기 대비로 51퍼센트 증가한 5억 2200만 달러의 당기순이익을 올렸다고 밝혔다. 회장 겸 CEO인 워런 스테일리는 이렇게 말했다.

우리가 거둔 성과는 수년 전 일용품 교역에 대한 의존을 줄이고 고객의 문제 해결에 좀더 주력하기로 결정한 뒤 거기에 쏟은 노력을 반영하고 있다. 우리는 농민들이 좋은 조건에 생산물을 판매할 수 있도록, 또 식품 구매자들이 원료 공급망의 리스크를 효과적으로 관리할 수 있도록 더 많은 노력을 기울이고 있다. 이렇게 해서 우리는 비극적인 9.11 테러나 점점 심화되는 아르헨티나의 금융 위기, 에너지 메이저인 엔론의 돌연한 파산 그리고 세계적인 경제 침체에도 불구하고 큰 이익을 남길 수 있었다.

스테일리는 또한 이렇게 말했다.

본질적으로 카길은 사람들에게 영양을 공급하는 일에 중점을 둔 회사이다. 우리는 지식기반 사업을 벌이고 있으며 다양하고 진취적인 인재가 모인 회사로서 식품 구매자와 농가에 실질적인 도움을 주기 위해 어떻게 협력해야 할지 끊임없이 새로운 방법

을 모색하고 변화를 시도하고 있다.[26]

카길은 이제 언론 보도 자료에 스스로를 이렇게 소개한다(최소한 2002년 2월 20일 현재로서는 그렇다).

    카길은 57개국에 걸쳐 9만여 명의 직원을 두고 농업과 식품, 금융 그리고 산업 분야의 제품과 서비스를 취급하는 국제적인 거래업자이자 가공업자, 공급업자이다. 우리는 공급망 관리와 식품 응용 그리고 건강과 영양 부문에서 차별화된 고객중심 솔루션을 제공한다.

카길은 이제 더 이상 그들이 몇 개의 '지역'에서 사업 활동을 하는지 공개하지 않는다. 어쩌면 회사의 활동 규모를 실제보다 축소해서 공개하려는 의도인지도 모른다. 반면 많은 사람을 고용하고 있음을 보여주는 것은 회사에 득이 된다고 보고 있다.

카길은 또한 '동료의식'이라는 말로 규정되는 회사의 정체성에 큰 의미를 부여하는 듯하다. 여기서 '동료'는 바로 '고객이자 파트너'로 규정되는 맥도널드와 크라프트, 네슬레, 코카콜라, 펩시콜라, 기꼬만, 월마트, 유니레버 등과 같은 기업들이다. 이를 보면 '사람들에게 영양을 공급한다'는 모토에 일정 부분 의문이 생기지 않을 수 없다.

제3장 | 카길의 역사 그리고 조직과 소유 구조

Invisible Giant
누가 우리의 밥상을 지배하는가

> 회사의 방침에 현저한 변화를 주기에는 기존의 역량을 가지고도 실현할 수 있는 가능성이 너무나 많다.
>
> — 휘트니 맥밀런(카길의 CEO)

카길의 역사를

언급한 공식적인 기록들을 보면 카길 사의 창설 년도가 1865년으로 나와 있지만 던컨 맥밀런은 직접 집필한 가족사에서 W. W. 카길이 1867년에 혼자 아이오와에서 사업을 시작했으며 그로부터 2년 뒤 동생 샘과 함께 W. W. 카길 앤드 브라더W. W. Cargill and Brother를 세웠다고 명시하고 있다.

형제는 위스콘신과 미네소타 지역에 철로를 따라 대형 곡물창고를 지었고, 1873년 금융 공황이 발생하자 기회를 틈타 다른 회사들의 자산을 헐값에 인수하였다. 이는 지금까지도 카길이 잘 써먹는 수법이다. 또한 두 사람은(역시 카길이 오늘날까지 종종 이용하는 실질적 사업형태로) 다른 회사와 제휴하여 곡물 이외에 울wool이나 돼지 등의 일용품 교역을 추진했고 닭 같은 경우 '차떼기'로 거래했다.

카길과 제휴업자들은 곧이어 땅을 사들이기 시작했다. 던컨 맥밀런이 기술한 바에 따르면 1879년 말 카길&밴 합작투자농장은 작은 마을 하나 정도로 규모가 확대되어 양 1000마리와 돼지 300마리, 그 밖에 말과 소규모 가축까지 사육하였다. W. W. 카길은 또한 종자 교배 실험에도 착수했다. 현대 잡종 옥수수가 출현하기 반세기 전에 시작한 셈이다.

1881년 무렵 윌, 샘, 짐 삼형제는 카길 브라더스라는 이름으로 사업을 했고, 외부인과의 제휴관계는 끝을 맺었다. 그들은 급속하게 사업 확장을 추진하여 북쪽의 레드 리버 밸리, 그리고 북서쪽 지역까지 영역을 확대했다. 1884년 카길 형제는 당시 미국 곡물제분사업의 중심지로 급부상하던 미니애폴리스로 사무실을 이전하였다.

한동안 위스콘신 주 라크로스는 카길 가家의 고향이나 마찬가지였는데 바로 길 건너에는 던컨 맥밀런과 그의 가족이 살고 있었다. 맥밀런 가는 벌목과 목재사업으로 재산을 모은 집안으로, 던컨 맥밀런의 아들인 존 맥밀런이 1895년 W. W. 카길의 큰 딸 에드나와 결혼했다(MacMillan이 McMillan으로 변한 것도 바로 이 시점이다).

19세기 마지막 몇 해와 20세기의 첫 10년은 격동의 시기였고, 카길 가의 사업은 한때 재난으로 치달았다. W. W. 카길의 아들 윌 카길이 몬태나의 야심 찬 토지개발사업에 개입했는데 식구들이 아무도 알아채지 못한 상태에서 카길 가의 자본이 그의 손을 통해 줄줄이 빠져나가면서 집안은 파산 위기에 이르렀다. 사건의 전모는 1909년 윌 카길의 돌연한 죽음을 계기로 드러났다. 이런 사건에서 흔히 그렇듯, 채권자들이 투자하거나 빌려준 돈의 일부라도 받아보려고 집에 들이닥친 것이다. 그러나 카길의 자산 대부분이 현금화할 수 없는 상태였기 때문에 채권자들은 카길 사를 청산할 것인지 아니면 나중에 받아내기 위해 회사가 계속 버티도록 내버려둘 것인지 선택해야 했다. 카길 가 사람들에게는 불행 중 다행으로 이미 카길의 비즈니스에 깊숙이 관여하고 있던 존 맥밀런 1세가 그동안 쌓아두었던 자신의 신용을 토대로 회사를 무너지게 하느니 자신의 지휘 아래 그대로 살려 두고 나중에 빚을 상환받는 편이 장기적으로 나을 것이라고 채권자들을 설득할 수 있었다.

이후 카길은 이따금 흔들리긴 했어도 거침없이 성장했다. 경영상의 실수도 여러 차례 있었지만 하나의 기업으로서 언제 전략적 후퇴를 해야 하고 언제 버텨야 하는지에 대해 꾸준하게 노하우를 축적해 왔다.

1930년대 말 대황사로 농토가 황폐해지자 카길은 시카고 선물거래소CBOT의 옥수수 선물거래량을 전량 매집하였고 이 일로 당시 농무부 장관 헨리 월리스로부터 농산물 시장을 독점하려 했다는 명목으로 고발당했다. 물론 카길은 무죄를 주장했지만 결국 CBOT로부터 거래중지 처분을 받았다. 사건은 3년을 끌다가 1940년 다음과 같이 발표되면서 끝을 맺었다.

카길은 CBOT가 카길 그레인 일리노이와 존 맥밀런에게 특혜를 베풀었다는 혐의를 부인해주는 대신 무죄를 주장했다. 맥밀런이 독단적으로 거래하지 않았다는 점 그리고 카길 그레인 일리노이가 도산 절차를 밟는 중이었다는 사실은 모두가 알고 있었다.[27]

다시 말해 모종의 거래가 있었던 것이다. 카길의 사업은 변함없이 계속되었다. 카길은 2차 세계대전 중에 조선사업 부문과 곡물저장 및 운송 부문에서 정부와 관급 계약을 맺었고 농산물 공급 수요를 충족시키면서 꽤 재미를 보았다.

1945년 봄 체이스 내셔널 뱅크는 카길의 우수한 재무 현황을 언급하면서 '자본이 1941년 5월 이래 2배 이상으로 증가했으며 이는 진정 만족스러운 성과'라며 찬사를 보냈다.[28]

W. G. 브로엘은 카길 내부에서 기업 구조와 리더십과 관련된 복잡한 논의가 진행된 적이 있었다고 분명히 밝혔다. 이 문제는 격동기인 1980년대가 끝으로 치달을 무렵 다시 한 번 회사의 중요한 해결 과제로 떠올랐다. 다양한 부문이 존재하며, 또한 확장 기로에 있는 세계 무역 활동에서 카길이 선도적 위치를 유지하기 위해서는 구조 개혁이 필요하다는 것, 그리고 가문 내 지분 소유자들의 점점 빗나가는 이해를 조정하기 위해서는 회사의 소유 구조를 변경해야 한다는 사실이 분명해졌다.

세계 지배 전략에 따라 구조를 개편하다

휘트니 맥밀런은 1990년 카길 경영진 50명을 모아 기업의 비전과 미래 전략을 논의하고서 북미조직프로젝트NAOP를 결성하였다. 이들은 더불어 카길의 북미 사업을 세계 다른 지역의 사업들과 어떻게 조화를 이루게 할 것인가, 즉 그들이 '제품 라인과 지리 관리' 양쪽의 '유연한 기반soft watrix'이라고 부르는 것에 대해서도 해답을 강구해야 했다. 그 결과, 2년 후 카길의 고위 간부진으로 구성된 기업 본부Corporate Center를 창설하여 전략이나 자산 분배 그리고 인사 결정 문제를 전담시키고 기타 운영상의 결정은 한 단계 높은 레벨인 '지리geography' 관리에 맡기기로 결정하였다.[29]

이 같은 구조 개편의 동기는, 회사가 성장하고 사업 활동 분야가 다양해지면서 개인적 관계나 정보 공유 그리고 의사결정 능력 그 모든 것들이 도외시될 위험이 있다는 자각에서 비롯되었다. 카길의 사장 하인즈 허터는 이렇게 설명했다.

> 20년 전 카길에서의 대부분의 결정은 테이블에 앉아 커피를 마시면서 내려졌습니다. 사람들은 점심을 먹고 커피를 마시려고 매일 식당에서 만났습니다. 그러면서 정보를 공유했고 모두들 무슨 일이 진행되고 있는지 알 수 있었죠. 이제 그렇게 하기에는 회사가 너무 커졌습니다.[30]

카길의 첫 사업이자 1930년대까지 지속적으로 매달렸던 기본 사업은 무역과 수송 그리고 곡물을 비롯한 일용품의 저장사업이었는데, 여기서 일용품은 일반 건조 화물로 취급 가능한 모든 종류의 벌크bulk(단일품목을 대량으로 취급하는 것) 상품을 말한다. 이후 종자, 비료, 사료 등의 상류단계로 그리고 제분과 가공의 하류단계, 그리고 더욱 광범위한 일용품과 상품 분야로 뻗어나가면서 카길의 중앙집권적 구조는 점점 효율성 면에서 궁지로 내몰리고 있었다.

카길은 1992년 단행한 구조 개편에 관하여 『밀링&베이킹 뉴스』에 장황한 기사를 싣도록 했는데, 이는 개편이 이례적으로 큰 규모로 진행됐기 때문이었다. 카길은 구조 개편 단행의 이유가 부실이나 관리 미숙 때문이 아니라 순 가치를 기준으로 5~7년마다 회사 규모를 2배로 확장하겠다고 공표한 것을 실행하기 위해서라는 점을 고객과 경쟁 회사들에게 분명히 천명하고 싶었던 것 같다(1992년 카길의 순 가치는 당시 가족 구성원들의 보유 주식으로 미루어보아 41억 달러 정도였다).

이번 재편성의 주요 방향은(캐나다와 멕시코가 언급된 적은 없으나 최소한 캐나다와 미국을 포함한) 북미 지역을 하나의 '지리' 단위로 묶어 유럽과 남미, 동남아시아 혹은 북아시아와 같은 반열로 정의하는 것이었다. 이는 모두 카길이 활동하는 주요 지역들이지만 제품 라인에 따라 사업 활동이 전개되기도 한다. 즉, 제품 라인과 지리, 이 두 가지 축을 중심으로 활동의 '기반'이 결정되고 진행되는 것이다. 물론 말처럼 그렇게 간단하지만은 않다. 북미를 하나의 지리 단위로 정의함과 더불어 세계적 차원의 기업 비전과 목표를 실현할 기업 본부까지 함께 창설한 것을 보면 말이다. 휘트니 맥밀런은 이렇게 말했다.

"우리는 미래 진로에 대한 통제는 줄이되 전략 구상에 더 초점을 맞추고자 한다."⁽³¹⁾

그러면서 그는 "작은 단계에 집착하지 말고 전체를 하나의 연속된 흐름으로 보아야 하는데 카길은 모든 일을 지나치게 자로 재듯 하려는 경향이 있다"고 덧붙였다.

흥미롭게도 카길의 최대 라이벌인 ADM은 옥수수 가공 과정을 설명하면서 옥수수 재배농장과 최종 상품 사이에 '엄청난 포도당의 강'이 흐른다는 등, 카길과 유사한 은유를 사용하고 있다. ADM의 회장인 드웨인 안드레아스 역시 복잡한 사업 구조의 ADM을 '단일사업체'로 설명하는데, "점점 복잡해지는 사업체로 인해 다양한 원료에 따라 각각의 이익과 손실을 서로 정확히 구분하는 일이 더욱 어려워졌다. 우리는 모든 결정을 임의로 내리며… 각 부서 비용 또한 임의적으로 할당하고 있다"⁽³²⁾고 덧붙였다.

달리 말하면 카길과 마찬가지로 ADM도 단일 '수익원'이나 심지어 단일 '일용품 사업' 운운하는 것이 더 이상 통하지 않는, 그리고 전체 기업의 손익이 모든 지역 분사의 총 회계 규모를 넘어서는 단계에 도달한 것이다. 여기에 꼭 어울리는 표현이 있는데, 바로 '유기적 복잡성'이다. 유기체 전체가 각 부분의 합보다 크다는 생물학적 현상을 일컫는 말이다. 이는 농업 생명공학을 이끄는 환원주의* 이념과 뚜렷이 대조된다.

━━ *복잡하고 추상적인 개념을 단일 레벨의 더 기본적인 요소로부터 설명하려는 사상

글로벌 기업으로서의 카길과 (카길 전체 순가치의 절반 이상을 차지하고 있는) 북미 카길 사업체 간의 혼란을 끝내기 위해 카길은 또 한 차례 구조 개편을 단행하여 기존의 '일용품 마케팅 부문CMD'을 대신하는 새로운 '카길 곡물 부문CGD'을 신설하였다. 현재 CGD는 미국 내외 고객에게 곡물과 오일시드를 공급하는 북미 주요 공급원인데, 자사의 옥수수와 밀가루 제분사업, 오일시드 가공사업에 있어서도 주요 원료 공급원이 되고 있다. 이는 사실상 카길 분사 간에 동일한 곡물이나 오일시드를 두고 경쟁하는 대신, CGD가 특정 지역의 일용품을 각각 단일 입찰로 구매하게 되는 것을 의미한다. 그럼서로 경쟁하던 카길의 지역 단위 회사 사이에서 발생하는 '이전가격'이 사라지게 된다. 카길은 이를 '시장에 의한 해결'로 설명한다.

카길은 이를 중앙집중식 독점입찰이라고 보는 대신 '매매인과 분산된 지역의 제품 라인 매니저들에게 시장 가격으로 제시되는 곡물을 구매할 권한이 부여되는 것'[33]이라고 해석했다. 카길은 또한, 농민을 비롯한 공급자들 입장에서는 '시가로' 입찰하는 단 한 명의 구매자를 상대함으로써 이득을 얻을 수 있다고 주장한다.

카길은 이를 지역 매니저들에게 권한을 부여하는 것으로 여길지 모르나 지역 매니저들이 왜 2개의 인공위성 수신기를 가지고 있는지에 대한 설명도 된다. 즉, 하나는 시카고 선물시장 가격 수신용이고, 다른 하나는 미니애폴리스에 있는 본사의 지시 사항 수신용이다. 지역 매니저가 구매와 판매에 대한 결정에는 스스로 책임을 질지 모르나 이들이 따르는 룰은 분명 상황에 따라 카길 본사가 결정하는 것이다. 마르크스가 살아 있었으면 굉장히 재미있어 했을 모순이다.

한 마디로 카길은, 1972~1973년 곡물 거래가 폭발적으로 이루어지고 그에 따라 분권화 시기가 한동안 지속된 후, 다시 중앙집권적 구조로 회귀한 것이다. 아마 1970년대와 1980년대에는 급속히 성장하는 일용품 교역을 중앙에 집중시키기가 실질적으로(혹은 기술적으로) 불가능했을 테지만 이제는 전자통신매체의 발달로 그러한 일은 비교적 단순한 일이 되었다.

그러나 이 모든 것이 갖는 의미는 그렇게 단순하지가 않다. 거대 무역회사의 수가 급격히 줄어들었고 그에 따라 남은 소수 기업의 힘이 엄청나게 증대되었다. 더 이상 많은 수의 구매자와 판매자가 존재하지 않으며, 이러한 상황에서 남은 이들은 의도적이든 우연이든 경쟁을 피하려 하고 있다. 따라서 어느 날 어떤 특정 장소에서 카길 말고 경매에 입찰하는 이가 하나도 없는 상황이 생길지도 모른다. 또한 단일 구매자가 상품을 대량으로 구매함으로써 해당 상품 시장에 막강한 영향력을 행사할 수 있게 될 수도 있다. '경쟁'이라는 선전 구호를 철썩 같이 믿고 있는 자들에게는 딱한 일이 아닐 수 없다.

카길의 조직 재편성 과정에서 개편 대상이 된 것은 CMD만이 아니었다. 세계 각지의 육류와 어류 상품 마케팅이 하나의 사업 단위로 통합되어 이제 오일시드 가공사업이나 옥수수 제분사업과 같은 방식으로 다루어지고 있다. '세계적 차원의 원료 조달'이라는 카길의 구호가 실현된 것이다. 카길은 단순하게 공장 A에서 고객 B에게 생산물 X 분량을 공급하는 것이 아니다. 만약 캐나다의 햄버거 제조업자에게 쇠고기 상품을 공급한다고 하면, 지역 시장 상황과 창고에 저장되어 있는 물류 상황 그리고 운송 루트에 따라서 그 쇠고기는 미국이나 오스트레일리아의 공장 혹은 캐나다 국내에 있는 공장 중 어디에서도 배송될 수 있는 것이다.

기업 본부Corporate Center는 '제품 라인 담당 수석 매니저와 기업의 5개 핵심 영역 업무 담당 및 지원 인력'을 포함하여 34명으로 구성되며 전 세계 카길 사업체에 비전과 전략을 제시하는 임무를 갖는다. 이 기구의 주요 역할 중의 하나는, 핵심 고객들을 관리함으로써 회사가 이득을 볼 수 있는 환경을 조성하는 데 주력하는 것이다.[34]

『밀링&베이킹 뉴스』와의 인터뷰에서 CEO인 휘트니 맥밀런은 카길의 조직 개편과 관련하여 이렇게 말했다.

"회사의 방침에 현저한 변화를 주기에는 기존의 역량을 가지고도 실현할 수 있는 가능성이 너무나 많다."

맥밀런은 카길이 선택한 방향으로 나아가는 데는 세 가지 길이 있다고 말한다. 첫째로 지리에 따라 현재 카길이 활동하지 않는 지역으로 역량을 확대하는 것, 둘째로 기존의 역량을 활용할 수 있고 카길이 우위를 차지하고 활동할 수 있는 다른 사업 분야를 확보하는 것, 그리고 셋째로 한계에 도달한 식품 체인의 수익점을 높이는 것이 그것이다.[35]

맥밀런은 카길이(수년 전 단지 곡물거래회사이던 시절) 핵심 역량을 벗어나 미국 밖의 시장에서 해당 분야의 선두 기업으로 성장한 좋은 예로 종자용 옥수수를 꼽았다(그러면서 북미 지역 밖에서 카길의 종자용 옥수수 판매가 대기업인 파이어니어 하이브레드의 판매를 능가한다는 점을 강조하고 있다). '일반적인 상황이라면 활동하지 않으려 했을 개발도상국들에서 사업 진출을 위한 교두보를 마련'하는 데 종자용 옥수수가 결정적인 역할을 해 준 덕분에 카길이 비로소 기존의 역량을 초월할 수 있었다고 그는 설명했다.[36] 그로부터 8년 후인 1998년, 카길은 회사의 상륙용 주정舟艇이라고까지 할 수 있는 글로벌 종자 사업(북미 지역 제외)을 몬산토에 매각했지만 교두보 전략은 고수했다.

세계적 규모로 단행한 조직 개편의 일환으로, 그리고 기업 확장을 위한 새로운 방향 제시로 카길은 1994년 소비자의 특수한 요구에 대응하기 위하여 특수 농산물 사업부를 신설했다. 여기서 말하는 요구란 최종 소비자가 구체적으로 명시한 특징을 가진 상품, 예를 들면 오늘날 IP 농작물이라 불리는 것을 말한다. 팝콘이나 유기재배 곡물, 제빵에 필요한 특별한 성분을 가진 곡물 또는 조리용의 특정 성분을 함유한 기름을 내는 오일시드 등이 여기에 포함된다. 이들 특수 농작물 가운데 일부는 유전공학으로 만들어지고 있다.

이 농작물들은 특수한 씨앗에서 재배되는 것이 분명한데, 그것은 단지 시작에 불과하다. 이들은 파종에서부터 수확을 거쳐 최종 소비자에게 배송될 때까지 다른 농작물들과 구분되고 분리되어 관리된다. 어떤 면에서 이러한 농작물의 관리는 선물시장이나 일용품 거래에 앞서 며칠간, 실제 샘플을 봐 가며 구매하고 판매하는 기간에 곡물을 다루는 과정과 대단히 흡사하다.

특수 농작물의 경우 상품의 성질 또는 소유권의 성질에 따라 투기가 배제되거나 아주 적은 마진 내에서만 투기가 허용된다. 어떤 경우 프록터&갬블 같은 최종 사용자가 원하는 특징, 이를테면 조리용 기름이 이런 특징을 가진 것이면 좋겠다는 식으로 요구 사항을 구체화한 다음, 원하는 상품을 생산(유전자 변형)하도록 종자회사와 계약한다. 그러면 종자회사는 농부와 계약을 맺어 상품을 만들기에 충분할 만큼의 씨를 마련하기 위해 그 새로운 품종의 씨를 몇 배로 증식시키라고 주문한다. 그 다음에 종자회사는 이 농작물을 재배할 농부에게 씨를 팔고, 농부는 나중에 처음 오일시드를 주문한 가공업자에게 판매한다는 계약 아래 그 씨를 재배하는 것이다. 이렇게 해서 최종 사용자가 처음부터 끝까지 그 씨와 수확된 농작물을 소유하게 되는 것이다.

이노바슈어(혁신과 보증) IP 시스템으로 무장하다

2000년 카길은 옥수수 부문에서의 IP 사업을 '이노바슈어InnovaSure'라는 이름을 붙여 공식화했다. 카길이 전 세계의 먹거리 상황을 어떤 식으로 이해하고 있는지는, 회사의 공식 웹사이트 중 하나(www.innovasure.com)에 잘 나타나 있다. 이 사이트는 다음과 같이 시작한다.

몇 차례에 걸친 역동적인 변화가 식품산업을 근본적으로 변화시키고 있다. 이제 소비자는 자신이 먹는 음식에 무엇이 들어 있는지에 전보다 더 많은 관심을 기울인다. 또한 여러 나라에서 규제 당국이 식품 라벨에 더 많은 관련 정보를 표시할 것을 요구하고 있다. 이같이 변화하는 시장 환경에서 성공하려면 새로운 이슈를 충분히 이해할 수 있는 공급자, 다시 말해 소비자와 규제 당국의 요구를 모두 만족시킬 수 있는 공급자가 필요하다.

사이트는 다음 여러 페이지에 걸쳐 카길의 계열사인 일리노이 곡류제분회사에서 구축한 이노바슈어(혁신innovation과 보증assurance의 합성어) IP 시스템에 관해 설명하고 있다(이노바슈어 광고에서는 이를 카길과 일리노이 곡류제분회사의 합작벤처라고 말하는데, 일리노이 곡류제분회사가 카길에 완전히 종속된 자회사라는 설명은 어디에도 없다).

우리는 옥수수 종자의 선정부터 이노바슈어 상품이 여러분의 문 앞에 도착할 때까지, 옥수수 제품의 본질이 온전히 보존되도록 가능한 모든 방법을 동원하고 있습니다… 우리는 수년에 걸쳐 완전 추적이 가능하고 모든 것이 기록되는 시스템을 완벽하게 구현했으며 여러분에게 IP 상품을 제공함으로써 여러분의 고객까지 만족시키기 위해 세계적인 수준의 기술 개발에 투자를 아끼지 않았습니다.

추적이 가능하다는 특징은 우리 회사 IP(유통경로 관리, Identity Preserved) 시스템의 기반입니다. 우리는 업계에서 가장 엄격한 IP 규약과 추적 가능 시스템을 갖추고 있으며… 모든 관련 문서와 샘플, 테스트 결과는 최소 2년간 그대로 보관되며 제3자가 실시하는 검사에도 제공됩니다.

이노바슈어가 승인한 교배종 명단에는 유전자 개량을 하지 않은(전통적인 방법으로 재배한) 품종들만 오르며… 이노바슈어 종자의 공급자들은 종자의 본질이 끝까지 유지되며 공급 체계 안에서 어느 과정이든 추적해서 확인할 수 있다는 점을 고객에게 확신시킬 수 있을 것입니다.

우리는 400명 이상의 전문 재배업자와 제휴하고 있으며… 재배농가는 IP 옥수수 전용밭에 최소 1년 동안 유전공학적 개량 옥수수가 재배되지 않았음을 문서로 증명하고 있습니다. 그들은 인근 농가에서 심은 옥수수 교배종을 식별할 수 있습니다. 또한 이웃의 구역과의 사이에 적절한 완충 지역을 유지하며 주변 농가에서 어떤 교배종을 재배하는지 표시한 지도를 본사에 제출하고 있습니다.

지배 구조는 여전히 강고하게 대물림되고 있다

이미 언급했듯이, 구조 개편에는 소유 구조의 변화가 뒤따랐다. 아니면 그 반대로 소유 구조를 바꿀 필요성이 제기되자 구조 개편을 위한 호기로 인식한 것일 수도 있다.

1986년의 보도에 따르면, 당시 카길의 주식 가치 26억 달러를 50명이 채 안되는 카길 가와 맥밀런 가 후손들 그리고 1천만 달러에 가까운 연간 배당금을 받는 450명의 현 카길 경영진이 소유하고 있었다.[37] 1992년 『포천Fortune』은 카길의 순 가치가 '지난 50년간 연 12.2퍼센트씩 성장'한[38] 결과 36억 달러에 달한다고 발표했다.

이 같은 소유권 집중은 극소수의 소유주에게 엄청난 보상이 돌아간다는 폐해와 더불어 한 가지 별난 문제를 만들어낸다. '가족들은 그 돈을 어떻게 해야 하는가?'가 그것이다. 논리적이며 진정 자본주의적인 대답은 '투자한다'가 될 것이다. 이것이 카길이 이익을 올려 바로 그 나라에 재투자한다고, 사업 활동을 하는 거의 모든 나라에서 자랑스럽게 말할 수 있는 근본적인 이유이다(내가 알기로는 실제로 카길이 기본적으로 그렇게 하고 있지만 다른 곳에서도 지적했듯이 이 문제의 진실을 알아낼 방법은 전혀 없다). 사실 카길의 주장에 따르면 1981년 이래 회사는 캐시플로의 87퍼센트를 재투자하고 이익의 불과 3퍼센트만을 배당금으로 지불했다. 이 같은 유동성은 무서울 정도로 큰 영향력을 발휘한다. 특히 그 자본을 이용하여 침체된 일용품 분야에 진출하거나 그 분야 사업을 확장하는 식의, 다소 유별난 카길의 사업 관행과 결부되었을 때 그 여파는 이루 말할 수 없다.

이 같은 소유 구조는 전에 없던 새로운 문제점도 만들었다. 카길-맥밀런 집안의 한 사람이 자신의 카길 사 투자 지분을 회수해 다른 곳, 이를테면 신설 라디오 방송국에 투자하기로 한다면 어떻게 될까? 카길에는 주식 배당을 더 받는 대신 현금을 받을 수 있는 제도가 실행되고 있지 않았다. 고위 간부인 드웨인 안드레아스가 1950년대 회사를 떠났을 때 그가 가지고 있던 지분을 회사에서 구매해야 했는데, 그렇게 할 수 있는 공식적인 방법도, 기준이 될 장부 가격도 존재하지 않았다(안드레아스의 경우 실제로 다소 임의적인 가격에서라도 회수할 수 있는 카길 자회사 주식을 소유하고 있었다).

마침내 카길은 이 문제에 대응하기 위해 일단의 컨설턴트를 고용해 일종의 종업원지주제ESOP를 마련함으로써 기업 정보에 대한 보안을 유지하도록, 비공개인 회사가 공개 회사로 전환하지도 않고 전환될 수도 없도록, 그리고 카길-맥밀런 가족과 나아가 고위 경영진에게 일종의 면책 또는 주식 회수 프로그램을 제공하도록 조치했다. 그리고 1992년과 1993년에 걸쳐 그 계획을 실천하여 가족들에게 회수용으로 쓸 소유 주식을 내놓도록 만드는 데 성공했다. 후에 '가족 구성원들은 소유 주식의 17퍼센트를 7억 3050만 달러에, 1인당 평균 830만 달러에 내놓았다'는 사실이 밝혀졌다.[39]

당시 보도에 따르면 '소유권을 가진 멤버가 가족 구성원 90명 미만에서 약 2만 명으로 증가'했다고 했지만 이러한 보도는 기만이었다. 왜냐하면 가족들이 17퍼센트의 소유 주식을 인계했어도 종업원지주제의 형태로 이들 주식을 여전히 이사회에서 신탁관리했기 때문이다. 당시 7800명의 시간제 직원들과 1만 2000명의 정규 유급직원들이 종업원지주제의 참여 대상이었다.

『포천』은 당시 맥밀런 가 세 사람의 자산을 합계 21억 달러로 추산했는데 이는 카길 사 자산의 8퍼센트에 해당하는 액수였다(2002년 당시 카길 맥밀런 2세는 73세이고 휘트니 맥밀런은 70세, 폴린 맥밀런 키나스는 65세였다).[40] 인터뷰를 잘 하지 않는 휘트니 맥밀런이 1995년 카길 가의 고향에서 발행되는 신문 『미니애폴리스 스타Minneapolis Star』와 인터뷰한 내용을 보면 지금도 여전히 세계 최대의 비공개 기업으로 간주되는 카길 사의 통제권은 카길과 맥밀런 문중의 세

집안 사이에 분할되어 있다는 것이 드러난다. 100여 명에 달하는 카길 가의 상속자들이 회사 주식의 83~85퍼센트를 관할하고 있으며 나머지는 직원들을 대신해 종업원지주제가 위탁관리하거나 고위 경영진이 통제하고 있다.

다시 말해 카길 가문이 여전히 카길을 통제하는 것이다. 워런 스테일리가 1999년 카길 사장으로 취임했을 때에도 카길의 4세대와 5세대 상속자들이 모두 만족하도록 배당금을 충분히 골고루 나누어야 했다. 카길이 2억 5천만 달러짜리 10년 만기어음 구매에 관심을 보인 소수의 투자자 집단을 대상으로 배포한 한 기밀문서에는, 장비 리스업의 매각으로 생길 예정인 1억 600만 달러를 이용해 회사 창립 두 가문의 상속자들에게서 보유 주식을 다시 매입할 것을 카길이 제안했다는 기록이 담겨 있다.[41]

2001년 카길은 주주들에게 보통주 한 주를 다섯 주로 나누는 주식 분할을 승인할 것을 요청했다. 이러한 요구의 목적은 주식 보유자들이 각자 소규모로 보유하고 있는 주식을 보다 용이하게 현금으로 바꿀 수 있도록 하는 것이었다. 당시 카길의 한 재정 고문은 카길 주식 1주의 공정 가격을 195달러로 평가했으며, 분할 후 보통주 1주의 가격은 약 39달러가 되었다. 현재 주식 일부는 2만 2000명이 참여하는 회사의 종업원지주제가 관리하고 있다. 카길의 주식 분할은 16년 전이 마지막이었다. 카길은 일반인을 대상으로 주식을 공모할 계획을 가지고 있지 않다.[42]

제4장 | 정부 정책을 농단하는 고단수 로비

Invisible Giant
누가 우리의 밥상을 지배하는가

> 카길을 빗대어 이렇게 표현했다.
> "거물이 가만히 앉아 기다리면서 그렇게 성공하는 줄 아는가."
>
> — 드레퓌스 사의 한 간부

1992년까지 수십 년간 월간 『카길 회보*Cargill Bulletin*』는 어쩌다 나오는 뉴스 기사 외에 카길 활동에 관한 유일한 공개 보고서였다. 회사 사정에 관한 한 최대한 비공개를 원칙으로 하던 시대는 막을 내리고, 디자인을 참신하게 꾸민 1993년 1월호가 등장했다. 회사 활동과 발전 사항에 관한 엄선된 정보 대신 『카길 회보』는 세계 농업 정책 옵션에 관한, 그것도 물론 카길의 시각에서 재정의한 보다 학구적인 프레젠테이션으로 바뀌었다. 이와 함께 주요 이슈별로 카길의 정책상의 권고를 제시하는 '카길 논평Cargill Commentary'란이 추가되었다. 그런 『카길 회보』도 몇 년 전 자취를 감춰서 이제는 신중하게 선별해 웹사이트에 싣는 연설문들과 이 책에 나오는 정보로 대체하는 수밖에 없게 되었다.

카길의 정책 옹호는 종종 학계와 전문 정책분석가의 입을 빌어 제시된다. 이들 분석가들은 연구 목적으로 고용되며 분석을 의뢰한 고객이 채택하고자 하는 정책을 객관적인 입장에서 제3자에게 소개해준다. 그러면 그들에게 대가를 지불한 기업 측은 그러한 '독립적인' 연구 결과를 인용하면서 자사가 채택한 정책의 장점을 옹호하는 것이다. 이것이 통하는 이유는 이들 기업과 문화와 소유권을 공유하는 언론매체가 그러한 연구 결과를 객관적이고 중립적인 것으로 보도하고, 연구의 후원자가 누군지 의문을 제기한다 해도 결국 정체를 밝히지 않고 덮어두기 때문이다. 카길은 정책상의 이해를 도모하는 데 이러한 메커니즘을 십분 활용하였다.

기업이 행정부처나 국제기관 등의 공공 서비스라는 '회전문'(구성원의 교체가 심한 조직)을 자사의 정책에 유리한 방향으로 이용하는 것은 흔히 볼 수 있는 관행이었다. 이는 지금도 다를 것이 없는데, 특히 의약이나 생명공학 분야에서 두드러진다. 그런데 카길은 이러한 방법이 더 이상 필요치 않다고 생각하는 모양이다. 카길의 고위 간부 이름이 정부와 산업계의 무역 자문 기관과 협상 기관에 빈번하게 등장하는데도 말이다. 1993년 말 몇 달간 GATT 우루과이 라운드를 마무리 짓기 위해 마지막 박차를 가하던 당시, 농산물 관련 미국 최대 기업인 카길과 팜랜드 인더스트리, 각 사의 CEO인 휘트니 맥밀런과 H. D. 클레버그가 '의회 지도자들이 GATT 협상 최종 단계를 모니터하는 것을 돕기 위한'[43] GATT 자문 그룹 멤버로 위촉된 경우가 그 대표적인 예이다.

　로비 활동 역시 대중에게 효과적으로 먹힐 수 있다. 카길도 이 점을 익히 알고 있다. 카길 커뮤니티 네트워크CCN는 '카길이 활동하는 지역 사회에서 좋은 이미지를 구축하고 성공 가능성을 높이기 위해 만든' 지역 프로그램이다. CCN은 카길이 '건실한 기업 시민'이라는 말을 퍼뜨리면서 동시에 '우리 편이 필요할 경우를 대비해 지역 사회에 선의의 지지 그룹을 만들어 둠으로써 어떤 정부 단위든 카길이 목표하는 공개 정책을 채택하도록 돕는 것을 목적으로' 창설되었다.[44] 카길에서 CCN이라는 이름을 아직까지 사용하는지 안 하는지는 분명치 않지만, 프로그램은 여전히 남아서 기능을 수행하고 있다.

　오하이오 써클Ohio Circle은 카길이 의도했던 결과를 얻는 데 성공한 대중 캠페인의 좋은 예다. 1992년 당시 오하이오 주 소비자와 지역민이 주에서 사용하는 독성 물질에 관하여 더 많은 정보를 알 수 있게 하라는 내용의 '알 권리' 운동, 일명 '이슈Issue5'가 주 전체에 걸쳐 일어났는데, 카길이 원하는 바는 이를 백지화하는 것이었다. 설문 결과 오하이오 주민이 거의 9대 1의 비율로 이 운동을 지지했다고 카길 측은 보고했다.

　이슈5는 대중 운동의 산물이기 때문에 이 운동을 무력화하기 위해서는 같은 민간 차원의 캠페인이 필요했다. 그러한 노력으로 생겨난 것이 '신뢰할 수 있는 건강 정보를 위한 오하이오 주민'이라는 단체였다.[45] (시민지지단체를 조직하는 것은 의약이나 화학 분야 산업체가 즐겨 쓰는 전술이다.)

우선 20개 지역의 카길 간부진이 모여 서클 미팅Circle Meeting*을 가졌다. 첫 모임에서 생긴 오하이오 서클 회의Ohio Circle Council가 자산 관리, 마케팅, 기점Origination과 공공 정책 지원을 담당할 그룹을 조직했다. 공공 정책 지원 그룹은 이슈5에 대응하여 '오하이오 유권자 교육' 캠페인의 조직화에 나섰다. 카길은 자사의 판매망과 무역협회들을 움직여 이슈5가 오하이오의 비즈니스와 경제에 타격을 줄 것이라는 메시지를 퍼뜨렸다.

"우리, 즉 오하이오 내 카길 비즈니스 연합은 적극적인 자세로 직원과 고객, 공급자 그리고 우리가 살고 일하는 지역 사회를 교육시켰다."

이러한 카길의 개입으로 이슈5는 쉽게 무산되었다.[46] 그뿐이 아니다. 카길은 북미자유협정NAFTA을 위한 로비 활동을 할 때에도 민간 차원의 운동이라는 전술을 활용하였다. 카길 지역 네트워크 회원단은 곧바로 로비 작업의 조직화에 나섰고, 곧이어 미국 내 600여 개 카길 사무소의 직원들에게 NAFTA에 관한 상세한 정보와 지역구 의원에게 발송할 카드가 전달되었다. 그때 워싱턴으로 발송된

---

* 서클 미팅은 1984년 당시 카길 회장이던 휘트니 맥밀런의 주도 아래, 카길 본사 및 지역 단위에서 일어나는 새로운 일을 학습하고 아이디어와 정보를 공유하기 위한 고위 간부들의 특별 모임으로 시작되었다.

카드만 해도 5만 통을 훨씬 웃돌 것이라고 카길은 집계하고 있다. 카길은 직원들에게 '북미자유협정은 우리의 앞길을 다져줄 것이라는 점에서 아주 중요한 사안이다'[47]라고 주지시켰고 그것이 사실이기도 했다.

1993년 윌리엄 R. 피어스가 카길에서 부회장으로 은퇴하자 미니애폴리스의 『스타 트리뷴Star Tribune』은 피어스의 경력에 관해 이례적일 만큼 적나라한 기사를 실음으로써 카길 경영의 내막을 들여다볼 수 있는 흔치 않은 기회를 제공했다. 기사를 작성한 존 오슬런드와 토니 케네디는 이렇게 서술했다.

> 아마 이 사람은 몇몇 대통령을 제외하고 선거로 선출된 공직자들 대다수보다 공공 정책에 더 많은 영향력을 행사했을 것이다. 윌리엄 피어스는 반평생 카길 사의 내정과 미국의 농업 그리고 미국의 가장 강력한 우방과 적국의 외교 정책에 영향을 끼쳤지만 미네소타 주민은, 이 은퇴하는 카길의 부회장에 대해 거의 들은 바가 없다.[48]

피어스는 1952년 카길의 변호사 4명 중 한 사람으로 시작해 1957년 홍보 부서로 옮겼고 1963년에는 홍보 부서의 사장이 되었다. 1971년 닉슨 대통령은 그를 무역협상 특별대표로 임명했다(그는 이로써 대사급의 직위를 갖게 되었다). 오슬런드와 케네디의 기사에 따르면 그는 카길에 휴직계를 내고 그 직책을 받아들였다. 피어스가 이 자리에 있으면서 통과시킨 법안은 다음 한 세대간 미국 국제

무역 정책의 든든한 토대가 되었다. 케네디와 오슬런드는 전 국무장관 조지 슐츠가 피어스에 대해 이렇게 평했다고 기술했다. '그는 일을 쉽게, 그리고 자신이 원하는 쪽으로 처리하는 재주가 있었습니다.' 카길은 피어스가 성취한 업적에 관해 이렇게 말했다.

"피어스는 행정부의 일원으로 국제 무역정책의 기초를 만들었다."

피어스는 1974년 카길에 복귀했다.[49]

구소련이 1979~1980년에 아프가니스탄을 침략하자 카터 행정부는 구소련에 농산물 판매를 금지했다. 이때 피어스는, 정부에서 통상 금지를 고집한다면 이미 수송중인 곡물은 정부에서 구매해야 한다고 주장했다. 미국 정부는 예상 이익이 아닌 실제 비용만을 감안해 구매하기로 동의했다. 카터 대통령은 뒤이어 외국의 지사를 통해 구소련에 곡물을 수출하는 것도 중단해 줄 것을 카길에 요구했다. 케네디와 오슬런드의 보도는 다음과 같다.

"피어스가 주도한 치열한 내부 논의를 거친 뒤, 캐나다에서 아르헨티나에 걸쳐 분포한 카길 거래 사무소들은 수출 금지 요구를 받아들였다."

이에 대한 보상을 받아내는 과정에서 피어스가 어떤 역할을 했는지에 대해 카길은 함구하고 있다. 이후 발행된 『카길 회보』에서 회사 측은 다음과 같이 간략히 언급했다.

1980년 가을에 미국 정부는 소련으로 수송 예정이었던 1300만 톤의 옥수수와 400만 톤의 밀에 대해 계약상 의무에 따른 보상액 산출을 진행하고 있었다.* 이후 옥수수 계약 분량 대부분은

다시 시장에서 거래되었지만 밀은 정부가 전량 구매하여 비축용으로 저장되었다.[50]

그러나 이 일에 재정적 위험 부담이 상대적으로 적었던 이들은 상반된 의견을 제시했다.

미국 농무부는 카길과 동료 업체들이 수송하기로 했으나 그렇게 하지 못한 곡물에 대해 보상 조치를 했다. 농무부 감찰관이 작성한 1981년 보고서는… 이름을 밝히지 않은 몇몇 기업에 의해 조작된 부분이 있을 가능성을 시사했다. 대량의 곡물이 보상을 목적으로, '소련으로 수송 예정'으로 재분류되었다.[51]

이와 유사하게 계획하지 않은 이익을 올린 사건이 1971년과 1972년에도 있었다. 구소련은 전례 없이 돌연 미국의 정부 지원 농산물을 대규모로 사들였다. 리처드 길모어의 말에 따르면 1972년 소련에 수출한 밀에 지원한 보조금이 미화 3억 달러에 이르는데, 그 대부분은 곡물 수출 대기업들에게 돌아갔다고 했다.

곡물 메이저 가운데 몇몇은, 미국 정부가 농산물 수출보조금

---

* 이 책에서 거리와 지역은 미터 단위로 표기되어 있지만 중량은 산업 보고서에서 사용되는 단위의 불일치를 감안해 원문에 나온 단위 그대로 표기했다. 따라서 중량은 킬로그램과 파운드, 톤 그리고 메트릭톤 등 다양한 단위로 표기되어 있다. 메트릭톤은 잘못된 용어이나 카길이 계속 사용한 단위이므로 여기에서도 그냥 사용하기로 한다.

프로그램 종결을 통보하기 전에 외국 사무소들에 곡물을 판매한 뒤 나중에 이를 수출로 간주하고 등록함으로써 계획하지 않은 이익을 얻었다.(52)

카길의 판매액은(보조금을 포함하여) 1971년 20억 달러에서 1981년 290억 달러로 증가했다. 그 사이 10년간의 수치는 입수할 수 없으므로 그저 어림잡아 보는 수밖에 없다.

카길 경영자면서 미국 행정부의 일원으로 미국 정책을 수립하는 데 직접적인 영향을 준 사람 가운데 가장 잘 알려진 이는 대니얼 암스투츠이다. 불행히도 그의 이름이 너무 자주 회자된 탓에 미국에서든 다른 나라에서든 카길의 이익에 똑같이 기여해 온 다른 카길 경영자들의 이름은 아득하게 묻혀버린 형편이다.

암스투츠는 1954년 카길에서 곡물 소매상으로 시작해 1967년 사료용 곡물 담당 부사장보로 승진했다. 1972년 또 다시 승진해 카길 투자 서비스의 사장을 맡다가 1978년 사직한 뒤 골드만 삭스의 파트너가 되어 나름의 일용품 거래사업 개발에 착수하였다. 1983년 암스투츠는 미국 농무부 차관으로 국제 관계 및 일용품 프로그램을 담당하고 동시에 일용품 신용공사 사장이 됨으로써 미국 농업 지원 프로그램의 최고 정책 책임자가 되었다. 1987년부터 1989년까지 그는 GATT 농업 협상에서 교섭 대표로 활동하면서 대사급 지위에서 활동하였다. 1989년부터 1992년까지는 개인투자가 겸 컨설턴트로 활동하는 한편, 국제소맥회의의 상임 이사로 추대되기도 했다. 1998년 암스투츠는 북미곡물수출협회의 사장 겸 CEO가 되었다.

카길의(그리고 모든 농업 관련 회사의) 로비 활동은 대개 미국소맥협회 또는 전미곡물 및 사료협회 같은 무역단체들과 전미옥수수재배업자협회나 캐놀라협회 그리고 미국콩협회 같은 일용품 거래 조직을 통해 이루어진다(미국콩협회는 콩 자체와 관련된 협회가 아니라 대규모 재배업자나 가공업자, 종자회사 등 콩 관련 회사들의 이해 단체다).

카길은 무역협회 등과 같은 막강한 영향력을 가진 협회들을 통해 활동하는 것을 좋아한다. 이들 조직이 가진 고도의 로비 기술 덕분에 논쟁적인 제안이나 노골적인 정치 술책을 쓰면서도 회사를 드러내는 일 없이 워싱턴 정가의 영향력을 이용할 수 있기 때문이다.[53]

위의 기사는 1985년에 발표된 것이지만 지금도 내용의 진실성은 의심할 여지가 없다. 이에 따르면 대중이 농업 관련 로비 단체와 합법적인 농가 조직을 혼동하는 것도 무리가 아니다. 카길 같은 초국가적 기업TNC은 대중의 인식을 바로잡기 위한 어떤 노력도 하지 않는다. 오히려 농업 관련 기업들은 자신들의 이해가 바로 농민의 이해와 동일한 것처럼 표현하는 데 상당히 능숙하다. 농업 관련 사업계에서 농업에 대해 말할 때는 어떤 구체적인 형태의 자본집약적, 산업화된 일용품 생산업을 이야기하는 것이다. 각 농산물은 설탕산업, 목화산업 하는 식으로 어떤 산업으로 표현되며 이 카테고리에는 재배 농가에서부터 거래업자, 가공업자 그리고 생산업자에 이르기까지 모든 관련된 사람과 업체가 포함되는 것으로 간주된다.

이로 인해 정식으로 승인되지 않은 권력 기구가 아무 문제없이 정식 기구인 것처럼 인식되는 어처구니없는 오해가 발생한다. 소수이긴 하나 강력한 이들 산업 또는 가공업자들이 수백 명에서 수만 명 농부의 이해관계를 쉽사리 좌지우지하는 것이다. 만약 이러한 집단에 농업 조직으로의 정통성이 조금이라도 있다면 그것은 가공업자와 재배업자가 이해를 공유한다는 전제를 인정하는 데서 오는 것뿐이다. 물론 양측이 어느 정도 이해를 공유하기는 하겠지만 양측의 이해가 완전히 상반되기도 한다. 농부들은 자신이 재배한 농산물에 가능한 한 높은 가격을 붙이길 원하지만 가공업자들은 농부의 농산물을 최대한 낮은 가격으로 사들여 다른 곳에 투입해야 할 원료로 볼 뿐이다.

호랑이(정부 보조금) 등에 타고 토끼(특혜 사업)를 싹쓸이하다

미국 정부가 2차 세계대전 직후 몇 년간 먼저 유엔 국제구제재활보건국에서 실시하는 프로그램을 통해 그리고 이후에는 마셜 계획에 착수하면서 본격적으로 곡물사업에 나섰을 때, 카길은 이미 80년 전부터 곡물사업에 몸담고 있었다. 이들 프로그램으로 유럽에 엄청난 양의 곡물 원조가 이루어지면서 미국의 밀과 밀가루 수출은 1944년 4800만 부셸에서 1948년 5억 300만 부셸로 급증했다. 이때 곡물 메이저들(물론 카길 포함)이 미국 정부의 대행 기관 노릇을 했고, 원가 플러스cost-plus의 비용을 받고 곡물 저장과 수송을 담당하면서 큰 이윤을 남겼다.

그러나 1950년대 초에 이르자, 유럽은 2차 세계대전 기간과 전쟁 직후의 기아, 식량 불안의 충격이라는 뼈저린 경험을 한 뒤 식량 공급에 있어서 자급자족 국가가 되기로 결심하고 곡물 수입량을 국내 생산으로 대체했다. 유럽에서 미국의 곡물 덤핑 판매는 더 이상 환영받는 해외 원조가 아니라 원치 않는 경쟁 상대이자 자급자족이라는 목적지로 가는 길목의 방해물일 뿐이었다.

이에 미국 정부와 곡물 로비 단체가 천재적인 대안을 생각해냈는데, 바로 공법 480호Public Law, PL 480를 통과시킨 것이다. '평화를 위한 식량' 법으로 알려진 이 농업수출진흥 및 원조법이 1954년 7월 통과되면서 미국의 곡물 수출은 다시 상승 곡선을 그리기 시작했다. PL 480은 '잉여 농산물의 이용을 통합하고 확대함으로써 외교정책 목표의 달성을 촉진하였고… 관련 보조금은 또한 미국 농산물의 새로운 시장을 개척하는 데 이용되었으며… 미국 곡물거래업자들이 호황을 누렸음은 말할 것도 없다'고 브로엘은 카길 연혁에 서술하고 있다.[54]

미국 정부의 대리자로서 카길은 언제나 PL 480 보조금의 제1의 수혜자였다. 그뿐 아니라 개인 거래업자로서도 카길은 '평화를 위한 식량' 법에 따른 곡물 수출을 다수의 새로운 잠재 고객의 입맛을 자극하는 기회로 이용했고, 그것이 후에 상업적 판매로 연결되어 엄청난 이득을 보았다. 구체적 조건으로 나중에 상품을 구매한다는 계약을 할 경우에만 식량 원조를 하겠다고 제시한 적도 종종 있었다. 식량 원조, 특히 밀 원조는 유아식과 흡사한 형태로 활용되었다. 처음에 한번 입맛을 들여 회사 상품을 평생 팔아먹을 시장을 만드는 것이다.

1955년에서 1965년 사이, 카길의 미국산 곡물 수출량은 400퍼센트 증가했고 매출액은 8천만 달러에서 20억 달러로 증가하였다. 1963년 무렵에는 PL 480 통과로 발생한 카길과 콘티넨탈의 매출액은 각각 10억 달러에 이르렀다(이는 가공과 제조 과정은 제외하고 저장과 수송 과정에서 발생한 것만 따진 것이다).

PL 480으로 인한 판매 증대 외에도 카길은 미국 정부의 곡물 저장 프로그램으로 큰 이득을 챙겼다. 특히 1958년과 1968년 사이에는 곡물 저장사업, 그것도 종종 임대한 공용 집하시설과 공적 자금으로 세운 시설을 이용해 7600만 달러를 벌어들였다. 그러자 카길이 정부 시책을 조작해 부당하게 잇속을 챙긴다는 악평이 곡물무역 업계에 파다하게 퍼졌다. 캐나다 위니펙에 있는 드레퓌스의 한 간부는 카길을 빗대어 이렇게 표현했다.

"거물이 가만히 앉아 기다리면서 그렇게 성공하는 줄 아는가."

1964년 미국의 정책은 곡물저장사업에 보조금을 지급하던 것에서 곡물 수출에만 보조금을 지급하는 방향으로 바뀌었다. 정부는 곡물회사에 보조금을 지급하여 그들이 국내 가격과 세계 시장의 통상거래 가격보다 싸게 곡물을 팔도록 장려했다. 저장사업 보조금 감소분이 수출 보조금으로 지출됐지만 미국 정부, 또는 국가 예산은 외환 이익의 증가로 이윤을 남길 수 있었다.

댄 모건은 『곡물 상인들』에서, 이 모든 정부 프로그램의 시행이 공식적으로는 '미국 농산물의 해외 경쟁력 증강시키기'로 불렸다고 말한다. 런던의 보수 성향이 강한 신문 『파이낸셜 타임즈Financial Times』도 비공개 기업들이 공적 보조금에 의존하는 행태를 다음과 같이 노골적으로 비난했다.

> 미국의 '곡물 파워'가 절정에 달했던 1970년대, 카길이나 콘티넨탈 그레인 같은 거대 기업들은 미국의 곡물 수출 정책으로 큰 돈을 벌어들였다. 비공개 기업이며 회사 정책에 대하여 더없이 비밀스러운 이들 두 기업은 미국 곡물 수출의 85퍼센트에서 90퍼센트를 지배하는 5대 곡물 메이저 중 각각 1, 2위를 차지하고 있다… 농업 자유 시장을 맹렬히 옹호하면서도 절대적일 정도로 정부 노력에 의존하며 곡물 판매를 확대하고 있다.[55]

PL 480 법안이 여전히 유효한 가운데 1985년 미국 의회는 식량안보법에 따른 수출증진 프로그램EEP을 통과시킴으로써 역사상 최악으로 평가받는 공적자금 기업보조 프로그램을 발효시켰다. EEP도 PL 480도 많은 재배 농가에 도움이 되지는 못했다. EEP 적용 대상국은 농무부 장관에 의해 매년 새로 지정됐는데, 그런 다음엔 적용 대상국 또는 그 대행 기관과 곡물기업 사이에 그 당시 해당국에 지급하기로 지정된 보조금 액수를 토대로 판매 협상이 이루어졌다. 그리고 나서야 비로소 해당 곡물기업에 보조금이 지급되었다.

EEP는 시행 첫 4년(1985~1989년)간 65개국을 '타깃'으로 삼아 밀가루를 포함, 12종류의 농산물을 수출하였다. 당시 미국 통상 대표였던 클레이튼 유터는 여러 번에 걸쳐 유럽 공동체의 보조금 지원 수출 품목에 대항하거나 미국의 농부들에게 보조금을 지원해 세계 시장에서 경쟁력을 갖도록 하기 위해서는 그와 같은 프로그램이 필요하다고 강조했다.* 이러한 합리화와는 무관하게 EEP 시행 결과 '세계 시장 가격'이 하락했고, 그 결과 수혜국 농부들이 받는 가격 그리고 종종 그들 국가의 국내 농업에까지 커다란 타격을 주었다.

진정한 수혜자는 누구일까? 1987년 집계된 자료에 따르면 EEP로 중국에 밀을 수출한 카길은 200만 달러의 추가 매출액을 올렸고, 드레퓌스와 콘티넨탈이 각각 그 절반 정도의 추가 이윤을 올렸다. 친親기업, 자유기업주의의 레이건 정권 아래 카길과 드레퓌스, 콘티넨탈 그리고 아트퍼 사(페루치 그룹 소유의 곡물거래기업)가 EEP 시행 첫 4년 동안 지급된 정부 보조금 중 60퍼센트가 넘는 13억 8천만 달러를 수령하였다. 즉, 미국은 캐나다소맥협회나 유럽연합의 공동농업정책의 무역 왜곡 관행은 비난하면서 스스로는 엄청난 보조금을 지급하는, 사실상의 국영 무역기업이 된 셈이다.

EEP 시행 의도에 관한 의구심을 일소하기 위해 1989년 미국 농무부는 새로운 EEP 조항을 발표했는데, 이 중 두 항목은 EEP의 목적을 좀더 명백히 하려는 목적으로 끼워 넣은 것이었다. 'EEP 시행은 타깃 국가로의 수출을 제한함으로써 경쟁국의 보조금 정책과 다

---

* 미국 통상대표부는 1962년의 통상확대법에 따라 무역협상에서 미국을 대표하고 무역협정 프로그램을 시행하기 위해 창설되었다. 1974년 통상법에 의해 특별 통상대표의 책임이 강화되어 통상대표부에 내각 부처의 지위가 주어지고 통상대표에게는 대사의 권한이 부여되었다.

른 불공정 무역 관행에 대항한다는 미국의 협상 전략을 뒷받침해야 하며 EEP 보조금을 받는 대상 기업들은 미국산 농산물 시장을 개발, 확대 또는 유지할 수 있는 잠재력을 입증해야 한다'는 것이 그것이다.[56]

적용 첫 해에는 미국 밀 수출량 2500만 톤 중 불과 12퍼센트에 해당하는 양이 EEP 발효로 인한 증가량으로 보고됐지만 1987~1988년 무렵에는 수출량 4500만 톤의 79퍼센트로 크게 증가하였다. 같은 기간 제3세계 또는 저개발국들은 채무가 엄청나게 증가하면서 동시에 미국에서 판매 처리해야 하는 곡물에 대한 구매 능력이 점차 줄어들었다. '시장'이 미국의 잉여 농산물 처리에 제 역할을 할 수 없게 되면서 미국 정부가 개입할 필요성이 점점 높아지고 있었다. 『뉴욕 타임즈』에 실린 장문의 기사 3개는 EEP에 대해 이렇게 평가하고 있다.

> 미국 농무부가 400억 달러를 투자한 곡물수출 증진 캠페인은 10년 전 어려움에 처한 농민들을 도우려는 목적으로 시작되었지만 원래 의도와는 다르게 몇 안 되는 다국적 기업들만 살찌웠을 뿐 세계 농업 시장에서 미국이 차지하는 지분을 확대하는 데에는 별 성과를 거두지 못했다… 보조금 지원 프로그램은 연방 행정부서 중 규모가 가장 크면서도 규제는 가장 적게 받는 부처인 농무부 그리고 그 규제 대상이지만 막강한 정치적 영향력을 가진 기업들 사이의 공생관계를 잘 보여준다.[57]

미국 농산물의 세계 시장 점유율이나 글로벌 경쟁력을 명분으로 내세워 공적 자금을 지원한 프로그램은 PL 480과 EEP가 전부는 아니다. 중점수출 지원 프로그램TEA과 EEP는 주로 각종 산업재단이나 협회를 대상으로 선택해 보조금을 쏟아 붓곤 했다. 미국소맥협회와 미국사료용곡물협의회도 이 프로그램의 지원을 받은 46개 조직에 속한다. 그 중 소맥협회는 프로그램의 지원을 받아 다양한 종의 미국산 밀 샘플 100톤을 세계 각지의 밀 제분소로 보내면서 잠재적인 외국 소비자와 함께 일할 미국 전문가를 함께 파견하기도 했다. 세네갈이나 부르키나파소, 콜롬비아, 대만을 비롯한 많은 외국 시장의 제분소가 이 프로그램에 참여했다. 1988년 한국에서는 1000개 이상의 제과점이 참여했고 10가지 새로운 제과 제빵 식품이 소개되었다.

1988년 미국의 전국밀재배인협회는 '발전하는 세계: 미국 농업을 위한 기회'라는 프로젝트를 개발하였다. 저개발국가에 대한 미국의 밀 수출 기회를 증대시키는 것이 이 프로젝트의 목표였다. '이 프로젝트에서는 최고 30명의 재배업자를 교육시켜 각 주와 각 지역의 관련 단체에 프레젠테이션을 하도록 하고, 언론매체를 통해 저개발국의 경제 성장과 무역 그리고 잠재력을 이용하여 미국 경제를 강화할 수 있다는 점을 인지시킬 계획'이라는 것이 그들의 설명이었다.[58]

미국 농무부의 시장확대 프로그램MPP은 외국 시장 개발을 목적으로 일용품 신용공사가 보유한 자금이나 농산물을 무역기구, 기업 또는 협동조합에 제공한다. 미국소맥협회는 벌써 여러 해에 걸쳐 이집트, 베네수엘라, 모로코의 밀 제분 학교와 대만, 코스타리카, 알제리의 제과 학교 등의 학교개발 계획에 MPP 자금을 이용하고 있다. 미국소맥협회 회장인 윈스턴 윌슨은 이렇게 말했다.

"이들 학교에 대한 미국의 지원은 그 나라 국민이 미국산 밀에 보다 친숙해지게 만드는 것은 물론이고, 중남미 출신의 제분산업 대표들과의 관계를 우호적으로 유지시키는 데 도움을 줌으로써 캐나다를 비롯한 세계적 밀 공급자들과의 치열한 경쟁에 함께 맞서는 데 큰 역할을 하고 있습니다."

베네수엘라에서 밀가루와 파스타산업 분야에 진출한 회사 중 주요 업체로 간주되는 카길은 벌써 꽤 오랫동안 이 프로그램으로 혜택을 보아온 것으로 보인다.

카길은 EEP나 다른 프로그램의 합법적인 틀 안에서 세계 곡물 시장에서의 판매량을 확보하고 시장 점유율을 높이기 위해 미국 정부의 선의적 기구들을 이용하는 한편, 호주소맥협회AWB 같은 국영 교역기업을 파괴하는 데에도 노력을 기울여 왔다. 콘아그라, 콘티넨탈 곡물, 루이 드레퓌스 등과 더불어 호주곡물수출업자협회의 멤버라는 위치를 이용하고 동시에 호주 정부의 도움까지 등에 업고서, 카길은 밀 교역 규제를 완화하고 민간 기업에 교역을 개방한다면 농부에게 지급하는 곡물 가격을 인상하고 정부 지불 비용을 인하시키겠다고 약속함으로써 AWB의 수출 독점 관례를 무너뜨리려 했다. 이것은 카길이 캐나다소맥협회CWB를 상대로 벌인 게임과 똑같은 것이다. 마침내 1992년, AWB는 1999년까지만 밀 수출 독점이 허용되고 이후로는 제한적 독점권을 갖는 준 정부기구가 될 것이라는 통보를 받았다. 정부는 곡물 수출에 필요한 대부 자금도 여태까지 지급해온 금액의 85퍼센트만 보장해 주겠다고 밝혔다.

미국과 캐나다는 구소련 연방이라는 시들어 버린 시장을 장기적으로 대체할 시장을 필요로 하고 있다. 중국은 나라 크기 덕분에 대체가 가능한 유일한 후보이다. 중국이라는 시장을 이용하려면 절대로 상대의 자존심을 자극해서는 안 된다. 그렇다 해도 벌크 운송 곡물을 처리하려면 중국은 좀더 충분한 인프라 구조를 갖출 필요가 있는데, 세계은행에서 환영하는 부류의 프로젝트가 바로 그러한 인프라 건설을 지원하는 것이다.

농업의 '현대화' 그리고 초국가적 기업들이 이용할 인프라의 재원 조달을 위해, 1994년 세계은행은 10억 달러(중국 발표로는 17억 5천만 달러) 투자 계획을 실행하겠다고 발표했다. 관련 시설로서는 역사상 최대 규모의 사업으로, 중국 전역에 걸쳐 370곳의 내륙 및 수출입 항구에 현대식 곡물저장용 창고와 관련 설비를 건설하고 설비하는 프로젝트였다. 그 중 가장 큰 항만 시설은 30만 톤을 저장할 수 있는 규모로 지을 예정이다. 이 사업의 주요 목표 중 하나는 중국의 곡물처리 능력을 포 단위에서 벌크 단위로 전환하는 것이다. 새로 지어질 항만 시설 중 대부분이 수입·수출 겸용으로 설계된다.[59] 카길에 이보다 더 좋은 일은 없을 것이다.

중국 동북부는 대단히 비옥하여 옥수수와 콩을 대량으로 생산하기에 알맞은 토양이라고 알려져 있다. 이 두 가지 농산물의 수출과 밀의 수입을 원활히 하기 위해 북동부 해안에 일련의 항만시설이 건설될 예정이다. 양쯔 강 입구에도 항만시설을 만들어 중국 동북부에서 들어오는 옥수수와 콩뿐 아니라 세계 각지에서 밀을 수입할 수 있도록 할 계획이다. 남동부에는 항구, 저장 및 수송시설을 갖추어 인구밀집 지역인 '동남부 지역'과의 통로로 활용할 것이다. 이 같은 시설물이 일단 갖춰지고 나면 중국은, 일본이 카길이나 콘티넨탈 등을 지칭할 때 쓰는 표현인 이른바 '곡물 메이저'의 글로벌 곡물 시스템에 완전히 편입된다. 카길은 두말할 것도 없이 중국의 세계무역기구WTO 가입을 누구보다 강력히 지지했으며 중국은 2001년에 가입되었다.

제5장

육고기 사육·가공 시장의 공룡이 되다

> 카길은 병아리 한 마리당 보는 손해를 달걀 생산 과정에서 농부에게
> 사료를 공급해서 얻는 수익으로 그대로 보충하고 있다.
>
> — 『포브스Forbes』

한때는 북미 지역의 거의 모든 농장에서 한 두 종류의 가축은 항상 찾아볼 수 있었고 눈이 많이 쌓여 있지 않고 풀이 자라는 한 가축들은 스스로 먹을 것을 해결하거나 사람이 남긴 음식찌꺼기로 영양을 보충했었다. 그러나 지금은 사정이 다르다. 가금과 돼지는 격리된 상태에서 사람이 가져다주는 사료만 먹으며 사육된다. 낙농업도 점차 그러한 형태로 변해가고 있다. 쇠고기는 광대한 규모의 번식 농가에서 소를 사육하거나 완전 격리된 사육장에서 키운 뒤 '마무리 처

리' 과정을 거쳐 생산된다. 이러한 변화가 먼저 북미 지역에서 그리고 전 세계적으로 일어났을 때, 카길이 이러한 변화를 권장하면서 사료제조업자로서 변화의 중심적 위치를 차지한 것은 전혀 놀라운 일이 아니다. 한때 소가 풀을 뜯고 닭이나 집오리가 모이를 쪼았으며 사람이 먹을 곡물이 자랐던 곳에서, 이제는 주로 동물 사료에 쓰일 곡물과 오일시드가 점점 더 큰 규모로 생산되고 있다. 카길은 이같은 변화를 성공적으로 부추기고 이용하였다.

카길은 1930년대 말 들어 정식으로 배합사료사업에 뛰어들었고, 1960년대에는 소와 돼지, 가금류의 도축·가공사업과 옥수수, 콩의 제분사업에 진출했다. 종자에서 사료와 도축에 이르기까지의 사업을 통합하고 나자 카길은 그에 따른 시너지 효과와 재정 효율을 충분히 활용할 수 있는 위치가 되었다. 이는 수익과 사업의 성장을 합리적으로 추구하고 기회와 한계를 능숙하게 분석하여 얻은 성과다.

월 카길은 이미 1884년부터 (주로 제분한 곡물 같은) 단순 사료의 판매를 시작했지만 본격적인 사업은 1934년 몬태나에 자리잡고 카길 브랜드로 사료 부문을 창설하면서 시작되었다. 5년 후 카길은 사우스다코타 주 레녹스에 특별히 사료 제조용 시설을 짓고 배합사료사업을 시작하여 '블루 스퀘어'라는 브랜드로 상품을 판매하였다. 사업은 미네소타와 아이오와까지 급속도로 확대되어 얼마 동안은 몬태나 지역 사업과 분리 운영되었다.

2차 세계대전 말 카길은 사료 제분과 오일시드 가공 분야에서 두 건의 대규모 인수 작업을 성사시켰다. 아이오와 주 시더 래피즈에 있는 허니미드 프로덕트 사와 그에 딸린 사료공장, 콩 가공공장

1개씩과 캔자스에 있는 뉴트리나 제분, 이렇게 2개를 인수했다.

허니미드는 안드레아스 가문이 소유한 회사로, 인수 당시 27세의 젊은이 드웨인 안드레아스가 경영하고 있었다. 드웨인은 이후에도 계속 허니미드와 카길에서 일하다가 얼마 안 있어 부회장이 되었다. 그는 1952년 경영 방식을 둘러싼 분쟁을 계기로 카길을 떠나 한동안 곡물시설운영자조합에서 일했다. 1966년 그는 동생 로웰과 함께 아처와 대니얼스Archer and Daniels 가의 초청을 받아들여 두 가문이 소유한 회사인 ADM의 대주주가 되고 회사 경영을 맡았다. 1971년 드웨인 안드레아스는 ADM의 CEO가 되었다. 안드레아스가 이끄는 ADM은 상당히 공격적이고 노골적일 정도의 정치적인 스타일로 오일시드 가공과 밀가루 제분, 곡물 처리와 기타 사업 분야에서 카길의 주요 경쟁자가 되었다. 현재 85세인 안드레아스는 1999년까지 대표이사로서 ADM의 우두머리로 남아 있었다.

또한 카길은 미국 중서부 지역의 메이저급 제분회사였던 캔자스 소재의 뉴트리나 제분을 인수하여 가금에서 낙농과 돼지 사료에 이르는 사업 라인을 완성하는 데 160만 달러를 들였고, 곧바로 사료 소매시장으로 뛰어들었다. 뉴트리나는 카길의 사료 부문이 되었고 몬태나에 기반을 둔 블루 스퀘어 브랜드는 '뉴트리나' 라벨로 교체되었다.

카길은 6년 뒤 다시 한 번 사업 확장을 추진해서 1951년 멤피스에 있는 로열 사료제분회사의 주요 사업체를 인수했다. 카길은 이 사업체를 뉴트리나에 완전히 합병하고 이후 몇 년간 확장을 계속해 1985년에는 비컨 제분을, 1987년에는 퀘이커 오츠로부터 아코를 인수하였다.

카길은 1989년 워싱턴 주에 있는 핸슨&피터슨을 매입하면서 뉴트리나 사료사업을 미국 북서부 지방까지 확대했는데, 이로써 카길은 미국과 캐나다에 총 58개의 사료공장을 보유하게 되었다. 워싱턴 주에 위치한 사료회사의 인수로 카길은 캘리포니아 스톡튼 소재의 대규모 사료공장을 보완하게 되었고 이는 카길이 낙농·축우산업이 앞으로도 계속 서부를 중심으로 발전할 것으로 전망했음을 의미한다. 이러한 사실은 1992년 카길이 주로 낙농 사료 생산을 위해 캘리포니아 주 핸포드에 1천만 달러를 투자해 카길 역사상 최대의 사료제조공장을 건설한 것으로도 알 수 있다. 같은 해 카길은 오하이오의 우스터에서도 사료공장 건설에 착수했으며 당시 매입한 루이지애나 소재 또 하나의 사료공장은 현재 동물 포장사료 공급뿐 아니라 양식산업 부문에서도 이용되고 있다.

카길은 미국 국내와 전 세계를 무대로 꾸준히 사료사업 확장을 추진하였고, 2001년 비약적인 한 걸음을 내딛어 5억 3500만 달러에 아그리브랜드 인터내셔널 사를 인수함으로써 미국을 비롯한 세계 각지에 100여 개의 사료공장을 확보할 정도로 성장했다. 아그리브랜드는 랄코프와 함께 랠스턴 퓨리나에서 스핀오프 방식*으로 분사한 회사다. 랄코프는 유통업자 브랜드로 아침식사용 시리얼과 크래커를 생산하고 있다. 아그리브랜드에서는 16개국에 분포된

---

*주식회사 조직의 재편성 방법으로 모회사에서 분리 독립한 자회사의 주식을 모회사의 주주에게 배분하는 것

71개 공장에서 '퓨리나' 또는 '체커보드'라는 이름으로 돼지용이나 토끼용에서부터 새우용까지 온갖 종류의 사료를 생산하고 있다.

카길 사료는 뉴트리나와 아코를 포함한 여러 회사의 브랜드로 판매된다. 카길 소책자에도 나와 있듯이 아그리브랜드의 인수로 세계 '동물용 사료' 시장에서 카길의 점유율이 2배로 증가했으며 사료사업 분야에서 가장 빨리 성장하고 있는 양식사업에서도 상당한 파워를 갖게 되었다. 카길은 전통적인 가축 사육보다 공장형 가금 생산에 훨씬 가까운 새우와 틸라피아(생선) 양식에 더 중점을 두고 있다.

카길 리쿠어라이프는 세계 최초의 액체형 새우사료이다. 사료 한 방울에 영양 결정 그리고 배양액 형태의 순수 배양한 미생물이 들어 있어서 새우 유충에게 흡수율이 높은 영양을 공급함으로써 양식 탱크의 물속에 배출로 인한 질소 암모니아가 쌓이는 것을 방지해 준다.[60]

사료사업과 동물 사육사업은 매우 밀접하며 카길이 이미 오래 전부터 동물 사육 분야에 다른 회사들보다 더 직접적으로 개입해온 것은 너무나 당연한 일이다. 1980년 미국 내 13개의 주요 소 사육 주에는 7만 8000개의 사육장이 있었다. 그러나 1992년 무렵 사육장 규모가 커짐과 동시에 사육우의 수는 별 차이가 없으면서도 사육장의 수는 4만 6450개로 감소했고 이 같은 추세는 미국과 캐나다 양국에서 계속되고 있다.

1996년 미국의 소 사육업체 중 상위 10개 회사는 전부 합쳐 50곳의 사육장에서 일시에 250만 두頭를 처리할 수 있었다. 콘티넨탈 그레인은 일시에 40만 두를 처리할 수 있는 시설을 갖추고 1년에 총 97만 5000두를 도축함으로써 그 중 1위를 차지했다. 33만 두의 처리 용량을 갖춘 캑터스 사육회사가 2위, 일시에 30만 두 그리고 연간 총 80만 두를 처리하는 콘아그라가 3위였고, 4위는 캡록 인더스트리라고 그럴듯하게 ('인더스트리'를 집어넣어)이름 붙인 카길 사육업체가 28만 5000두의 처리 용량으로 4위를 차지했다.

19세기로 돌아가길 원하십니까? 아직도 마을마다 정육 포장 공장을 하나씩 둔 채로 21세기 마케팅에 대응하려고 하십니까? 그럴 수는 없습니다!… 변화를 막을 수는 없습니다. 이것은 누가 막든 상관없이 반드시 일어날 수밖에 없는 진화입니다.
— IBP 사 회장 겸 CEO인 로버트 피터슨[61]

유럽에서 더 이상 환영받지 못하게 된 잉여 농산물을 처리하기 위한 장치로 1950년대에 생겨난 가축 사육장이 점점 발달하고 미국 중서부와 캐나다 앨버타 지역에 집중되면서, 전에는 '도살장'으로 불리던 가공시설도 기존의 크고 작은 인구 밀집 지역에서부터 소 사육 중심지로 점차 이전하였다. 이 같은 변화가 생긴 지 얼마 안 되어 도축된 소의 처리 과정에 또 다른 변화가 일어났다.

기존에는 도살한 뒤 조각난 부위를 갈고리에 끼워 열차의 냉장 차량 안에 매단 채 서부의 도축장에서 동부의 시장으로 수송했고 그 과정에서 고기의 신선도가 많이 떨어졌다. 그러던 것이 이제는 도축장에서 고기 몸통을 몇 개의 큰 덩어리로 나누어 상자에 포장한 뒤 트럭으로 도매 및 소매업자에게 수송하면 이들이 현장에서 필요에 따라 잘라 판매하는 방식으로 바뀌었다.

가장 최근의 변화 역시 육류 포장산업에서 처리 과정의 집결과 중앙집중화를 촉진하는 것으로, 도축장 혹은 보조 시설에서 고기를 잘라 포장육으로 만들 수 있게 된 것이다. 포장육, 즉 '케이스 레디 case-ready' 상품이란 말하자면 가공업자나 도매업자에 의해 부위별, 중량별로 포장되고 심지어 정찰 가격까지 붙은 것을 말한다.

다행히도 사육장과 가공포장시설이 쇠고기산업의 전부는 아니다. 반추 동물의 본능을 이용해 소들이 스스로 먹이를 해결하도록 방목하는 (사육우의 공급원인)번식 농가 그리고 처음부터 사료 없이 풀만 뜯어 먹고 자란 유기 소를 사육하는 농장들도 있다. 이러한 형태의 사육사업은 거의 어디에서나 찾아 볼 수 있지만 다른 가축 '산업'에 비하면 대부분 비교할 수 없을 정도로 작은 규모이다. 카길 캐나다에서 오랫동안 부회장을 맡다 1993년 은퇴한 딕 도슨은 이렇게 말했다.

전 세계적으로 많은 사람들이 전보다 더 나은 생활을 영유하고 있다. 우리의 과제는 더 많은 소를 사육하고 더 질 좋은 육류를 생산하는 것, 그리고 더욱 수준 높은 가공처리 과정을 거친 육류를 신흥시장에 판매하는 것이다… 세계적으로 생활 수준은 더 높아졌지만 동시에 굶주리는 사람도 많아졌다. 그래프의 모든 지표가 함께 상승곡선을 그리고 있다. 우리가 추진하는 산업은 대체될 수 없는 것이며 현재 꾸준히 성장하고 있다.(62)

카길은 1968년 MBPXL 사를 6800만 달러에 매입하면서 소 도축 및 가공사업에 본격적으로 진출하였다. 카길은 회사 이름을 엑셀로 바꾸었고 1991년 무렵 이 회사는 세계 각지에 31개의 쇠고기, 돼지고기, 가금 가공공장을 소유할 정도로 크게 성장하였다. 미국에만 해도 14개의 쇠고기, 돼지고기 가공공장과 3개의 브로일러(병아리를 비육시켜 육용으로 쓰는 닭) 가공공장 그리고 3개의 칠면조 가공공장을 가동했고 캐나다 앨버타의 하이 리버 강변에는 캐나다 최대의 쇠고기 포장공장을 운영했다.

또한 방콕에도 브로일러 가공공장을 운영했으며 호주에 쇠고기와 양고기공장, 대만에 돼지고기 가공공장, 멕시코의 사울틸로에는 쇠고기와 닭고기 가공공장을, 온두라스에는 쇠고기공장과 가금공장, 아르헨티나에는 브로일러공장을 운영했다. 카길 계열사 선 밸리는 영국에 브로일러 가공공장과 웨일스 지방에 칠면조 가공공장을 운영하고 있다. 1999년 카길은 코스타리카 최대의 육류 가공업체인 신토 아줄 사를 인수하여 카길의 육류 가공공장 행렬에 추가하였다.

이 모든 일들을 카길 혼자서 이루어 낸 것은 아닌데, 그 예로 카길이 네브래스카에서 추진한 프로젝트 하나만 봐도 카길이 얼마나 많은 공적 지원을 받았는지 잘 알 수 있다.

1993년 카길은 네브래스카에 위치한 기존의 육류 가공공장에 1500만 달러를 투자해 새로운 시설로 개조하기로 결정하였다. 혼자서 이 소규모 프로젝트의 자금을 조달하기가 아까웠던 카길은 네브래스카 경제개발부에 155만 달러의 교부금을, 고속도로 관리국에 도로정비 명목으로 30만 4000달러의 지원금을, 그리고 연방 경제개발청에 44만 5000달러의 지원금을 요청했다. 그걸로도 모자라 지역 주민에게 재원 조달을 목적으로 하는 263만 달러의 세금 인상안을 주민투표로 결의해 달라고 요구했다.[63]

카길이 캐나다의 쇠고기산업에 진출하여 점차 지배해가는 과정은 카길의 기업 전략과 관행을 잘 보여주고 있다.

1989년에 카길은 앨버타 하이 리버에(앨버타 주 정부로부터 400만 달러의 지원을 받아) 5500만 달러 규모의 쇠고기 가공 포장시설의 문을 열었는데, 당시 캐나다 서부 지역의 공장 임금보다 2달러 50센트 낮은 시급을 지급하고 노조 결성을 금지하며 주 5일 근무에 하루 1600두의 소를 처리하는 조건으로 운영에 들어갔다. 카길의 공장이 가동을 시작했을 때는, 앨버타 소재의 캐나다육류포장회사Canada Packers의 공장 네 곳에서 일하던 700명의 근로자들이 시간당 기본급을 카길의 공장을 포함 앨버타 지역 공장들의 평균 임금인 12달러 51센트에서 1달러 50센트 삭감하겠다는 제안을 받아들인 뒤였다. 1988년 캐나다육류포장회사가 공장 네 곳을 모두 폐쇄하겠다고 위협하면서 공장 근로자들에게 한발 물러날 것을 강요했기 때문이다. 한 마디로 카길은 실제로 사업을 시작하기 1년 전에 벌써 효과적으로 앨버타 지방의 육류포장공장 근로자의 기본 임금률을 결정해 놓은 것이다.

공장이 문을 연 지 1년 후, 카길 하이 리버 공장의 근로자 430명은 투표로 노조를 결성하였다. 노조는 시간당 초임을 8달러로 하고 1년 후에는 9달러 60센트로 인상하며 숙련 근로자는 최고 임금으로 10달러 95센트를 받게 해 달라고 요구해 동의를 얻어냈다. 1993년 중반에 가서야 기본급은 10달러 25센트로 증가하였다.

하이 리버 공장이 조업을 시작했을 때 유일하게 경쟁사라 할 만한 상대는 레이크사이드 팜 인더스트리 사에 속한 공장으로, 앨버타의 브룩스 지역에 있는 레이크사이드 육류포장회사였다. 그런데 당시 세계 최대의 신선육 가공업체인 IBP 사가 1995년 레이크사이드를 인수해 버렸다. 카길은 이에 대응하여 3700만 달러를 투자해서 공장을 확장하고 2교대로 하루 4000두의 소를 도축할 수 있도록 했다.

2001년 중반 타이슨 식품이 레이크사이드를 포함해 IBP 사를 인수하면서 미국 최대의 육류업체로 성장하여, 240억 달러의 매상고를 올리고 미국 쇠고기 시장의 28퍼센트, 닭고기 시장의 25퍼센트 그리고 돼지고기 시장의 19퍼센트를 지배하게 되었다. 카길은 엑셀 식품을 통해 육류 가공사업을 계속하여 카길 총 매출액에서 4분의 1에 해당하는 약 100억 달러의 매출액을 달성함으로써 콘아그라에 이어 업계 3위를 차지하고 있다.

일단 하이 리버 공장이 조업을 시작하자 카길은 메이플 롯지 팜스 사의 공급망까지 동원해 수익성 높은 온타리오 시장에 지체 없이 제품을 공급하더니, 1993년 결국 몬트리올의 스타인버그 사로부터 토론토 소재 트릴리엄 육류회사의 공장을 인수하였다. 트릴리엄은 육류 가공 및 공급업체로서 스타인버그가 재무 악화로 미라클 푸드 마트 점포를 전부 A&P 사에 매각할 때까지 그 점포들에 육류를 공급했었다. 카길은 회사 전통에 따라 인수 회사 노조 측이 일자리를 잃느니 실질 임금 삭감을 받아들이겠다고 동의한 뒤에야 스타인버그와의 거래를 마무리지었다. 결국 카길은 공장과 인력을 헐값에 인수한 셈이다.

카길은 트릴리엄 공장을 실험 가동용으로 그리고 하이 리버 공장의 연장으로 보고, 하이 리버에서 비포장 쇠고기 및 상자 포장 쇠고기를 트럭으로 트릴리엄 공장까지 수송해 거기서 포장육(케이스 레디)으로 가공하는 방식으로 진행시켰다.

그러한 카길의 방식은 분명 크게 성공한 듯하다. 2002년 초 카길은 퀘벡 챔블리에 4500만 달러 규모의 포장육 신규 육류 가공공장을 건설한다고 발표했다. 건설 과정에서 카길은 퀘벡투자개발공사로부터 360만 달러를 무상으로 지원받았으며 퀘벡고용공사로부터는 근로자 교육 명목으로 30만 달러를 보조받는가 하면 챔블리 지방자치단체로부터 35만 달러에 달하는 인프라 건설자금을 지원받았다. 카길은 조지아 주에도 유사한 시설을 짓고 미국의 슈퍼마켓에 포장육 상품을 공급하고 있다.

2001년 카길은 밀워키의 엠펙 식품을 사들였다 '부가가치형 육류 상품'을 생산하는 엠펙 식품의 인수로, 카길 엑셀은 매년 1억 8천만 파운드에 달하는 조리 육류 상품을 생산한다는 계획을 실현할 수 있을 것으로 기대하고 있다. 이는 사실상 케이스 레디 개념을 미국 일반 가정에까지 보급하는 것이나 마찬가지다. 엑셀은 또한 미주리 주 마셜에 위치한 돼지고기 가공공장을 케이스 레디 상품 생산공장으로 개조하고 펜실베이니아의 와이루싱에 있는 테일러 포장회사라는 쇠고기 가공회사도 같은 목적으로 사들였다. 테일러 사의 사장 켄 테일러는 이러한 전형적인 기업 인수 과정에서 큰 물고기에게 잡아먹히는 작은 물고기가 된 운명을 결연히 받아들이고 다음과 같이 말했다.

여러 대에 걸친 이 가족 기업의 경영권을 포기하기로 한 것은 힘든 결정이었다. 그러나 이 산업에는 앞으로 큰 성장의 기회가 있으며, 우리는 기꺼이 엑셀의 일원으로 그 기회를 맞이할 것이다… 우리 회사의 공급업자와 고객, 직원들의 미래를 생각할 때 엑셀에 합류하기로 한 것은 최선의 선택이었다.[64]

그것은 결국 '매각이냐 퇴각이냐'의 선택이었다.

하이 리버에 공장을 짓겠다고 발표했을 때 카길은 이미 앨버타 남부에서 사료와 사료 첨가물의 주요 생산자이자 공급업자였고 어떤 가축 사육장이라도 현금이 부족하다면 카길의 금융사업부를 통해 소 구입 자금을 조달받는 것이 가능할 만큼 성장해 있었다. 이때 조건은 카길에서 융자받아 구입하는 소는 뉴트리나 사료를 먹여 사육해야 한다는 것이었다. 어떤 은행도 사료비 대출에 흥미를 보이지 않았으므로 구입한 소가 이미 카길의 융자 담보가 되는 상황이면 사육업자에게는 다른 대안이 없게 된다. 그런 상황에서 카길이 소 구매자가 될 경우 사육업자에게 구입 소의 충족조건이나 운반 시기, 지불 가격을 지정 통보할 수 있게 되므로 이쯤되면 터프한 카우보이 목장주 또는 사육업자는 실상 카길 프랜차이즈 운영자로 전락한 신세나 다름없었다.

결국 카길은 캐나다 서부 지역의 농장에서 사육하던 소들을 효과적으로 몰아내고 카길의 하이 리버 공장 근처, 앨버타 남부에 밀집해 있는 몇 개의 사육장으로 집중시킴으로써 캐나다의 쇠고기 생산에 막대한 영향력을 갖게 되었다.

앨버타 캘거리에 위치한 비교적 소규모 쇠고기 가공업체인 XL 푸드가 그러한 카길의 영향력의 대표적인 희생자였다. XL 푸드는 회사의 재정적 문제를 카길의 탓으로 돌리며 이렇게 비난했다.

> 카길의 마케팅 전략이 포장육 가공 시장에서 지분 확보를 위한 싸움을 유발했고 그로 인해 마진이 거의 제로에 이르렀으며 그 결과 캐나다의 포장육산업 전체가 막대한 타격을 입었다.[65]

XL은 로크 아웃(lock-out 직장 폐쇄─편집자)의 방법으로 임금 삭감을 단행해 회사의 재정난을 해결하려고 하였다. 근로자들은 직장에 복귀하기 위해 시간당 임금 평균 2달러 39센트 삭감과 주당 근무 시간 단축이라는 조건을 받아들여야만 했다. 회사는 카길과 경쟁하기 위해서는 어쩔 수 없다고 정당화했다.

카길은 1989~1990년 공장의 가동 능력을 최대한으로 활용하기 위해 산지 소 값을 최고가로 구매함으로써 다른 포장육 가공회사에 엄청난 압박을 가했다. 단기적으로 봤을 때, 소의 경매가를 인상시키는 것이 카길 같이 충분한 재원을 보유한 회사에게는 심각한 타격이 되지는 않겠지만 그렇지 못한 경쟁사들은 특히 쇠고기 도매가가 동시에 하락할 경우 파산하게 될 수도 있다. 꽤 멀리 떨어진 노바스코샤 지역의 쇠고기 구매업자들의 말에 따르면 카길이 시장을 지배하기 위해 1989년 말 도매시장을 '로우 볼링low-balling'했다고 한다. 즉, 원하는 만큼의 시장 지분을 확보할 때까지 소를 더 비싸게 구입하고 쇠고기는 더 싸게 판매한 것이다.

카길의 하이 리버 공장이 조업을 시작했을 때 캐나다육류포장회사는 여전히 캐나다 최대의 쇠고기 가공회사로 캐나다 서부에 3개의 공장을 운영하며 매주 1만 2000두의 소를 도축하고 있었다. 그러다가 1990년 중반 힐스다운 홀딩스 사가 공식 발표 가격 7억 달러에 캐나다포장회사를 사들였고 이듬해에는 인수한 공장 가운데 쇠고기 가공공장 두 곳을 폐쇄했다. 마지막 남은 공장 하나는 번즈 식품에 매각했다. 그러나 번즈 식품은 별 재미를 보지 못하고 역시 문제를 카길의 책임으로 돌렸다. 사장인 아서 번즈는 카길이 "쇠고기 1파운드당 이윤이 불과 3~4센트밖에 안 되는데 쇠고기를 1파운드당 시장 가격보다 10센트 내지 14센트 낮게 공급하고 있다"고 했다.[66]

카길의 부회장인 빌 버크너의 진술은 이와 상반되는 것이었다.

그는 "사실이 아니다. 북미 지역은 경쟁이 험한 시장이다. 우리는 항상 경쟁이 가능한 가격을 제시하고 있다"[67]라고 말한다.

캘거리 지역에서 중점적으로 활동하는 캐나다쇠고기수출연합이 1989년 쇠고기 포장육업자와 가공업자, 수출업자 그리고 지역 및 전국 쇠고기 관련 협회를 대변하는 비영리 연맹으로 법인화되었는데, 이는 우연이 아니다. 연합은 시장 조사를 실시하고 통상 사절단을 후원한다. 이 조직은 지방 목장주 협회나 다양한 지역 및 연방 관련 당국으로부터 기부금을 지원받아 운영된다. 업계 기부금 액수는 공개되지 않고 있지만 주요 수출업자인 카길이 미국쇠고기수출연맹과 유사한 이 조직의 혜택을 1순위로 받는 기업이라는 점은 의심할 여지가 없다.

카길의 입장에서 이는 더없이 좋은 시스템이다. 사료 공급업자이자 금융업자 그리고 도축우 구매업자인 카길에게 캐나다의 정육업자와 도매업자들이 최대한의 통제권을 허용하면서 날씨 변화나 가축의 건강 같은 메이저 리스크는 자신들이 떠맡는 편리한 시스템을 제공하는 것이다. 이는 곡물 재배업자가 아닌 경우 곡물을 헐값에 팔기에도 가장 좋은 방법이다.

오늘날 북미 쇠고기 생산업의 규모는 눈에 보이지 않는 만큼 어림잡아 보기도 어렵다. 소처럼 큰 동물을 토막내는 현장을 직접 보기 위해 대규모 포장육 가공시설을 둘러보는 것은 건강상과 안전상의 이유로, 그리고 보기에 너무 끔찍한 광경이기 때문에, 사실상 불가능하다. 반면에 소 사육장은 볼 수도 있고 방문할 수도 있지만 대체로 사람들의 발이 잘 미치지 않는 지리적으로 특수한 곳에 자리잡고 있다.

미국 중서부 지방의 쇠고기 생산 과정에서 유일하게 다소 흔히 볼 수 있는 단계는 사육소의 사료로 쓰일 옥수수와 곡물을 밭에서 재배하는 광경이다(소 사육장에서 1파운드의 쇠고기를 생산하기 위해서는 8~9파운드의 사료가 필요하다). 그러한 현장은 네브래스카 중부에 가면 가장 쉽게 볼 수 있다. 네브래스카 북동부 지역에 커다란 호 모양으로 넓게 흐르는 엘크혼 강을 따라 남쪽을 향해 펼쳐져 있는 경사 지역에는 수 마일에 걸쳐 가축 사육장이 자리하고 있다. 한때 규모가 훨씬 컸던 강의 가장자리 저지대는 이제 옥수수밭이 되었고 강둑이었던 부분은 이제 사육장에서 사용하고 있다. 근처 고지대 또한 옥수수밭이다. '낭비되고 있는' 공간은 거의 없다. 물론 사육 시설 자체가 차지하고 있는 땅을 '낭비'라고 보지 않는다면 말이다. 이 모든 것이 단일경작 중후군을 보여주는 경악스러운 예이다.

이 지역에서 카길의 사료사업과 사료첨가물사업은 카길·뉴트리나와 월넛 그로브의 브랜드 이름으로 전개되고 있다. 월넛 그로브는 여러 해 동안 지역 사료회사였다가 W. R. 그레이스 사에 매각되었다. 이후 1991년 카길이 다시 그레이스로부터 인수했지만 3개의 창고와 사료공장 어디를 둘러보아도 카길 소유임을 나타내는 단서는 찾아볼 수 없다(이 거래에서 카길은 그레이스로부터 콜로라도에 있는 파 베터 사료회사도 함께 매입하였다).

나는 월넛 그로브의 사무소에 들렀다가 직원들이 카길 밑에서 일하는 것에 대하여 주저 없이 불만을 쏟아내는 것에 무척 놀랐다. 직원들은 그레이스가 월넛 그로브를 매각한 뒤에도 회사가 일개 지역 회사에 불과했을 때보다 근무 여건이 한참 나빠졌는데 다시 카길로 경영권이 넘어가면서 그보다 훨씬 악화됐다고 했다. 그들은 카길이 상당히 오만한 태도를 보이고 있으며 오로지 대졸자만 사원으로 채용하는데, 앞에다 컴퓨터 한 대 갖다 놓고 두드린다고 해서 사료를 팔 수 있는 것은 아니라고 주장했다(카길은 컴퓨터 사용도 의무화했다).

고객들과 야구 경기나 가족 이야기를 해서는 안 되며 그저 '비즈니스'에 관련된 이야기만을 해야 한다. 그러나 그런 식으로 해서는 사료를 팔 수 없다. 그렇기 때문에 직원들은 회사가 카길 소유임을 숨기려고 하는 것이다. 실제로 사원들은 카길 로고가 새겨진 야구모자를 고객에게 무료로 나눠 주게 되어 있고 덕분에 그 지역 농부들은 못해도 한 사람당 6개씩은 가지고 있는데 월넛 그로브 판매직원들은 모자 1개당 1달러의 생돈을 울며 겨자 먹기로 지불해야 했다. 카길은 모자 가격을 5달러로 인상하고는, 판매직원 임금을 4퍼센트 인상해 주었다. 모자 값을 겨우 충당하는 인상액이었다. 그뿐 아니라 직원들은 카길이 인수하고부터 사업이 주춤하고 있다고 했다. 지역 주민들이 카길과 거래하길 꺼려하기 때문이다. 카길이 '너무 크고, 너무 큰 힘을 가졌다'는 것이다.

회사 인수와 함께 카길은 경영진의 절반 이상을 해고해버렸다고 했다. 게다가 그들은 이해도 안 되는 카길의 회계 시스템을 의지와 상관없이 따라야만 했다. 나는 후에 카길 사료를 취급하는 세계 각지의 업체들도 모두 같은 시스템을 쓰도록 강요받고 있다는 사실을 알게 되었다. 물론 언어나 문화가 완전히 다른 지역에서는 저항이 없는 것이 아니다.

아닌게 아니라 대만에서도 비슷한 이야기를 들은 적이 있다. 소매 단계에서 일하는 직원 가운데 아무도 이해 못하는 경우도 있고 카길의 방식을 고집함으로써 곡물을 못 팔게 될 수가 있는데도 불구하고 카길 본사가 획일적인 회계 용어를 고집하는 것에는 또 다른 목적이 있다. '세계적인 규모로 사업을 할 때 중요한 과제 가운데 하나는 사업 성과를 보고할 때 직원들이 어디서나 동일한 용어를 사용하도록 해야 한다는 것이다.'

1990년에 뉴트리나는 북미 지역 계열사들의 보고 형식을 표준화했지만 다른 '지리' 단위에서는 여전히 저마다 다른 언어로 각각 다른 컴퓨터 시스템을 사용하고 있었다. '그렇게 다양한 지역에서 모든 업무를 영어로 처리하기란 불가능할 뿐 아니라 문화적 차이 그리고 서로 많이 상이한 지역별 사업 관행 때문에 공통의 체계를 갖추는 것이 불가능했다.' 그러나 1993년 카길이 발표한 바에 따르면, '일본 최남단의 섬인 시부시라는 어촌에서' 그리고 태국의 나콘 파톰에서 직원들이 고유 언어를 사용하긴 하나 그들이 미국 본사로 보내는 보고 자료는 특수한 컴퓨터 프로그램을 사용한 동일한 형식으로 되어 있기 때문에 그 프로그램을 이용해 정보를 번역한 다음 저장하여 나중에 어떤 언어로도 변환해 볼 수 있게 됐다고 했다. '전 세계적으로 동일하면서도 융통성 있는 시스템'을 실행할 수 있게 된 것이다.[68]

네브래스카를 방문한 몇 달 후, 카길이 월넛 그로브의 판매 직원들을 얼마 안 되는 해직 수당을 지급하고 가차 없이 해고해버렸다는 이야기를 들었다. 그런데도 그들 중 누구 하나 집에 갖고 있다던 카길의 지나간 사보를 보내주려 하지 않았다.

가금사업, 이중 삼중으로 남김없이 뽑아먹는다

미국의 가금家禽은 사실상 거의 대부분이 몇 안 되는 가공업체들과 계약되어 사육되고 있다. '일관생산자Integrator'라 불리는 이러한 회사들은, 사육농가에 회사의 부화소에서 갓 나온 병아리를 제공하고 사료와 약물 그리고 사육장 건물에 필요한 설비를 제공한다. 병아리가 중닭이 되어 판매 중량에 도달하면 일관생산자는 그 '완성된' 닭들을 자신이 정한 액수와 조건으로 다시 구입한다. 사육자는 사육 건물과 노동을 제공하고 가축의 질병이나 죽음에 따르는 리스크를 떠안는 것이다.

카길은 1967년 알칸사스 주 오자르크에 위치한 가공공장 하나를 매입하면서 가금 가공사업에 진출하였다. 1995년에는 2500만 달러를 들여 조지아 주에 있는 공장 중 하나를 대규모로 확장했고 조지아 주 비엔나에는 3800만 달러를 투자해 브로일러 생산·가공 복합공장을 건설하겠다는 계획을 발표했다. 카길은 그 공장에 2500만 달러를 투자하고는, 미국에서 보유하고 있는 브로일러 가공사업체 전부와 부속 사료공장, 부화소 일체를 타이슨 식품에 모두 매각해 버렸다. 그 대가로 밝혀지지 않은 액수의 돈을 받았으며 그와 함께 미주리 주에 위치한 타이슨의 돼지 사육·가공시설 하나를 인수하였다. 타이슨의 돼지 가공시설의 인수로 카길의 돼지도축 처리능력은 종전보다 50퍼센트 증가해 하루 3만 7600두로 늘어남으로써 미국 돼지고기 가공업계에서 4위로 부상했고 암퇘지 7만 7000마리를 가공 생산함으로써 다섯 번째로 큰 규모의 돼지 생산업자가 되었다.

카길의 브로일러 가공부문이 사업을 정리했을 당시 조지아 주에 4개, 플로리다 주에 1개의 공장을 보유하고 있었고 카길은 가금 가공업자 중 21위를 차지하고 있었다. 카길의 대변인 마크 클라인은 "현실적으로 봤을 때 가까운 미래에 업계의 리더가 될 것을 기대하기는 무리인 것 같았다"[69]고 발표했다.

그러나 칠면조는 사정이 다르다. 1998년 텍사스의 플랜테이션 식품을 인수하면서 그때 이미 미국 내 칠면조 생산업자 중 4위였던 카길의 칠면조 가공능력은 2900만 두에서 3700만 두로 증가했다. 카길은 2001년 노스캐롤라이나에 있는 프레스티지 팜스와 로코 엔터프라이즈와의 3자 거래를 추진하여 다시 한 번 칠면조 가공사업을 확장시켰다. 프레스티지와의 거래로 증가할 칠면조 판매분을 빼더라도 카길과 로코의 칠면조사업에서 두 회사의 판매분을 합친 매출액은 10억 달러에 달할 전망이다.

최근 몇 년 사이 닭과 양계농가 모두를 착취하는 것을 특징으로 하는 '현대' 브로일러산업('산업'이라는 말이 실로 적절한 표현이다)에 대항하는 세력이 형성되었다. 사육농가들이 철저하게 조직화한 덕분에 그들의 불만을 침묵시킬 수 있었던 일관생산자들의 힘이 깨져버린 것이다. 실례로, 1992년 3월 카길은 전미가금사육계약농가협회 회장인 아서 개스킨스와 계속 계약을 맺으라는 미국 사법부의 결정에 동의할 수밖에 없었다. 개스킨스를 비롯한 30명의 가금 사육자들이 그들이 사육한 닭을 자그마치 8년 동안이나 중량 미달이라고 속여온 혐의로 1989년 카길을 고소하자 카길은 개스킨스와의 계약을 취소했었다.

카길은 '사육자협회 활동에 참여하거나 카길에 대해 법적 보상을 요구하거나 주 또는 연방 규제 기관과 접촉했다는 이유로, 혹은 대변할 변호사를 고용했다고 해서 계약을 무효화시켜서는 안 된다'는 내용에 동의해야 했다. 그전까지 카길은 이유가 무엇이든(혹은 아무 이유 없이도) 사육농가와 계약을 무효화할 수 있다는 생각을 고수했었다.

카길은 캐나다에서도 가금사업에 진출했지만 1981년 브리티시콜롬비아 주 서리Surrey에서 판코 가금Panco Poultry 부문을 3년간 운영한 끝에 폐쇄하였다. 그래도 카길은 1965년부터 1988년까지 온타리오 케임브리지에 위치한 쉐이버 가금은 그런대로 계속 운영했다(회사 자료에 의하면, 전 세계 흰달걀 생산량의 3분의 1은 쉐이버의 잡종 교배 닭에서 생산된다). 그러다가 1988년, 당시 세계 황색달걀 시장에서 가장 많은 지분을 차지하고 있던 프랑스 메리유 그룹의 랭스티튜트 드 셀렉시옹 아니말l'Institut de Sélection Animale에 쉐이버를 매각처분했다. 당시 보도 자료에 의하면, 카길은 가금 사육이 카길의 가금 일관사업의 주류에 걸맞지 않다고 결론지었다고 했다. '카길은 앞으로 가금 제품의 가공·판매에 회사의 자원을 집중시킬 계획이다.'

실제로 카길은 14년 후인 2001년 말 커디 인터내셔날 코퍼레이션으로부터 온타리오의 런던에 있는 닭고기 가공공장과 온타리오 자비스에 있는 부화시설을 인수했다. 구체적인 거래 조건은 공개되지 않았다. 카길 캐나다의 사장 케리 호킨스는 이렇게 말했다.

"우리는 커디의 닭고기 가공과 달걀 부화사업에 지대한 관심을 가지고 있다. 부가가치 식품분야에 있어서 캐나다뿐 아니라 글로벌 시장에서 우리의 사업 역량을 증강시켜줄 가능성을 가지고 있기 때문이다."

커디 인터내셔널은 캐나다, 미국 그리고 유럽에서 활동하는 세계 최대 칠면조 알과 새끼 공급업자이다.

양계사업, 이익만 난다면 무슨 짓이든 다 한다

자스 마사루는 유럽 소재 카길의 가금가공사업체인 선 밸리의 기술 코디네이터로서 주로 선 밸리가 만든 치킨 너겟과 샌드위치 패티(주로 다진 고기 등을 동그랗고 납작하게 만든 것)를 판매하는, 900군데가 넘는 영국의 맥도널드 레스토랑을 차례로 방문하며 일한다… 레스토랑을 일일이 돌며 회사에서 납품한 닭고기 제품을 검사하는 작업 말고도 냉장저장 온도측정 등 30분씩 소요되는 식품안전검사를 실시해야 한다. 그러고 나면 레스토랑 직원들과 조리 과정을 검토하고 조리된 제품을 보온 쟁반에 올려둔 시간이 맥도널드 규정인 10분을 초과하지 않았는지 확인한다.

선 밸리가 너겟과 샌드위치 패티의 가공 과정과 관련하여 새로이 개발한 1차 조리 과정 덕분에 충분히 익히지 않은 닭고기에서 비롯되는 식품안전상의 문제는 사실상 배제되었다… 자스 마사루가 맥도널드 레스토랑에서 보내는 시간을 따져보면 마사루가 선 밸리 직원인지 맥도널드 직원인지 분간하기가 쉽지 않다. 사실 맥도널드도 그렇게 보이는 것을 바라고 있다.[70]

유전자변형 식품에 대한 지지를 표방하면서도 카길은 동시에 시장의 요구에 부합하기 위해 상반된 태도를 취하기도 한다. 예를 들면, 선 밸리가 맥도널드에 공급할 닭에게 먹이는 사료 성분에서 라운드업 레디 콩(제초제에 내성을 갖도록 유전자 조작한 콩)은 제외하는 식이다. 그리고 유전자변형을 거치지 않은 콩을 브라질에서 수입해야 하면서도 공급업자는 여전히 카길로 내세운다. 동시에 상반된 입장을 모두 유지하는 것은 별로 새로울 것도 없는 카길의 오랜 관행이다. 그렇게 해서 큰 수익을 챙길 수만 있다면 말이다.

카길은 팔리는 것은 무엇이든 취급한다. 유기 재배 곡물이든 재래식으로 재배한 곡물이든 유전자변형 농작물이든 변형하지 않은 농작물이든 가리지 않으며, 두 가지 다 이노바슈어를 비롯한 카길의 IP 프로그램에서 취급하고 있다. 1999년 당시 카길 회장 어니스트 미섹은 회사 조찬 모임에서 이런 말을 했다.

"사람들은 선택의 자유를 원하고 있다." 따라서 "우리는 유전자변형 농산물과 비 유전자변형 농산물을 구분하여 표시하는 시스템을 도입할 필요가 있다."[71]

미국 가금산업이 고도로 집중화되었다는 특성과 시장이 거의 포화상태에 도달한 점을 고려할 때, 카길이 '핵심 역량' 중 하나인 이 분야 사업을 보다 급속히 확장하기 위해 미국 이외의 다른 곳으로 눈을 돌린 것도 놀랄 일은 아니다. 1970년 초 이미 카길은 인도네시아의 방대한 인구와 농업 경제에 매력을 느끼고 현지 조사를 위해 전문가 한 명을 파견하였다. 카길이 파견한 키스 니우웬후이젠Kees Nieuwenhuyzen은 우선 사료회사 하나와 소규모 부화시설 하나로 시작해 서서히 사업 기반을 구축하는 것이 좋겠다고 권고했다.

"자카르타에서 60km 떨어진 곳에 25만 달러를 투자해 한달에 200~300톤의 생산력을 갖춘 소규모 노동집약적 사료공장을 지었는데 카길과 같은 거대 기업으로서는 상당히 제한적인 출발이었던 셈이다."

당시 카길은 캐나다에 쉐이버 가금회사를 두고 가금사업체에 번식용 가축을 공급했는데 덕분에 현지 농가에 병아리와 사료를 공급할 수 있었다.(72)

1982년에 이르러 카길의 가금 부문은 사료공장 2개와 양계장 3개, 그리고 450만 마리의 브로일러와 산란용 닭을 생산할 수 있는 부화시설 1개를 보유할 정도로 확장되었다. 또한 카길이 태국 내에서 현지에 맞게 개발한 잡종 옥수수 종자도 카길의 생산품목에 추가되었다. 이 옥수수 종자가 인도네시아 환경에도 놀랄 만큼 잘 적응하자 인도네시아 정부는 종자 구입비용의 30퍼센트를 농가에 보조하기로 결정했다. 이에 대해 니우웬후이젠은 이렇게 말했다.

우리는 그렇게 해달라고 요청하지 않았으며 요청할 생각도 없었다… 싫다고 말할 수 있는 문제가 아니다. 우리는 그 기회를 잘 활용하기만 하면 되는 것이다. 중요한 것은 보조금이 아니라 인도네시아 정부가 간접적으로 우리 회사의 종자를 팔아주는 매개체가 되고 있다는 점이다.(73)

이 시점에서 카길은 사무소를 설치해 1983년에 개설된 싱가포르 지역 본부와 더 쉽게 접촉할 수 있도록 했으며 새로운 사무소를 통해 '코코넛, 타피오카, 쌀겨나 가축 사료의 곡물 대체 원료 등이 주를 이루는 인도네시아 생산품을 한국이나 대만 등지로 수출하는 것이 용이해지도록 함으로써 입지를 더욱 강화하였다.' (74)

당시 카길의 사장 제임스 스피콜라는 인도네시아 전략을 다음과 같이 설명했다.

> 카길이 다른 나라에서 취한 개발 전략과 비슷합니다. 먼저 어느 정도의 전문 지식, 기술과 경영 자본을 투자하면 충분히 성공하리라고 판단되는 한 분야에서 소규모 자본 투자로 시작하여 점차 사업을 확장해 갑니다. 얻은 수익은 현지에서 재투자하며 사업 발전 상황에 따라 새로운 기회를 찾아 움직입니다… 우리는 소규모로 시작해 성장할 경우, 현지에서 받은 환대를 더욱 장기적으로 이용할 수 있다는 사실을 깨달았습니다.(75)

일단 인도네시아에서 충분히 현지인의 마음을 얻은 카길은 더욱 야심찬 프로젝트를 추진하기 시작했다. 힌돌리Hindoli라는 이름으로 수마트라 섬에서 야자유를 일관생산하는 사업에 착수한 것이다. 이곳의 야자 분쇄공장은 세계 최대 규모이다. 카길 웹사이트에는 다음과 같은 설명이 실려 있었다.

> 카길은 수마트라 섬 남쪽의 관목지역에 처음으로 야자농원을

개척하고 아시아 전역에서 요리에 두루 쓰이는 야자유를 만들기 위해 야자열매 분쇄공장을 건설 중이다. 이제까지 카길이 아시아에서 추진한 사업 가운데 가장 큰 규모의 투자로 4500만 달러가 투입된 이 프로젝트는 완성하는 데만 6년이 소요되며 100만 그루 이상의 야자나무를 심는다는 계획도 포함되어 있다. 이 야자나무와 공장 부근 농가에 자라고 있는 240만 그루의 야자나무에서 나는 열매를 공장에서 분쇄하여 야자기름을 만들 계획이다.[76]

1997년 보도 이후 이 프로젝트에 관한 더 이상의 정보는 찾을 수 없었다. 그러나 프로젝트와 관련된 전반적인 상황이 당시 뉴스에도 보도된 바 있다.

    도시의 만성적인 인구밀집 현상 때문에 인도네시아 정부는 자바섬의 몇몇 도시에서 인구가 덜 집중된 다른 섬으로 사람들을 계획적으로 이주시켜 왔다. 1970년 인도네시아 정부의 이 같은 '역이주' 프로그램으로 700만 명 이상의 인구가 2200개 마을에 재정착했다. 그 중에는 야자유 프로젝트와 관련 있는 8500가구도 포함되어 있다.[77]

1997년 9월 인도네시아는, 보르네오 서부와 수마트라 동부를 중심으로 수십만 헥타르의 관목과 숲이 불타면서 나온 연기로 나라 전체가 뒤덮였다. 인도네시아 삼림보호청 장관은 불타고 있는 16만 4000헥타르의 땅 중에 7만 9000헥타르가 농장으로 개간 중인 땅이었고 1만 5000헥타르는 벌목 중이었으며, 나머지 7만 헥타르는 천연림이었다고 보고했다.

중앙 정부는 열대농장에서 나오는 목재와 야자유, 고무 생산량을 대규모로 확대하길 원했다. 이를 위해 수하르토 정권과 사업상 긴밀한 관계를 맺고 있던 국영 기업들과 개인 기업들은 거의 무료로 광대한 규모의 공유지를 할당받았고 매년 건기만 되면 노동자들은 새로운 땅을 태워 농장용으로 개간하는 작업을 해야 했다.[78]

2년 후 『밀링&베이킹 뉴스』는 이런 기사를 실었다.

> 카길은 인도네시아의 팔렘방에서 약 120km 떨어진 숭아이 릴린에 있는 야자농장에 투자함으로써 인도네시아의 도심 지역 인구밀집 현상과 식량 안보 문제를 완화하는 데 솔선을 보였으며 이 투자 외에도 8만 5000명의 현지인을 고용할 수 있는 야자유농장을 건설하고 있다… 카길의 프로젝트는 미국에서 앞으로 더 많이 추진하길 바라는 사업 프로젝트의 전형적 형태이다.[79]

태국에서 카길의 사업은 이제까지의 관행과는 다르게 이루어졌다. 소규모로 시작해 성장하기보다는, 1989년 일본의 닛폰포장육 회사와 합작으로 선 밸리 타일랜드를 설립해 롭부리 주와 사라버리 지역에 공장을 두고 신선하게 냉동처리한 닭고기를 생산·가공·판매하는 방식을 취했다. 자체적으로 양계장과 부화시설을 만들고 브로일러용 닭 사육장과 사료공장 그리고 브로일러 가공공장까지 갖춘, 완전 일관생산 방식이었다. 1990년부터 가동을 시작해서 매주 약 17만 5000마리의 병아리를 사육장에 공급하면 그곳에서 닭이 될 때까지 사육했다. 이 두 지역의 사업에 관한 더 이상의 자료는 찾을 수 없었다.

선 밸리 타일랜드의 모기업은 카길이 1980년 인수한 영국의 선 밸리 가금회사이다. 선 밸리는 영국에서 소비되고 있는 '2차 가공 가금제품' 4개 중 1개를, 또 영국과 서유럽 지역 대부분에서 판매되는 치킨 너겟과 샌드위치 패티 전부를 공급하고 있다. 또한 세인즈베리나 막스&스펜서 같은 잘 알려진 유통업자 브랜드에 닭 가공 상품을 판매하기도 했다. 선 밸리 식품은 영국 웨일스와 헤리퍼드에 닭고기와 칠면조 가공공장을 짓고 3700명의 직원을 고용해 영국 국내 소비용과 수출용 가금제품을 생산하고 있다. 종합해 보면, 카길은 4개 대륙 5개 국가에 걸쳐 거의 1만여 명의 직원을 고용하고서 가금 부문 사업체를 운영하고 있는 셈이다.

달걀 하나에서도 다양한 부가가치를 창출한다

과거 암탉은(여우의 공격만 막아 주면) 헛간이나 안마당에서 신선한 유충을 잡아먹고 사람이 남긴 음식물 조각을 쪼아 먹으면서 스스로 생존할 수 있었다. 농부는 암탉이 낳은 알을 모으기만 하면 그만이었다. 1970년대 들어 구식이긴 해도 상당히 효율적이던 위의 방식이 사라지고 산업화된 자본집약적 생산 모델로, 그리고 한 사람이 1만 마리의 암탉을 사육하는 방식으로 대체되었다. 다시 20년 뒤에는 자동 모이공급 장치와 달걀 수거장치 덕분에 그 숫자는 10만 마리로 증가했다. 카길은 10년에 걸쳐 신선란 사업을 공격적으로 확대하여 1987년에는 1200만 마리의 암탉을 계약 확보한, 미국 제일의 달걀 생산업자가 되었다.

다른 일관생산자와 마찬가지로 카길은 농부와 계약을 맺어 자사가 공급한 병아리를 키우도록 하고 다시 다른 농부와 계약을 맺어 그 다 자란 암탉의 산란을 관리하도록 했다. 달걀 생산비용의 60퍼센트를 차지하는 사료는 미국 5대 사료회사에 포함되는 카길의 뉴트리나 부문에서 계약의 일부로 공급하였다. 카길의 이러한 사업 방식을 두고 『포브스』는 다음과 같이 보도했다.

"카길은 병아리 한 마리당 보는 손해를 달걀 생산과정에서 농부에게 사료를 공급해 얻는 수익으로 그대로 보충하고 있다."

포브스는 카길이 미국 달걀시장에서 4퍼센트를 점유하고 있다고 발표했다.

1989년 카길은 서니 프레쉬 푸드의 달걀 부문을 미시시피 주의 잭슨에 있는 칼 메인 식품에 매각하였다. 칼 메인 식품은 이 거래로 미국 최대의 달걀 생산업체가 되었다. 사료산업계 잡지 『피드스터프Feedstuffs』는, 카길이 (껍질이 있는)보통 달걀 부문을 매각한 이유는 달걀사업이 더 이상 카길의 장기 전략에 부합하지 않는다고 판단했기 때문이라고 했다.

카길의 글로벌 가금사업 부문 사장의 설명에 따르면, 가금 부문을 농산품 부문에서 분리해 식품제조업체와 단체에 공급되는 액체 저온살균 달걀이나 조리된 달걀제품 같은 2차 가공 혹은 부가가치

상품사업으로 재편하는 과정을 진행해 왔다는 것이다. 카길에서 생산해 식품산업에 공급하는 수많은 '보이지 않는' 상품들과 대단히 유사한 이들 상품은 1985년 카길이 인수한 미네소타에 있는 달걀 가공업체인 써니 프레쉬 푸드에 의해 계속 생산되고 있다.

카길이 인수한 후 써니 프레쉬 푸드는 아이오와, 미시간 그리고 바로 얼마 전에는 온타리오에도 공장을 증설했다. 캐나다 사업체는 에그솔루션 사로 퀸터Kwinter 가문과의 합작 벤처이다. 써니 프레쉬 푸드는 현재 미국 달걀 2차 가공업 시장의 20퍼센트 이상을 점유하고 160개가 넘는 달걀 제품을 생산해 주로 식품서비스산업에 공급하고 있다.

이들 제품은 완숙달걀에서부터 30여 종류에 달하는 오믈렛, 23종류가 넘는 프랑스식 토스트에 이르기까지 매우 다양하다. 그 중 규모가 가장 큰 제품 분야는 액체 저온살균 달걀로, 신선란과 냉동란 둘 다 포함된다. 미국에서 소비되는 달걀의 약 3분의 1은 2차 가공된 것이며, 써니 프레쉬 푸드는 연간 25억 개의 달걀을 가공해 맥도널드나 핏자헛, 버거킹 같은 업체와 학교에 공급하고 있다.

메기, 시험 삼아 키워보았다?

닭고기와 메기는 공통점이 별로 없어 보이지만 사료회사의 시각에서 볼 때, 하나는 우리에서 살고 다른 하나는 연못에서 산다는 것 말고는 별반 다를 게 없다.

카길은 1989년 해산물사업에 진출하여, 해외에서 양식 새우를 구입해 미국의 식품서비스업체에 공급할 목적으로 어류 제품 부문을 신설했다. 2년 후 카길은 미국 어류제품사업에 진출하여 루이지애나 북부 위스너의 메기 가공공장을 임대해 운영하기 시작했다. 카길은 메기 가공업에서 원료 통제를 보다 확실히 하기 위해 1992년 루이지애나 남부 늪지대에 480헥타르의 메기 양식장을 증설하였다.

카길은 직원 사보에서, 약 100명의 메기 개인 양식업자들과 일하면서, (협력 관계에 문제가 생기는 경우에 대비해) 4헥타르 규모의 인공 연못 100개가 있는 레뷰 지역의 자체 양식시설에서도 메기를 양식한다고 설명했다. 여기서는 미세한 알갱이로 된 사료를 하루 두 번씩 기계로 양식장 연못 표면에 살포하는 방식으로 사육했으며 1개의 어망으로 5만 파운드에서 7만 파운드나 되는 메기를 잡는 것이 가능했다. 그렇게 잡은 메기는 산 채로 탱크에 넣어 트럭으로 위스너에 있는 가공공장으로 수송되었다.

1991년 위스너 공장을 임대한 직후 카길은 열흘 이상 어류의 신선도를 유지하기 위해 200만 달러를 투자해서 회사의 자동 가공시설을 확장하는 작업에 착수했다. 루이지애나 주 농무부 행정관은 이에 만족을 표하며 '카길의 진정한 헌신을 보여주는 증거'라고 평가했다. 2년 후 SF 서비스SF Services 사가 위스너에 있는 카길의 메기 양식장을 320만 달러에 매입할 계획이라고 발표했다. 그러나 그것은 매입이라고 볼 수 없었다. 카길이 실제 소유주가 아니었기 때문이다. 카길은 루이지애나 주 정부와 임대-구매 계약을 맺고 10년에 걸쳐 216만 달러를 지불한다는 동의 아래 그 시설을 인수한 것이다. SF는 카길이 한 계약과 비슷한 식으로 루이지애나 주 정부와 임대-구매 계약을 맺었다.

카길은 기존의 가공업자와 공급업자, 혹은 양식업자 간의 관계에 그다지 큰 의미를 부여하지 않은 듯하다. 관련 잡지인 『미트&포울트리Meat&Poultry』 기사에 따르면, 미국의 메기산업은 4개의 기업이 전체 메기 생산량의 90퍼센트를 가공하는, 집중성과 조직에 있어서 매우 독특한 구조를 취하고 있다. 또한 많은 메기 양식업자들이 자신들이 공급한 메기를 가공 판매하는 기업의 지분을 일정량 소유하고 있다.

카길이 루이지애나 메기 양식시설을 매각 처분하게 된 배경은 1995년 12월 밝혀졌다. 그해 1월 전국적 규모의 메기 가격 조작 사건으로 연방법원에서 재판을 받게 된 콘아그라와 호멜, 델타 프라이드 메기 양식회사, 이렇게 세 업체는 유죄를 인정하지 않는 대신 2100만 달러를 지불하기로 합의했다. 이에 따라 콘아그라가 1360만, 호멜이 750만 달러를 각각 지불하기로 했고, 델타 프라이드의 지불 액수는 밝혀지지 않았다.

'7개 기업이 가담한 이 가격 담합 음모는 거의 10년간 계속되었으며 그 기간 동안 전국의 메기 도매가격이 놀라우리만치 비슷한 경우가 종종 있었다고 원고 측은 주장했다.'

피고 가운데 4개의 중소 회사들은 재판이 있기 전 합의를 보았다.[80]

카길은 담합에 가담하라는 제의를 받지도 못했고 담합을 무효화시킬 힘도 없었던 모양이다. 당시의 음모는 1992년 연방정부에서 대배심 조사에 착수하면서 진실이 드러났는데 바로 그 시기 카길은 메기 양식산업에 진출해 기반을 닦으려 애를 쓰는 중이었다. 진실을 폭로한 것이 카길이었을까? 아니면 계획한 것 이상의 비용이 들었기 때문에 그냥 사업을 정리한 것일까? 카길 대변인 마크 클라인의 설명은 이렇다.

우리는 사업 가능성을 타진하기 위해 시험 삼아 그 분야에 뛰어든 것이다. 예상 외로 더 많은 자본을 투자해야 한다는 것을 알았는데, 이를 승인할 수 없었다.[81]

제6장

면화 · 땅콩 · 맥아사업에도 이름을 새기다

> 우리는 소련이 지난 27년간 카길의 가장 중요한 무역 파트너였다는
> 사실을 명심해야 합니다. (1990년 말, 직원들에게)
>
> — 레너드 앨더슨(카길 인터내셔널 회장)

면화, 전 세계를 누비며 교역사업을 벌이다

카길은 면화 재배업자나 가공업자는 아니지만 자회사인 호헨버그나 랠리 브라더스&코니를 통해 세계 면화 교역 시장에서 상당한 영향력을 행사하고 있다. 카길은 적어도 1910년까지 거슬러 올라가 지금의 말라위에 위치한 코튼 지너 사와 관계를 맺으면서 면화 사업에 뛰어들었다. 카길의 직원이라면 전모를 분명히 알 것이라

생각되지만 W. G. 브로엘은 거의 900페이지나 되는 카길 연혁에서 회사가 면화사업에 착수한 사실이나 면화 거래 담당 자회사들에 대해 아무런 언급도 하지 않고 있다.

보통 미국산 면화의 약 40퍼센트가 수출되며 25억 달러에 달하는 그 수출량이 전 세계 면화 수출의 약 30퍼센트를 차지한다는 사실을 고려할 때, 주요 글로벌 면화 교역 회사 5개 중 4개가 미국에 기반을 둔 회사라는 것은 놀랄 일이 아니다.

- 테네시 주 코르도바의 앨런버그 코튼, 드레퓌스의 자회사
- 테네시 주 멤피스의 뒤나방 엔터프라이즈, 가족 소유 회사
- 캘리포니아 주 프레즈노의 콘티코튼, 콘티넨탈 그레인의 자회사
- 랠리 브라더스&코니, 영국 카길의 분사
- 테네시 주 멤피스의 호헨버그 브라더스, 카길 자회사

호헨버그는 멤피스를 기반으로 미국 국내 시장과 해외 시장에서 미국산 면화를 거래하고 있으며 엘살바도르와 과테말라, 멕시코 등지에 지사를 두고 있다. 랠리 브라더스&코니는 영국에 기반을 두고 미국산이 아닌 면화 원료를 세계 각지의 회사와 거래하고 있다.

"호헨버그는 리스크 관리와 더불어 특정 품질의 면화를 '적시에' 배달받기를 원하는 고객들을 위해 면화 제품을 관리하고 있다."

멤피스 호헨버그의 매니저 크레이그 클레멘센의 설명이다.[82]

미국의 면화 수확량을 따져보면 약 480만 헥타르에서 평균 1450

만 베일bale, 즉 67억 파운드(1베일은 500파운드로 226.5kg)가 생산된다. 미국에 있는 방적공장들은 연간 도합 40억 파운드 가량의 면화 섬유를 뽑아낸다. 면화 수확으로 섬유뿐 아니라 면실(목화 씨)과 면실박綿實粕도 얻을 수 있는데, 면실은 가축 사료나 면실유 가공에 이용되고 면실유는 다시 식품 생산에 사용된다. 가축·가금 사료생산업자인 카길은 면화 교역사업을 하면서 자사의 사료사업체에 면실깻묵과 면실유를 제공하고 있다.

멤피스 소재 호헨버그 사무소를 방문했을 때 뜻밖의 수확이 있었다. 면화에 등급을 매기는 '시설'을 살필 기회가 생긴 것이다. 이 시설은 자연일광 조건을 충실하게 재연하도록 특수조명을 설치한, 방대한 공간이었다. 그곳에서 구입·판매되는 모든 면화의 샘플을 채취하며, 면화 섬유의 경우 면화의 길이나 색상, 크기 그리고 전체적인 품질에 따라 등급을 매긴다. 또한 모든 면화를 재배자별 그리고 재배 지역별로 구분한다. 이에 따라 바이어는 자신이 원하는 면화 종류가 무엇인지 명세서에 요구할 수 있으며 카길은 이 요구 조건에 정확히 부합하는 제품을 배송할 수 있다.

등급 선별은 고도로 숙련된 선별 전문가들이 아직까지 수작업으로 진행하는데, 이 때문에 '자연' 조광이 필요한 것이다. 인장引張 강도만 전자장치로 실험하고 있다. 글로벌화 추세 속에서, 그리고 전자통신이나 기업 독점 행태가 난무하는 가운데, 수작업에 의존해 품질 기초를 유지한다는 것은 구시대적이면서도 한편으로 소비자를 어느 정도 안심하게 해주는 면을 가지고 있다. 실제 일용품 거래 분야에서 내가 유일하게 알고 있는 다른 비슷한 실례는, 샘플 시음을 기초로 커피를 거래하는 경우이다. 그러나 앞서 설명했지만 이미 카길은 IP 농작물 교역을 위해 이노바슈어라는 기술 혁신 보장 시스템을 개발해두었다.

그럼에도 카길은 면화 거래 담당 자회사인 호헨버그가 관례를 극복하고, 위에서 설명한 대로 주문할 때마다 명세서를 보내 면화를 소량 구입하기보다는 일정한 분량 내에서 '균일한 기준'에 근거해 대량의 면화를 구입하도록 일부 바이어를 설득한 것에 대단히 만족해했다. 이는 구체적이고 동일한 등급에 따라 곡물을 구입하는 캐나다소맥협회CWB의 방식 대신에 평균적인 품질에 근거해 곡물을 구입하는 미국의 방식을 택하는 것과 마찬가지이다.

물론 '평균적인' 기준에 의한 제품 구매는 거래업자에게만 득이 되며 구매자나 판매자에게는 이득 되는 것이 없다. 남은 상품을 처리하면서 보통 자갈과 먼지 등도 함께 바닥에서 쓸어 담게 되는데, 그 먼지가 오염시키거나 희석시킨 상품의 품질이 높은 경우에는 이물질이 섞여도 평균적으로는 보통의 품질이 됨으로써 상품 등급 판정을 받을 수 있다는 얘기다.

주요 면화 생산국이었던 소련이 붕괴되자 어김없이 독수리 떼가 몰려들었다. 구소련에서도 우즈베키스탄이 소련 전체 면화 수확의 65퍼센트를 차지하는 160만 톤을 생산했었는데 이 점을 고려하면 카길의 자회사인 랠리 브라더스가 1991년 말경 우즈베키스탄의 타슈켄트에 면화 교역 본부를 개설한 것은 당연한 일이었다. 카길 인터내셔널의 회장 레너드 앨더슨은 1990년 말 카길 직원들에게 이렇게 말했다.

"우리는 소련이 지난 27년간 카길의 가장 중요한 무역 파트너였다는 사실을 명심해야 합니다."

카길의 부회장 댄 휴버는 구소련에 대한 카길의 전략을 설명하며 다음과 같이 말했다.

> 우리는 이미 우리에게 익숙한 사업에 노력을 집중시킬 것이다… 우리는 회사의 핵심 역량 분야의 프로젝트에 착수할 계획인데 종자나 오일시드 분쇄, 비료의 생산·응용·유통, 그리고 사료 생산과 곡물 저장사업 등이 그것이다… 또한 주요 농업 지역 혹은 구역에 초점을 맞춰 프로젝트를 진행할 예정이다… 더불어 앞으로도 모든 벤처업체에 대하여 경영권 통제를 지속할 방침이다.[83]

1993년 중반 카길은 덴이라는 이름의 합작회사를 카자흐스탄 공화국에 설립했다. 카자흐스탄의 무역회사가 대주주가 되고 카길이 덴의 지분 47퍼센트를 확보할 계획이었다. 이는 합작회사를 설립할 때 카길이 대주주가 된다는 방침에 반하는 것이지만 이 경우 카길이 CIS(독립국가연합) 공화국 가운데 농업 생산 면에서 가장 부유한 국가에서 조기에 거점을 확보했다는 점에서 중요한 의미를 가진다. 카자흐 정부는 국가 단위의 주문이 모두 이행된 후 덴이 남은 잉여 상품을 카자흐의 농부들로부터 구입하는 것을 허가한다는 결의안을 승인했다. 카자흐 정부는 또한 총 60만 톤의 저장시설을 갖춘 대형 곡물창고를 덴에 넘겨줄 것을 곡물 구입 담당 정부 기관에 지시했다.[84] 카길은 사보에서, 덴과 같은 기업에 신경을 쏟는 이유를 이렇게 설명했다.

> 카자흐스탄은 외국 투자자들에게 상당히 매력적인 시장이다… 이는 중앙집권적인 낡은 정부 구조가 그대로 남아있다는 점 때문이기도 하다.[85]

카길은 실수를 저질렀을 경우 때로는 그것을 인정하고 적절한 조건에서 전략적 후퇴를 감행하는 융통성을 보여 왔다. 메기 양식과 과일 재배사업, 일본산 쇠고기사업이 그 대표적인 예이다. 그렇기 때문에 카길은 오랜 기간 관계해 왔음에도 불구하고 1993년 아프리카 사업 부문에서 나이지리아 최대 규모의 조면繰綿 사업체인 면화·농작물 가공회사Cotton and Agricultural Processors의 지분 40퍼센트를 매각하기로 결정했다. 불과 3년 만에 면화·농작물 가공회사의 시장 점유율이 80퍼센트에서 47퍼센트로 떨어졌는데, 카길 본부가 승인하지 않은 정부로부터의 대규모 차관으로 그렇잖아도 빈약한 재정 상태가 더욱 악화되었기 때문이다.

카길 벤처 나이지리아의 전무이사는 그때 일로 많은 교훈을 얻었다고 고백하며 그 중에서도 '카길이 관리하지 않는 소수 사업체에 간섭하지 말 것, 매각할 경우 배수진을 치지 말 것, 협력업체를 선정할 경우에는 신중히 하고 관료주의 성격을 띠는 준 국영회사를 피할 것' 등을 앞으로 명심해야 한다고 덧붙였다.[86]

그밖에도 면화사업에서 주목해야 할 또 다른 이해관계가 있는

데, 바로 중국이다. 카길은 다른 곳도 아닌 텍사스 주 갤버스턴에서 컨테이너 화물로 중국에 면화를 수송하는데 매니저 중 한 명의 말을 빌면 그곳에서 보내는 면화가 중국 면화 교역의 25퍼센트를 차지한다고 한다.(87)

카길은 면화 관련 자산 가운데 면실 가공회사 하나를 보유하고 있었는데 옥수수와 사탕수수, 해바라기, 캐놀라 그리고 담뱃잎 재배에 역량을 집중시키기 위해 1994년 미시시피 주 스콧에 있는 델타 앤드 파인 랜드 사를 매각했다. 카길이 미시시피에 있는 스톤빌 순종종자회사를 소유한 캘진 사에 면실(면화 씨) 품종개량사업을 양도하는 대신 캘진이 맡고 있던 종자 분쇄사업을 맡기로 했을 가능성도 있다. 카길의 자회사이자 땅콩 가공회사인 스티븐스 인더스트리는 이미 1992년에 캘진에 납품할 특산품 캐놀라 오일을 가공하기로 동의해둔 상태였다.

얼마 안 있어 카길은 종자사업을 모두 정리했다. 1998년에 카길은 국제적인 규모의 종자 부문 사업체를 몬산토에 매각했는데 몬산토는 수년 전 캘진을 인수하고 델타 앤드 파인에도 눈독을 들이고 있는 상황이었다. 그 후 카길은 다시 2000년 북미지역 종자사업체를 다우Dow 사에 매각했다.

카길은 수년에 걸쳐 아프리카에서 여러 사업체들을 운영해왔는데 카길이 시설을 보유한 국가만 해도 이집트와 이디오피아, 케냐, 말라위, 모로코, 나이지리아, 남아프리카공화국, 탄자니아, 우간다, 짐바브웨 등 상당수 있었다. 아프리카 지역에서 이루어진 사업의 실상은 카길의 CEO인 어니스트 미섹이 1997년 미국 상원의회에서 발표한 내용으로 일부나마 드러났다. 카길이 탄자니아에서 추진한 면화 프로젝트에 대한 그의 설명은 이전에 내가 카길 폴란드에서 들은, 그곳의 습식제분 사업 방식과 놀랍도록 유사하다.

미섹은 카길이 처음에 탄자니아의 라라고Lalago 면화 프로젝트를 인수했을 당시의 상황을 이렇게 설명했다.

"농부들은 생산한 면화에 대해 약속어음, 즉 '언젠가' 지불받을 것이라는 내용을 담은 가서류 형식으로 값을 받고 있었다."

카길은 면화 구입 전담 부서를 만들었고 조면繰綿공장을 세워 농장에서 일감을 가져와 일자리를 창출했으며 현금으로 값을 지불하기 시작했다. 미섹의 말에 따르면 카길은 라라고 프로젝트를 통해서도 큰 수익을 올렸다. 1996년 한 해 카길은 총 3만 톤의 면화를 가공했는데 이는 매출액으로 따지면 1700만 달러가 넘는 규모였다. 또한 이와 더불어 면화 섬유에서 분리된 면실 1만 8000메트릭톤을 탄자니아 지방에 위치한 카길의 오일시드 분쇄공장에 팔았다고 했다. 그 분쇄공장은 국내에서 기름을 판매하며 부산물인 면실깻묵은 남아프리카공화국으로 수출하고 있다. 미섹은 아프리카 국가들에게 다음과 같이 조언했다.

"한 나라가 농업 관련 사업에서 경쟁력을 가지려면 반드시 대규모로 자산을 투자해야 하는 건 아니지만 그래도 어느 정도는 투자를 해야 한다."

그리고 탄자니아의 경우, 사하라 사막 이남의 국가들도 그렇지만, 이는 운송 부문의 투자를 의미한다고 설명했다.

농부가 면화를 구매시설로 운송할 수 있으면 바이어가 면화를 조면공장으로 보낼 수 있고, 조면공장에서 면화를 항구로 운반할 수 있게 되므로 면화는 국제적 가격 경쟁력을 갖는 제품이 되고 그 결과 국내 투자를 위한 현금을 창출하며 더불어 국가 계정에 외환소득까지 창출하게 된다. 이는 국가발전 단계에서 한 계단 상승한 것이나 다름없는 것이다.(88)

땅콩, 모습을 감춘 채 사업 확장을 모색하다

땅콩은 대중의 관심을 많이 끌지 못하는 작물이다. 그러나 땅콩산업의 규모를 고려할 때, 카길이 미국의 땅콩거래산업과 가공산업에 개입한 것은 전혀 놀라운 일이 아니다. 미국은 수년간 땅콩 생산에서 인도와 중국에 이어 3위를 차지해왔다.

미국의 1인당 땅콩 소비량은 세계 최고 수준이며 미국 생산량의 절반 이상이 국내에서 식용으로 소비되고 있다. 그리고 4분의 1이 식용으로 수출 시장에 유입되는데 이는 세계 땅콩 거래량의 3분의 1 이상을 차지한다. 나머지 4분의 1은 기름과 가루용으로 분쇄되거나 종자와 동물 사료로 이용된다.

그럼에도 미국 땅콩산업에서 카길의 위치는 매우 모호하다. 카길은 자유시장 옹호나 정부 당국의 간섭과 규제 비난이라는 부분에서 다소 격렬한 태도를 보이고 있는데, 땅콩은 설탕과 마찬가지로 미국 식품 중에서 가장 많이 통제되는 품목 중 하나이다. 이는 땅콩이 미국에서 통제되는 작물에 속하며 정부 할당 시스템과 이중 가격 시스템 하에 재배되기 때문에 그런 것이다. '할당량'의 땅콩은 국내 시장에서 1톤당 약 700달러에 판매되고, '잉여분'의 땅콩은 국내 가격의 약 절반 수준으로 수출된다. 땅콩산업은 수년간 보호되어왔으며 북미자유무역협정 13항을 통해 계속 보호되고 있다.

땅콩과 카길의 관계에 대해 더 많은 사실을 알아내기 위해 나는 미국 조지아 주에 있는 카길 사무소를 찾았다. 작은 사무용 건물의 현관에 걸린 간판에는 실베이니아 땅콩회사-카길 사Sylvania Peanut Co. -Cargill Inc.라고 쓰여 있었다. 길 건너에는 전형적인 남부 물납 소작인의 폐가가 보였는데, 기다란 프런트 지붕이 포치 전체를 덮고 있었다. 실베이니아 땅콩 회사는 그 근방에서 오랫동안 땅콩을 구입하고 선별하며 판매해 왔으나 지금은 땅콩사업 분야에서 카길의 교두보가 되어 있었다.

카길은 여태까지의 고객 전략에 따라 일단 땅콩사업에 대해 무언가를 알아낸 다음, 거기서부터 더 파고들 것인지 혹은 전략적으로 후퇴할 것인지 결정하였다. 새롭게 발견한 사실에 만족했는지 사업을 계속하기로 결정한 카길은 조지아 주 도슨에 있는 스티븐스 인더스트리를 인수하고 실베이니아 사를 스티븐스 인더스트리에 합병했다. 스티븐스는 땅콩을 가공하고 땅콩버터를 제조하는 비교적 큰 규모의 회사지만 땅콩기름을 생산하기 위한 제조시설은 아직 갖추지 않고 있다.

카길은 미국 학교 급식 프로그램에 땅콩버터를 제공한다는 사실을 현재 숨김없이 밝히고 있다(정부 계약만큼 자유 기업의 자신감을 띄워 주는 것도 없을 것이다!). 대량의 스티븐스-카길 땅콩버터가 프록터&갬블에 판매되고 있으며 그것도 수많은 카길 상품명 중 하나를 달고 거래되고 있다. 다시 한번 카길은 보이지 않는 형태로 소매 시장에서 영향력을 행사하고 있는 것이다.

맥아, 여기에도 어김없이 카길의 존재가 숨어 있었다

보이지 않는 카길의 존재는 우리가 마시는 맥주의 원료인 맥아에도 숨어 있다. 카길은 1991년 미국에서 가장 큰 규모의 맥아 제조회사인 래디시 맥아 제조회사의 지분을 매입해 대주주가 되기 전에도 이미 유럽에서 주요 맥아 생산업자였고 프랑스와 네덜란드, 벨기에 그리고 스페인에 맥아 제조시설을 보유하고 있었다. 래디시 사의 인수로 세계 맥아시장의 8퍼센트를 점유하면서 카길은 1위의 자리를 차지했고 그럼으로써 당시 그 분야의 세계적 선도 업체였던 캐나다 맥아 제조회사를 앞지르게 되었다.

1997년에 서스캐처원 주(캐나다의 서부에 있는 주—편집자) 비거Biggar에 위치하고 있고, 프레리 맥아의 지분 51퍼센트를 보유한 슈라이어 맥아 제조회사는 1856년에 설립된 가족 기업인 프레리 맥아의 지분을 카길에 매각했다. 서스캐처원소맥연합은 프레리 맥아의 지분 42.4퍼센트를 계속 유지했다. 이 거래로 카길은 중국 난징에 있는 CUC 맥아회사의 지분 45.3퍼센트를 통제하게 되었고, 더불어 위스콘신에 있는 생산설비도 인수했다.

카길은 2000년, 미국 대륙 전역에 걸쳐 소유하고 있던 맥아 제조 사업체들을 합병 정리했다. 위스콘신과 노스다코타에 있는 래디시 설비와 위스콘신에 있는 구舊 슈라이어 설비, 프래리 맥아의 지분 그리고 아르헨티나의 바이아블랑카에 있는 맥아 제조업체를 카길 맥아라는 명칭 아래 통합한 것이다. 카길은 또한 벨기에와 프랑스, 독일, 네덜란드, 스페인에 맥아 제조공장을 보유하고 있다.

제7장

온갖 농산물 가공·거래사업의 끝없는 확장

> 우리의 목표는 5~7년마다 사업 규모를
> 2배로 확장하는 것이다.
>
> — 카길의 홍보 책자

가끔씩 카길은 성공에 도취해 몇 발짝 앞서 나갈 때가 있다. 몇 해 전 카길의 매출과 수익이 급감하기 직전, 우중충한 회색표지에 아무 글자도 없이 더 짙은 회색의 카길 로고만 그려져 있는 우아하고도 시간을 초월한(날짜 표시가 없다는 뜻이다) 책자에서 카길은 이렇게 말했다.

"우리의 목표는 5~7년마다 사업 규모를 2배로 확장하는 것이다."

어떤 방법으로 2배로 확장할 계획이었을까? 당시 카길은 금융시장을 염두에 두고 있었을지도 모르지만 그보다는 곡물이나 오일시드, 야자유 가공 등 원료 가공사업의 전망이 밝다고 판단했기에 그런 거창한 선언을 했다고 하는 편이 더 그럴 듯하다.

2002 회계연도 전반기(6월 1일부터 11월 31일까지)의 수치는 2001년 가을의 심각한 주식시장 하락세가 카길에게 그다지 해를 입히지 않았다는 사실을 보여준다. 오히려 그 반대로 카길의 사업은 성공가도를 달리고 있었다. 결국 우리는 계속해서 음식을 섭취할 테니 말이다. 한번 먹어 봤다는 것이 다시는 안 먹는다는 것을 의미하지는 않으니까 말이다. 이것이 바로 카길이 돈을 버는 방법이다.

카길은 1991년에 겨우 3억 5100만 달러의 수익을 올렸는데, 이는 매출에서 1퍼센트가 채 안 되는 보잘 것 없는 수익이었다… "걱정할 것 없다"고 재무 담당 수석 간부인 로버트 럼킨스는 강조하며 이렇게 덧붙였다.

"일용품 생산업자들은 대개 재고회전률만 빨라도(카길의 경우 연간 15회) 돈을 버는 셈이다. 또한 (자산 가속감가상각을 포함한) 카길의 신중한 회계 관례가 총 결손액을 이례적으로 적게 만든다."

럼킨스는 카길이 약 11억 달러의 캐시 플로를 창출할 것이며, 그 대부분이 재투자되거나 사업체 인수에 사용될 것이라고 예측한다.[89]

오일시드, 가공 및 거래업으로 입지를 넓히다

여기에서 오일시드는 주로 대두를 말하지만 이 용어의 전문적 정의는 평지(유채)·캐놀라, 해바라기, 면실(목화 씨), 아마亞麻를 포함하여 식물성 식용 기름을 생산할 수 있는 모든 종류의 작물을 뜻한다. 세 가지의 주요 작물로 시작해 무수히 많은 종류의 생산물을 만들 만큼 가공 과정이 복잡한 어떤 대상의 원료를 체계적으로 정리해 보는 것은 매우 어려운 일이다. 여기서는 카길의 대두, 옥수수, 밀 가공에 있어서의 발전 과정을 역사적으로 그리고 지리적으로 정리해 보고자 한다.

 회사 창립 이후 수십 년간 카길은 소개 책자에서 표현한 대로 '지역 곡물상인'에 불과했다. 이러한 표현만 봐서는 카길이 이미 계약, 선물거래 그리고 현재의 파생상품과 같은 추상상품 거래업자로 진화하고 있다는 사실을 알아챌 수 없었다. 그러나 더욱 주목할 점은, 카길이 교역 사업에서 장기적 성공을 위한 열쇠는 바로 일용품을 저장하고 수송하는 능력이라는 사실을 항상 간파하고 있었다는 것이다. 더 유리한 가격을 기다리거나 흥정하는 동안 시장에 주요 곡물이나 기타 일용품을 내놓지 않고 보유할 수 있는 저장력은 리스크를 최소화하면서 이윤을 증대시킬 수 있는 가장 확실한 방법이다. 하나의 일용품을 시작하고(즉 농장 단계에서 수확하고) 저장하고 수송하는 능력은 레버리지 그리고 이윤 창출의 또 다른 근원을 제공한다.

 거의 80년이 지나서야 카길은 이러한 활동에서 일용품 가공으로 '하류' 이동했다. 1943년 카길은 대두 가공공장 3개를 인수했는데

2개는 아이오와에 그리고 1개는 일리노이에 있는 것이었다. 오일시드 가공에서 카길이 얼마나 꾸준히 성장했는지를 기록한 자료는 입수가 거의 불가능하지만 우리는 카길이 1985년 랠스턴 퓨리나로부터 미국에 있는 공장 6개를 인수했으며 말라위에 있는 오일시드 가공공장 2개와 쌀공장 3개, 말레이시아에 있는 야자유 제조시설 2개를 인수했다는 사실을 알고 있다.

카길은 1991년 무렵에는 세계적으로 40개 이상의 오일시드 가공공장을 가동할 정도로 성장했다. 1992년 카길은 중국 산둥성에 있는 면실 가공공장의 건설과 가동을 감독했는데 이는 중국 정부와의 합작투자협정에서 나온 결과인 듯하다. 카길은 또한 콘티넨탈 그레인으로부터 4개의 오일시드 분쇄시설을 인수했는데 1개는 앨라배마에 있고 1개는 아르헨티나에 그리고 나머지 2개는 호주에 있다(카길은 또한 이 거래로 콘티넨탈 그레인으로부터 호주에 있는 사료공장 3개를 인수했다). 비슷한 시기에 카길은, 해바라기와 평지, 대두, 땅콩, 포도, 옥수수와 야자유를 가공하는 145년 역사의 프랑스 서부 소재 오일 제조업체인 윌리 펠릭스 마샹 사를 인수했다.

1992년 카길은 독일이 자신들의 오일시드 가공설비가 없는 유일한 주요 오일시드 생산국가라고 주장했으나 구동독과 서독의 경계지역에 위치한 잘츠기터 항구에 8천만 달러 규모의 오일시드 가공과 맥아 제조공장을 건설함으로써 그러한 주장을 무효화했다. 또한 카길은 자사의 오일시드 가공 설비가 없는 캐나다가 미국에 속하는 나라가 아니라는 사실을 의식하지 못한 것 같다. 카길은 곧 캐나다에도 가공공장을 세웠다.

카길 캐나다에는 말 많은 딕 도슨이 오랫동안 부사장 자리에 있었는데, 그는 언젠가 자신이 보는 카길 캐나다가 어떠한 모습인지 내게 설명해준 적이 있었다. 1972년 카길은 무역사업을 넘어서 기점사업에까지 진출하고자 했는데, 당시 캐나다소맥협회CWB의 통제를 받지 않는 주요 작물은 평지 씨·캐놀라 밖에 없었다. 그래서 카길은 서스캐처원 주 배틀포드에 평지 씨 가공 집하시설을 건설함으로써 캐나다 서부 지역에 처음으로 투자를 시도했다. 카길은 원래 분쇄시설도 건설할 계획이었지만 집하시설만으로도 평지 씨 교역사업에 충분히 접근할 수 있었기에 그 계획을 철회했다.

몇 년 후인 1994년 카길은 캐나다 서부 지역에 캐놀라 가공공장과 정제 시설을 건설할 계획이라고 발표했다. 캐나다 서부에 있는 기존의 공장들보다 규모가 2~3배 크고 온타리오에 있는 대규모의 대두와 캐놀라 분쇄공장 두 곳(ADM과 센트럴 소이·캐나마라Central Soy·Canamara)보다 큰 시설이었다. 카길은 영악하게도 건설할 공장의 위치를 구체적으로 밝히지 않았는데 서스캐처원과 앨버타, 매니토바 주 당국이 각종 혜택과 재정 지원을 제안하며 서로 자신의 지역에 공장을 지을 것을 요청하리라는 명백한 계산을 깔고 한 의도적인 조처였다.

이는 (한 산업 비평가의 표현을 빌면) '대형 녹색 분쇄기' 카길에게, 가장 마음에 드는 지참금을 제시한 주를 골라 공장을 세울 기회를 제공한 것이나 마찬가지였다. 물론 그 지참금이 주민의 혈세에서 나온다는 것은 두말할 필요도 없다. 결국 서스캐처원이 이겼고(졌다고도 볼 수 있다) 카길은 서스캐처원의 신민주당 정부로부터 390

만 달러를 지원받아 새스커툰에서 그리 멀지 않은 클라베에 공장을 세웠다.

1995년에 카길 캐나다는 듀퐁으로부터 인터마운틴 캐놀라를 인수했다. 인터마운틴은 특산물인 캐놀라와 평지 씨를 생산하고 재배업자와 종자 재배 계약을 하며 종자를 가공하는 회사이다. 또한 클리어 밸리라는 브랜드로 리놀린산 함량이 낮은 캐놀라 기름과 에루코산 함량이 높은 평지 씨 기름을 독점 판매하기도 한다.

1997년 호주에 새로운 오일시드 분쇄설비를 완공함으로써 카길은 호주산 캐놀라와 면실, 해바라기 씨 그리고 대두를 연간 100만 톤 이상 가공할 수 있게 되었다. 여기에서 만들어진 기름은 마가린이나 샐러드 드레싱, 튀김 또는 빵을 만드는 데 사용되고 호주와 아시아에 있는 식품 가공업체와 음식점 등에서도 사용되며 오일시드 가루는 가축 사료로 쓰인다.

카길의 웹사이트에는 러시아에서 카길의 입지가 얼마나 커지고 있는지 간략하게 설명되어 있다. 카길이 모스크바에 최초로 러시아 지부를 연 것은 1991년이었다. 1997년경 러시아 전체에서 고용한 직원만 해도 벌써 1300명이 되었다. 모스크바 사무소에서 일하는 70명의 직원들은 '석유와 냉장 농축주스, 식물성 기름, 설탕, 낙농제품과 기타 농산품 분야 사업에 관여'하고 있었다. 카길의 현지 활동은 주로 카프카스 산맥에 집중되어 있다. '카길의 영업팀은 사업 현지에서 잡종 종자와 화학 비료를 판매하고 작물 재배 컨설팅을 제공하며 곡물을 구입하거나 연료를 교환한다… 카길은 종자 공급에서부터 농가의 작물 가공에 이르기까지 농업을 위한 토털 패키지를 제공하는 유일한 서방 기업이다… 러시아의 1억 5천만 명의 국민에게는 밝은 미래가 기다리고 있다. 카길은 그 밝은 미래에 동참하기에 아주 좋은 위치에 있다.'[90]

1994년 카길은 모스크바에서 남동쪽으로 약 380km 떨어져 있는 에프레모프(Effrmov, Efremov, 혹은 Yefremov, 철자가 언론 보도마다 다르다)에 위치한 한 옥수수 가공공장의 주식을 사들이기 시작해서 1996년경에는 그 회사의 대주주가 되었다. 이에 대해 카길은 이렇게 말했다.

"캔디바 등을 생산하는 마르스 사 제품을 비롯하여 기타 국내와 서구 생산업체에서 생산하는 제품이 보다 우수한 품질의 과자류와 비非알코올 음료 그리고 베이커리 제품에 대한 수요를 가열하고 있는 시점에서, 우리는 물엿 가공공장을 인수함으로써 새로운 설비를 건설하는 것보다 더 빠른 시간 내에 우수한 품질의 포도당 감미료에 대한 고객의 요구를 만족시킬 수 있게 되었다."

공장 매니저인 게리트 휴팅은 (내가 2001년 카길 폴란드 지부를 방문했을 때 다시 만나게 되는 사람이며 – '폴란드' 편 참조 – 2002년 현재는 브로츨라프에 있는 카길의 소맥 습식제분 공장의 매니저를 맡고 있다) 카길의 공장이 어떻게 러시아 농민에게 이익을 제공하는지 자세히 설명해주었다.

> 우리는 옥수수 재배업자들과 함께 기술적인 서비스와 농작물 상품을 제공하는데 그로 인해 러시아 농민이 재배하는 농작물의 생산량 또한 상당한 규모로 증가하고 있습니다.[91]

여기서 옥수수를 밀로 바꾸고 러시아 농민을 폴란드 농민으로 바꾸면, 내가 5년 후인 2001년 바르샤바에서 휴팅을 만나 들은 이야기를 토씨 하나 안 틀리게 그대로 전하는 것이 된다!

카길은 1998년 '러시아의 금융 혼란'을 이유로 공장을 폐업했다. 카길은 이 공장에 4천만 달러를 투자했으며 차라리 새로운 공장을 짓는 편이 더 저렴했을 것이라고 주장하지만 휴팅은 당시 카길이 '시장에 빠른 속도로 진입하기를 원했다'고 설명했다.

"배운 것이 많은 경험이었다. 우리는 그때의 경험으로 상상할 수 없을 정도로 많은 것을 배웠다."

카길은 작은 지분으로 시작했지만 사업을 통제할 수 있을 정도의 지분을 원했기 때문에 민영화 프로그램 이후 직원들이 소유하고 있던 주식을 사들였다. 카길은 국내 법률회사를 고용해 직원들에게서 직접 주식을 매입했는데 이러한 점은 오늘날까지도 당시의 직원들에게 분노를 사는 이유가 되고 있다. 한 직원은 "카길이 우리를 속였다"고까지 말한다.

"카길은 직원들의 주식을 매입하기 위해 사용한 전략에 대하여 우리가 제기하는 의문에 직접적으로 답변하기를 거부했다."[92]

카길은 베네수엘라 발렌시아에 최대 규모의 초현대적 야자유 가공공장을 건설했는데 그 결과 콜롬비아에서 수입되는 기름의 양에 따라 현재 베네수엘라 공업용 야자유와 식용 야자유 시장의 25퍼센트에서 40퍼센트까지를 점유하고 있다. 카길은 베네수엘라의 자급자족을 내세워 어떻게 하면 콜롬비아 산 기름의 수입을 막을 수 있을지에 대해 정부 당국과 논의를 진행중이다. 이는 카길이 스스로를 어떤 식으로 그려 보이고 있는지, 또한 어떻게 카길이 사업 활동을 하는 국가에서 그 나라 국민의 최대 이익을 위해 노력하는 '국내기업'으로 받아들여지는지 알게 해주는 전형적인 예이다.

카길은 베네수엘라에서 1950년대부터 무역 활동을 시작했다고 주장하지만 카길의 전액출자법인인 카길 데 베네수엘라가 파스타 공장, 밀가루공장과 함께 줄리아 주 마라카이보 시에 설립된 것은 1986년 무렵이었다. 현재 카길 데 베네수엘라는 15개 지역에 파스타공장 2개와 야자유를 생산하는 오일시드 가공업체 2개, 밀가루공장, 브랜드를 붙인 백미 상품을 생산하는 쌀공장 1개와 주로 미마로츠라는 브랜드의 유아식을 생산할 용도로 쌀가루와 데친 쌀을 가공 생산하는 또 하나의 쌀공장 등을 포함 여러 사업체를 운영하고 있다. 카길은 또한 애완동물용 식품공장과 설탕 가공업체도 보유하고 있다.[93]

카길은 1997년 반드무어텔 인터내셔널로부터 바모 제분을 인수했다. 당시 계약 조건에는 벨기에 겐트에 있는 대두 분쇄공장과 콩 단백, 레시틴 가공공장, 그리고 벨기에의 이즈헴, 독일의 마인츠와 리자에 있는 액상유 제조시설도 포함되어 있었다.

1996년 무렵 카길은 미국에 29개의 대두 가공시설을 가동했다. 같은 해 카길은 멕시코의 툴라에 대두 가공공장을 건설했는데, 이는 멕시코시티 북쪽에 있는 카길의 아티탈라키아 옥수수 시럽 유통센터와 근접한 곳이었다. 카길의 계획은 멕시코 제조업자들에게 대두유를 판매하고 가루는 사료산업에 이용한다는 것이었다. 카길 식품 부문의 회장인 기욤 바스티엥은 이 프로젝트를 두고 '카길이

NAFTA를 통해 어떤 식으로 미국의 곡물과 오일시드의 수출 기회를 증진시키고 멕시코의 더 나은 경제와 환경에 기여할 수 있는지를 보여주는 뛰어난 실례'라고 극찬했다.[94]

　1997년 여름 북미 대륙의 들판에서 대두가 익어가고 있을 무렵 카길은 브라질 산 대두의 수입 계획을 발표했다. 카길은 미국산 대두의 재고가 빈약하고 값이 너무 비싼 관계로 대두 가공산업이 생산설비의 약 3분의 1을 놀리고 있으며 카길도 미국 내 낙농, 가금, 돼지 사육업자들과의 계약을 만족시키기 위해 브라질 콩을 수입해야만 하는 상황이 되었다고 설명했다. 가장 즉각적인 반응은 시카고 거래소에서 대두 가격이 30퍼센트 하락한 것이었다. 카길은 이 소식을 듣고 회심의 미소를 지었을 것이 틀림없다. 어쩌면 원래 카길이 의도했던 바가 바로 그것이었을 수도 있다. 카길은 이 분야에서 거래업자이자 가공업자일 뿐 재배업자가 아니므로 일용품 가격이 하락하면 카길로서는 운신의 폭이 넓어지는 것이다. 또 한 가지 주목할 것은 카길이 브라질에서 주요 거래업자이며 가공업자라는 것인데, 이는 카길이 자사로부터 곡물을 수입하고 있었을 수도 있다는 뜻이다. 미국과 브라질의 농민들은 결국 패배자가 된 셈이다.

폴란드 농산물 가공시장을 접수하다

2001년 11월 바르샤바 신문에 내가 '카길은 공공의 적 No.1'이라고 언급한 내용이 실렸다. 다음날 나는 폴란드 인 친구와 함께 택시를 타고 바르샤바에 있는 새로운 카길 사무소를 방문했다. 사무실을 찾는 데는 예상보다 시간이 더 걸렸는데 그 이유는 처음에 우리가 카길 폴스카(폴란드의 옛 이름)의 웹사이트에 기재된 주소로 찾아갔기 때문이다. 나중에 알게 됐지만 웹사이트에 나온 주소는 사이트의 다른 정보와 마찬가지로 3년이나 지난 것이었다. 운 좋게도 찾아간 곳의 접수계원이 카길의 현 주소를 알아내 알려줬는데 새 전화번호부에 실린 주소마저 옛날 것이었기 때문에 더욱 다행스러운 일이었다. 이쯤 되면 카길의 가시성(혹은 불가시성)이라는 문제의 이중성을 감지할 수 있을 것이다.

카길의 진짜 사무소로 들어가자 접수계에 있던 젊은 여성 3명이 우리를 반겼다. "무엇을 도와드릴까요"라고 묻길래 나는 웹사이트의 정보가 오래된 것이라 카길이 지금 폴란드에서 어떤 일을 하고 있는지 직접 알아보기 위해 찾아왔다고 말했다. 그들은 기꺼이 새로운 웹사이트를 보여주었다. 그렇게 몇 분간 농담 섞인 대화를 나누고 있자니, 잠시 후 카길 밀제분 부문의 전무이사인 게리트 휴팅이 나타나 자신을 소개했다. 그는 내가 누군지 알게되자 신문 기사에 관해 질문했고 우리를 회의실로 안내해 자신과 동물 영양(사료공장을 말한다) 부문 수석 매니저 그리고 '거래업자'(순서대로 하면 각각 독일인, 프랑스 인, 폴란드 인이다)를 소개한 뒤 폴란드와 그곳에서 카길이 벌이는 사업에 대해 장장 한 시간 동안 대화를 나누었다.

대화에서는 비서가 나누어준 광고전단에서 읽은 '카길주의'란 용어가 자주 등장했다. '공급망 관리 솔루션'이나 '식품 응용 솔루션' '영양과 건강 솔루션'과 같은 이 용어들은 전부 카길 웹사이트에 실린 과거 혹은 현재 카길 회장의 정책 연설에서 반복적으로 보이는 표현이었다. 대화의 방향이 카길 정책에 대한 심각한 토론으로 접어들자 수석 매니저는 자신이 기업 정책을 설명해야겠다고 나섰다. 그 내용은 내게 전혀 새로운 것이 아니었는데, 그래도 그는 꼭 설명을 해줘야 한다는 책임감을 느끼는 듯했다.

그는 그들의 주 임무가 보다 나은 품질의 식품을 더 많이 제공하고 새로운 기술을 도입하는 것이라고 했다. 폴란드의 농업은 보다 고도로 자본화되고 더욱 기술집약적인 형태로 변모할 필요가 있다는 것이 그의 주장이었다. 마르셀(프랑스 인 사료 담당 매니저)은 그들의 근본 방침이 농가로 하여금 새로운 현실에 적응하게 하며 경쟁력과 효율성을 갖추도록 돕는 것이라고 했다. 카길은 혁신과 솔루션을 제공할 뿐 정책 결정은 지역 사회에 달려 있다는 것이다.

그들은 브로츨라프에 있는 카길의 물엿공장(밀에서 나오는 것을 '고과당 옥수수 시럽HFCS'으로 보기는 어렵다)이 농가와 밀 계약을 맺고, 농가의 작물이 주문받은 대로 독립적으로 사업하는 밀가루 제분공장에 배달된 지 일주일밖에 안 지나 농가에 값을 지불한다는 사실을 자랑스럽게 말했다. 밀가루는 다음 단계에서 카길이 브로츨라프에 유일하게 보유하고 있는 대규모 공장으로 운송된다. 그들은 카길이 폴란드 농민들에게 사탕무와 윤작할 때 필수적인 밀을 거래할 시장을 제공한다는 것, 그 밀을 폴란드 공장에서 제분한다는 것, 그 밀가루를 폴란드 식품산업을 위한 포도당과 과당 시럽으로, 폴란드 제빵산업에 쓰일 글루텐으로, 폴란드 동물 사료로 쓰일 분말로 가공한다는 사실을 매우 자랑스러워했다.

카길 폴란드는 밀이나 밀 제품을 수출하지도 수입하지도 않는다(동물 사료에 다른 어떤 성분이 첨가되는지 혹은 거래업자가 거래하는 것이 무엇인지는 별개의 문제이며 이 문제에 대해서는 논의하지 않았다). 농가에 좋은 대우를 해주는 것이 회사에 대한 농민의 신뢰를 굳혀가는 데 매우 효과적인 방법이라는 사실, 또한 카길이 아무리 적은 대가를 지불해도 현재 아무 대가가 없는 폴란드 농업 현실보다는 낫다는 사실을 굳이 지적할 필요는 없었다. 나중에 우리는 바르샤바 근처의 한 '동물 영양' 가공공장을 방문하고서 시골 지역에서는 카길의 가시성에 문제가 없다는 사실을 알게 되었다. 그곳에서 이용하는 카길의 트럭은 전부 깨끗하고 밝은 색이었으며 '카길'이라는 로고가 분명하게 새겨져 있었기 때문이다.

카길은 1991년 바르샤바 사무소를 개설하고 1992년에는 '재무부와 합작투자를 통해' 사료 제분이라는 아직 개척되지 않은, 그리고 확실히 손해 볼 것 없는 분야에서 회사의 존재, 즉 '교두보'를 수립한다는 고도로 세련된 전략을 이행함으로써 동유럽 지역에서 사업 기반을 굳혔다. 어떤 합작벤처든 회사를 통제할 수 있을 만큼의 지분을 확보한다는 방침과 일관되도록 카길은 새로운 회사인 카길 파체의 지분 60퍼센트를 보유하고 있으며, 나머지 지분 40퍼센트는 폴란드 플록 지방정부가 보유하고 있다. 카길은 현재 폴란드 전역에 6개의 사료분쇄공장과 서비스 센터를 운영하고 있다.

폴란드에서 회사의 존재를 확실히 한 카길은 습식제분사업으로 관심을 돌려 그곳의 제과류와 아이스크림, 비非알코올 음료 생산업체에 제공할 녹말과 포도당을 생산하기 위해 바르샤바에서 남서쪽으로 400km 떨어진 브로츨라프 부근에 공장을 지었다. 이 분쇄공장은 중부 유럽과 동부 유럽에서 유일하게 밀에서 포도당을 정제할 목적으로 설계된 공장이다. 공장은 이듬해 생산을 시작하여 1999년에는 과당 생산 증가량까지 합쳐 연간 12만 톤을 생산할 정도로 규모가 확장되었다.

앞에서 언급한 광고에서 카길은 입사 기회도 제시하고 있다.

카길에 들어오시면 의욕 넘치고 만족스러운 환경에서 근무할 수 있습니다. 우리는 능력 있고 강인한 인재를 채용하여 도전적인 업무를 맡기는 것이 모두가 발전하는 길이라고 믿습니다. 카길이 제공하는 지적인 도전과 직업 만족감을 통해서 진정으로 일을 즐길 수 있다는 것을 확인하게 될 것입니다.

나는 카길 지역 사무소에서 만난 매니저들이 전부 위의 내용에 해당된다는 느낌을 받았다. 집합적 기업 농업, 서방의 첨단 기술 그리고 자본집약적 농업 생산이라는 기본 전제를 받아들이기만 하면 얼마든지 카길에서 만족감을 느끼며 즐겁게 일할 수 있다.

옥수수 가공업계의 선두로 나서다

제분 방법에는 만들고자 하는 제품에 따라 두 가지 유형이 있다. 건식제분은 밀이나 귀리, 보리 가루, (토르티야를 만드는 데 중요한) 옥수수 가루, 그밖에 사람이 소비할 수 있는 곡물 가루 일체를 가공할 때 사용하는 방법이다.

습식제분을 이용해 옥수수를 분리하는 과정에서 첫 번째 단계는 옥수수를 적셔 부드럽게 만들어 중요한 성분(배아나 전분, 글루텐, 껍질 등)이 분리되도록 하는 것이다. 전분은 물을 섞어 슬러리(현탁액)로 만든 다음 효소를 첨가하여 옥수수 시럽이나 고과당 옥수수 시럽HFCS, 포도당, 우선당右旋糖, 결정체 과당, 옥수수 글루텐 사료 또는 에틸알코올(에탄올)로 만든다.

카길이 옥수수 습식제분 부문에 관해 공개한 정보에는 예상했던 대로 어떤 통계 수치도 안 나와 있다. 그러나 카길은 1967년 아이오와 주 시더래피즈에 있는 공장을 인수하면서 미국에서 습식제분사업을 시작했다는 사실은 숨기지 않고 있다. 카길은 1976년 멤피스 미시시피 강에 있는 프레지던츠 아일랜드에 두 번째 옥수수 습식제분공장을 지었다. 강 근처에 제분시설을 마련한 것은 강 상류의 곡물창고에서 공장까지 바지선을 이용하여 아주 저렴하게 옥수수를 공급할 수 있다는 것을 뜻했다.

1년 후인 1998년 카길은 강을 이용한 수송 방식과 일용품 운송 전문기술을 한층 더 활용하여 멤피스 공장에서 HFCS와 다른 액상 감미료를 운반할 수 있도록 특별히 설계한 첫 번째 바지선을 띄웠다. 6개의 스테인리스스틸 탱크를 구비한 이 바지선은, 철도 수송보다 훨씬 저렴한 비용으로 멤피스 공장에서 미시시피 강을 통해 감미료를 운반할 수 있도록 준비한 14척 규모의 선단에 속하는 배다.

최첨단 기술의 바지선과 함께 카길이 3천만 달러나 투자해 마련한 운송 시스템에는 플로리다 주 탬파 그리고 텍사스 주 휴스턴에 위치한 수령 집하시설과 카길 공장의 새 출하시설도 포함된다. 이 출하시설에서는 오랫동안 종래의 바지선을 이용해 중서부 지역에서 가공지로 옥수수를 운반하고 부산물인 사료 원료를 공장에서 걸프 연안 수출시설로 수송해왔다.

이 바지선 프로젝트는, 멤피스·셸비 군郡 산업개발위원회가 지역 사업 투자와 일자리 창출을 장려하기 위해 시행한 세금대체 PILOT, Payment in Lieu of Taxes 프로그램에 앞의 공장의 주도로 카길이 참여하여 이익을 얻은 대표적인 예이다. 13년간 800만 달러의 실자산세와 개인재산세 경감을 받는 대가로 카길은 1998년 12월까지 8천만 달러를 투자하고 평균 연봉 4만 4210달러를 지급하는 새 일자리 28개를 창출하기로 합의한 것이다.[95]

카길의 회장인 어니스트 미섹은 2000년 옥수수정제업자협회에서 한 연설에서 1980년경 HFCS를 개발하기 전 카길이 연속제분 공정과 옥수수 시럽 연속정제 공정을 개발했다고 밝혔다. 그는 또한 1967년 당시 하루에 옥수수 가루 8000부셸(35리터)을 제분하던 것이 2000년에는 하루 100만 부셸 이상으로 증가했다고 덧붙였다. 2000년 1월 한 뉴스 기사에서는 카길의 옥수수 습식제분 부문이 미국 내에서 약 60만 톤의 스위트 브랜Sweet Bran(옥수수에서 추출한 가축용 사료)과 10만 톤의 옥수수 글루텐 가루, 5만 톤의 옥수수 기름, 15억 파운드의 HFCS, 2억 7천만 리터의 연료급 에탄올을 생산하고 있다고 밝혔다. 한 분석가의 견해에 따르면 카길은 미국 전체 옥수수 제분의 21퍼센트를 통제하고 있다.[96]

2002년 1월 현재, 카길은 미국 아이오와 주 에디빌과 네브래스카 주 블레어, 오하이오 주 데이튼, 테네시 주 멤피스 그리고 노스다코타 주 와페튼에 옥수수 습식제분공장을 가동하고 있다. 또한 네덜란드에는 옥수수와 밀을 이용하여 사료 공급 원료를 가공하는 공장을 소유하고 있으며, 영국에 옥수수 가공공장 그리고 러시아와 터키, 브라질, 폴란드에서도 공장을 가동하고 있다.
　카길의 옥수수 습식제분 사업이 어떻게 성장했는지 이해하기 위해서는 카길의 미국 중서부 지역 사업체들의 발전 과정을 자세히 살펴볼 필요가 있다.
　1985년 카길은 HFCS를 생산할 목적으로 에디빌에 옥수수 습식제분공장 단지를 건설했다. 5년 후 카길은 4500만 달러 규모의 구연산 가공공장을 증축해 옥수수 추출 액상 우선당에서 구연산을 만들기 시작했다. 1992년 말경, 이 공장은 연간 3만 6000톤의 구연산을 생산하게 되었고 미국 시장의 20퍼센트를 점유할 정도로 성장했다. 거기에 다시 공장 하나를 증축함으로써 연간 1500만 파운드의 구연산나트륨과 구연산 염화나트륨을 생산할 수 있게 되었다. 구연산과 구연산나트륨 모두 탄산음료에 사용되며 구연산나트륨은 저칼로리 음료에 단맛을 더하기 위해 들어가는 사카린의 쓴 뒷맛을 완화하는 데에도 사용된다. 구연산과 구연산나트륨 모두 합성세제에 인산염을 대신하여 생물 분해요소로 첨가된다. 카길은 다시 에디빌 공장 단지에 3천만 달러를 투자해 에탄올 정제공장을 증축했다.
　에탄올에 대한 카길의 관심은 1970년대부터 시작됐지만 에탄올 추출 기술이 미개발 상태였기 때문에 추출 과정에 에탄올이 연료 성분으로서 가지는 가치보다 더 많은 비용이 들어갔다. 업계는 그 때도 그랬고 지금도 여전히 정부 보조금에 의존하고 있다.

생산의 경제학은 크게 변하지 않았지만 정책은 변했다. 미국은 1995년부터 보다 깨끗한 연소를 위해 가솔린에 에탄올을 혼합 사용하도록 법으로 규정하고 있다. 에탄올 생산을 장려하기 위한 도구로 세금 인센티브가 이용되었고 카길의 경쟁업체인 ADM은 에탄올 사용과 세금 인센티브 그리고 자사를 매혹적인 투자 대상으로 만드는 데 도움이 되는 정부 보조금을 받기 위해 가장 요란한 로비 활동을 벌이고 있다.

에디빌 다음은 블레어였다. 카길은 1995년 블레어에 2억 달러 규모의 옥수수 습식제분공장을 열었을 때 이미 9700만 달러 규모의 공장 확장 프로젝트를 시작했다고 발표했는데 현재 여기에서 HFCS뿐 아니라 연료 품질의 에탄올과 가축 사료도 생산하고 있다. 다음으로 이들은 옥수수 배아를 옥수수 기름으로 가공하는 시설을 3600만 달러를 들여 증축했다. 카길은 광고전단에서 블레어 공장이 완전 가동되면 미국 농민이 재배한 옥수수 30부셸 중 1부셸을 카길이 구입하여 가공할 것이라고 선전했다.

1997년 카길은 옥수수에서 추출한 설탕 알코올로서, 사탕수수 설탕의 단맛을 70퍼센트 함유하면서 그램 당 0.2칼로리밖에 들어 있지 않은 에리스리톨을 생산하기 위해서 공장 시설을 확장했다. 에리스리톨은 일본에서 옥수수 추출 우선당을 발효시켜 개발한 감미료이다. 5천만 달러를 투자해 지은 새 공장은 에리스리톨 생산 특허공정을 보유한 미츠비시 화학과 카길의 합작투자로 건설되었다. 새로운 프로젝트는 블레어 공장 단지에 4억 달러에 이르는 자본 투자를 발생시켰다(미츠비시 화학은 그 뒤 합작벤처 계약을 취소했지만 일본 에리스리톨 판매사업체는 그대로 유지했다).

1997년에는 락트산(유산乳酸) 생산시설이 블레어 공장 단지에 증축되었다. 락트산은 천연 유기산으로 식품에 향미료나 방부제 또는 신미 조정제로 이용된다. 이는 카길과 암스테르담 CSM의 공동 프로젝트였다. 새 공장은 또한 미니애폴리스 부근에 있는 카길의 에코플라 공장에 폴리락트산PLA 폴리머를 공급했는데 에코플라 공장은 사실상 PLA 폴리머를 개발하고 판매하기 위해 카길과 다우 화학이 만든 50대 50의 유한책임회사 카길 다우 폴리머 사를 위한 실험 생산 공장이었다. PLA 합성수지는 옥수수나 사탕무에서 나온 전분을 설탕으로 변형한 다음 발효시켜 만드는 락트산의 연쇄상구균으로 구성된다. 거기에서 수분을 제거해 락타이드를 만든 다음, 다시 용제溶劑 없는 중합반응으로 PLA 합성수지를 만드는 것이다.

1980년대 말경, 쓰레기봉투 분해를 비롯하여 온갖 용도로 사용될 수 있는 '미생물 분해' 플라스틱이 등장함으로써 옥수수 산업계에 큰 반향을 불러일으켰다. 이 신제품은 보통 플라스틱에 옥수수 전분을 첨가한 것이었다. 외기外氣에 노출되면 옥수수 전분이 분해되어 플라스틱이 부서진다. 하지만 외기 노출로 인해 일어나는 작용은 그것이 전부였다. 실제로 플라스틱은 그대로 남는 것이다. 차이점은 작은 조각 형태로 남는다는 것이었다. 카길 다우의 새로운 PLA 제품은 완전히 다른 공정에 기초해 만들어지며 완벽한 미생물 분해가 가능하다는 것이 그들의 주장이다(불가능할 이유는 없지만 옥수수에서 플라스틱을 만들어내는 것이 환경학적으로 볼 때 좋은 일인가 하는 것은 또 별개의 문제이다).

2000년 1월에 카길 다우 폴리머는, 블레어에 있는 카길의 옥수수 습식제분 공장 부지에 3억 달러를 투자해 '세계적 규모의 설비'를 만들겠다고 발표했다. 옥수수에서 추출한 설탕을 이용하여 PLA를 제조하는, 독점적 PLA 폴리머 생산을 추진하는 프로젝트였다. 카길 다우 폴리머는 이를 네이처워크스NatureWorks PLA 라고 명명했다. 카길 측의 설명은 이러하다.

폴리머는 가정용품이나 포장재 혹은 직물용 섬유나 양탄자를 만드는 등 다양한 용도로 사용되는데 완벽한 미생물 분해 가능성과 저렴한 가격덕에 포장용 셀로판지를 대체할 수 있다. 그런데 옥수수는 목재 펄프보다 저렴한 원료이고 생산 공정이 덜 복잡하므로 옥수수 추출 설탕을 이용하는 폴리머가 셀로판보다 생산비가 적게 든다는 결론이 나온다. 카길은 밀과 사탕무 등의 옥수수 이외의 다른 작물과 농업 폐기물을 가축용 사료로 이용할 수 있도록 하는 신기술을 개발하고 있다. 이 PLA 독점제조 공장은 2001년 후반에 조업을 시작할 계획이었다고 알고 있다.

블레어 공장 단지에 또 다시 증축한 공장은 미드웨스트 라이신 Midwest Lysine이라는, 1억 달러를 투자해 2000년 문을 연 새로운 생산설비였다. 이 공장은 카길과 독일 데구사-헐스의 자회사인 데구사-헐스 사와 합작투자로 만들어졌다. 미드웨스트 라이신은 가축용 사료로 이용되는 고급 라이신 아미노산을 생산한다. 미드웨스트 라이신이 주 원료로 활용하는 우선당은 인접한 카길의 옥수수 습식제분 공장에서 생산되는 1차 생산물이다. 이로써 블레어에 카길이 투자한 액수는 총 4억 달러를 훌쩍 뛰어넘게 되었다.

어니스트 미섹은 2000년 옥수수정제업자협회에서 행한 연설에서 자신이 옥수수 제분산업의 미래를 낙관하는 근거 중 하나는 옥수수 제분 상품이 재생 가능한 자원에서 나온다는 점 때문이라고 했다. 그는 앞으로 '환경 효율성'이라는 말을 더 많이 듣게 될 것이라고 장담하면서 환경 효율성이란 환경에 대한 충격과 자원 남용을 줄이면서 경제적 가치를 창출하는 것이라고 정의했다.

여기서 미섹이 언급하지 않은 내용은 공업용 옥수수 생산이 석유와 천연가스 상품(디젤연료와 질소비료) 또는 천연자원에서 나온 화학비료(인산염과 가성 칼륨) 형태의 비非재생 에너지를 엄청나게 소비한다는 사실이었다. 그는 카길이 화학비료 생산자이자 공급업자라는 사실은 언급하지 않았다. 또한 미국의 대규모 산업 농가가 카길의 생산 공정을 위한 값싼 원료를 계속 생산하도록 하기 위해 농가에 제공하는 엄청난 공적 보조금(농장 수입의 거의 절반에 해당)에 대해서도 일언반구가 없었다.

카길은 다시 한 번 '하류 이동'해 스위스의 호프만-라 로쉬 사와 제휴하고 아이오와 에디빌에 있는 옥수수 가공공장 단지에 천연 비타민E 생산을 위한 시설을 증축했다. 카길이 공장 운영을 맡았고 호프만-라 로쉬는 마케팅을 책임지고 있다. 이 공장은 두 회사가 공동 개발한 기술을 이용하여 대두유 제조과정에서 나온 제품에서 비타민E를 추출하고 있다.

카길은 또한 블레어 옥수수 공장 단지에 이타코닉 산itaconic acid

가공시설을 지었다. 핀란드의 쿨터 푸드 사이언스의 이타코닉 산 사업체를 인수한 후에 일어난 일이다. 카길은 이제 세계 최대 이타코닉 산 공급업자가 되었다. 이타코닉 산은 오늘날 카펫 뒷면의 라텍스에서부터 종이에 입히는 방수 코팅제에 이르기까지 다양한 분야에 사용되고 있다.

미섹은 옥수수정제업자협회 연설에서 옥수수 제분 자체는 30여 년 동안 별로 변한 게 없는데 오늘날의 '관련 사업체들'은 '이전보다 훨씬 더 잡화점 성격이 강해진 것처럼 보인다'고 했다. 이는 단순한 직유 표현 이상이었다. 그는 복잡한 제품 라인을 다음과 같이 간단하게 설명했다.

> 보통 포도당은 파운드당 대략 8센트다. 과당은 파운드당 12센트다. 구연산은 파운드당 70센트, 이타코닉 산은 파운드당 1.8달러다.[97]

'세레스타' 인수로 몸집을 불리다

2001년 10월 카길은 몬테디슨으로부터 세레스타의 지분 56퍼센트를 인수할 계획이라고 발표함으로써 큰 도약을 시도했다. 프랑스의 식품업체 세레스타는 2001년 초에 이탈리아의 몬테디슨 그룹의 농업식품 회사인 에리다니아 베긴-세이 사가 분리되면서 나온 4개 회사 가운데 하나이다. 그 중 다른 하나인 세레올은 글로벌 오일시드 가공업체이며 북미 지역 부문으로 센트럴 소야를 두고 있다. 프랑스 법에 따르면 카길은 이제 개인투자자들이 보유하고 있는 세레스타의 나머지 지분 44퍼센트에 대해서도 공개 매입에 나서야 한다.

10개국에 16개의 생산설비를 보유한 세레스타는 밀과 옥수수에서 포도당(물엿)과 고급 과당 시럽, 동물 사료 원료를 생산하는 글로벌 제품 라인을 가지고 있는데 이는 카길과 동일한 제품 라인이다. 세레스타는 위의 제품에 한해 유럽 시장의 30퍼센트와 북미 시장의 5퍼센트를 점유하고 있다. 미국에 있는 세레스타의 HFCS 공장 3개를 인수하면 카길은 미국 전체 시장 점유율을 30퍼센트까지 효과적으로 확대시킬 수 있고 ADM과 동등한 위치가 될 것이며 북미 시장에서 포도당과 우선당右旋糖을 공급하는 선도업체로서 입지를 강화하게 될 것이다. 또한 이 거래로 카길은 EU의 이소글루코오스HFS 생산 쿼터에 접근할 수 있는 길이 열리게 된다.

2001년 말 스탠더드&푸어스S&P와 무디스는 모두 카길의 신용등급을 하향조정했는데 이는 추정 채무액 약 3억 6400만 달러를 포함하여 총 11억 달러가 소요될 것으로 추산되는 세레스타 인수 발표에 자극을 받았기 때문이었다. 평가 기관들은 카길과 카길의 종업원지주제 트러스트의 총 채무액이 약 45억 달러라고 추산한다. 그러나 이들은 또한 세레스타의 인수로 유럽 시장에서 카길의 입지가 강화되고 세레스타의 보다 높은 이윤과 부가가치 상품 포트폴리오가, 강력하지만 일용품 지향적인 카길의 상품 포트폴리오에 추가될 것이므로 결과적으로 카길의 사업 수준이 향상될 것이라고 전망하고 있다. S&P의 보고는 또한 다음과 같이 언급하고 있다.

"카길의 광대한 커뮤니케이션과 운송 네트워크뿐 아니라 제품과 지리적 다양성이 상품 이동을 최적화하고 경쟁에서 유리한 점을 제공한다. 또한 카길은 미국의 어떤 농업 분야 그리고 어떤 세계무대에서도 다른 기업들보다 상대적으로 덜 노출되어 있다."[98]

2002년 1월, 무디스는 '주주의 부를 창출하는 효율적 사업 모델을 가진' 식품산업계의 여러 기업들 가운데 카길에게 A1 등급을 주었다.[99]

건식제분업계의 양대 강자로 떠오르다

카길은 오랫동안 미국을 포함한 많은 나라에서 주요 밀가루 제분업자의 위치를 고수해왔다. 한때는 심지어 세계 최대의 밀가루 제분업자로 간주되기도 했다. 이는 카길이 시보드 사로부터 미국 내 일곱 번째로 큰 밀가루 제분회사인 시보드 연합 제분회사를 인수한 1982년의 일이다.

카길은 이제 미국에 18개의 밀가루 제분공장을 소유하고 있으며 콘아그라와 ADM에 이어 세 번째로 사업 규모가 큰 밀가루 제분업자가 되었다. 뉴욕 올버니에 위치한 카길 최대의 제분공장은 하루 1000톤의 생산력을 보유하고 있다. 1993년, 카길은 1981년에 밀가루 제분사업을 처음 시작하면서 가동한, 96년 역사를 가진 버펄로 소재 밀가루공장의 문을 닫았다.

'수십 년만에 최대 규모의 밀가루공장 폐업'이라는 『밀링&베이킹 뉴스』의 거창한 보도와 함께 카길은 2001년 4월 미국에 있는 밀가루공장 3개의 조업 정지를 발표했다. 공장 3개 중 2개는 해체하고 나머지 하나는 '그대로 간수mothball'한다고 했다. 이러한 공장 폐업 사태는 1995년에 제너럴 제분회사가 카길이 폐업한 3개 공장과 동일한 생산력을 가진 뉴욕 버팔로에 있는 대규모 구식 공장을 포함하여 자사 소유의 17개 공장 중 9개를 폐업하겠다고 발표한 이래 최대 규모의 폐업이었다. ADM 또한 소규모 공장 3개를 폐업했고 이로써 미국 내 총 제분 능력의 5퍼센트가 줄어든 셈이 되었다.

밀가루 제분업자들은 마치 아코디언 연주하듯 밀가루공장을 열고 닫을 수 있을지 몰라도 농민들에게는 그와 같은 유연성이 없다. 카길 밀가루 제분의 퇴직한 총지배인은 다음과 같이 솔직하게 말했다.

재배업자들은 자신이 받는 가격에 불만이 있어도 표시할 방법이 없으며 생산비 일부를 소비자에게 전가하기 위해 협상할 길도 없다. 그들은 상품 시장에서 다른 사람들이 설정한 가격에 판매하는 수밖에 없다. 재배업자들은 제분업자들처럼 공급과 수요에 따라 유연하게 생산을 조절할 수 없다… 게다가 미국에는 30만 명의 밀 재배 농민이 있는데 이렇게 많은 사람들이 공급과 수요에 따라 유연하게 조절할 방법은 없는 것이다… 반대로, 밀을 구입하는 쪽인 제분산업계의 집중화 현상을 보라.[100]

과거 경쟁 상대였던 업자들 간에 협력이 증가하고 있다는 조짐의 하나로, 2001년 카길과 CHS 협동조합이 맺은 협정을 들 수 있다. CHS 협동조합은 미국 중서부와 서부 지역에서 운영되는 생산자와 소비자 간의 협력 단체인데 카길을 경영 파트너로 하여 미국 밀가루 제분사업체를 운영할 목적으로 호라이즌 제분이라는 유한 책임회사를 만든다는 협정을 맺었다. 조건에는 16개의 카길 밀가루 공장과 5개의 하비스트 스테이트 제분공장 인수 조항이 포함되어 있었다. 이로써 호라이즌 제분회사는 ADM과 동등한 밀가루 생산력을 보유하게 되었다.

CHS 협동조합 자체도 세넥스와 하비스트 스테이트 협동조합을 합병한 것인데 하비스트 스테이트는 협동조합 내 곡물과 식품 부문의 명칭이다. 새로운 합작회사의 이름인 호라이즌 제분은 '품질, 일관성, 제품의 혁신을 국가 차원에서 이루어 밀가루 고객들에게 기회의 지평을 확장하는 데 헌신'한다는 목표를 반영하기 위해 붙였다는 것이 언론 보도 자료의 설명이다. '농민을 위한 혜택' 언급은 일언반구도 없었다.

수개월 전 이 벤처회사에 대한 계획을 발표하면서 CHS는 회사가 기로에 서 있다고 말했다. '이윤을 낼 수 있는 특정 시장에 진출하기에는 너무 규모가 크고 업계 합병 상황에서 경쟁하기에는 규모가 작다'는 것이다. 일부 직원들조차 재배업자 소유의 협동조합과 세계 최대 비공개 기업 간의 제휴에 의문을 가졌다는 사실을 인정하면서도 CHS 수석 매니저는 이렇게 주장했다.

"우리는 소유권 기반은 서로 다르지만 많은 공통점을 가지고 있다."[101]

카길은 2001년 초 80명의 직원을 해고했고 카길이나 콘아그라

식품을 비롯한 기타 곡물 가공업체들의 과잉생산이 가격 하락을 초래하자 미국에서 운영 중이던 밀가루 공장 19개 가운데 3개를 폐업했다. ADM 제분은 '업계의 과잉생산과 빈약한 경제 조건'을 구실로 루이지애나 주 데스트레헌에 있는 밀가루 공장의 가동을 중단했다. ADM은 다시 2002년 1월 아이오와 주 디모인에 있는 85년 역사의 밀가루공장을 폐업했다(ADM은 2만 2000명의 직원과 275개의 가공공장을 보유하고 있으며 6월 30일로 마감되는 2001 회계연도에 201억 달러의 순 매출을 기록했다).[102]

카길은 1992년에 프루덴셜 보험회사로부터 미시시피 주 그린빌에 있는 카밋 라이스 제분의 자산을 인수함으로써 쌀 제분사업에 뛰어들었다. 카밋 제분은 미시시피에서 가장 규모가 큰 회사로, 강하구 삼각주의 심장부에 위치한다. 미국 내 30여 개의 쌀공장 대부분이 육지로 둘러싸여있기 때문에 카밋 제분의 바지선 운송 능력은 쌀 수출에 있어서 명백한 이점이라고 할 수 있다.

텍사스 주 새기노에 위치한 소규모 혼합제품공장에서 옥수수 건식제분에 대한 얼마간의 실전을 거친 뒤 1993년 공장을 폐쇄한 카길은 옥수수 건식제분업체인 일리노이 곡류제분Illinois Cereal Mills Inc.과 합작투자회사를 설립하고 옥수수 건식제분사업에 본격적으로 뛰어들었다. 이 합작회사에는 일리노이 곡류제분Illinois Cereal Mills Ltd.이라는 이름이 붙었다.

1년 후 카길은 켈로그 사와 제휴하여 영국 리버풀에 있는 유럽 최대의 옥수수 건식제분업체인 시포스 옥수수 제분을 시포스의 유일한 소유주였던 켈로그와 일리노이 곡류제분Illinois Cereal Mills Ltd. 공동의 합작투자회사로 전환하는 과정을 추진했다.

세 번째 단계는 이전까지 종업원지주회사였던 일리노이 곡류제분Illinois Cereal Mills Inc.의 지분을 카길이 100퍼센트 인수하는 것이었다. 그 결과 카길은 현재 2개의 세계 최대 옥수수 건식제분업체 중 하나가 되었다. 우리는 타코나 토르티야 칩을 먹을 때마다 이러한 사실을 상기해야 한다.

제8장

일용품으로서의 금융거래

결국 최초의 파생상품인 곡물 선물을 포함하여 전통적인 시장의 모든 것은, 운송 시스템을 통해 이들 시장에서 (카길의) '실제적인 노출'을 최소화하는 데 이용되는 수단이 된 것이다.

— 『밀링&베이킹 뉴스』

<u>과거에 사람</u>들은 한 회사가 구매, 판매하고 생산하는 상품을 통해 그 회사를 인식했다. 이는 카길에게도 여전히 적용되는 이야기다. 그런데 카길의 일용품 생산, 출하, 가공사업이 성장하면서 그와 함께 대부분의 사람들 눈에 잘 보이지 않을 뿐 아니라 점점 더 추상적으로 심지어 존재하지 않는 것으로 변하는 부문이나 단계가 꾸준히 늘어난 것 또한 사실이다. 바로 여기에 해당되는 카길의 금융 활동 부문은 회사 전체의 경제 업적에 두 번째로 크게 기여하는 부문으

로 성장했다.

카길은 (최소한 공식적으로는) '투기적'이라는 단어의 사용을 피하며 재무 운용을 언제나 신중하게 하고 있다고 주장한다. 이를 입증하려는 듯, 회사의 FMD(금융 시장 부문)를 비롯한 기타 금융 부문의 보이지 않는 거래 활동을 설명하는 데 '리스크 관리risk management'라는 용어를 자주 사용하고 있다.

농부에서부터 시작해 마지막 단계에 이르기까지 일용품 거래의 기본적인 메커니즘은 '헤징hedging'인데 카길은 이를 '가격 리스크를, 원하지 않는 이로부터 기꺼이 감수하려는 이에게 전가하는 과정'이라고 정의한다. 『포브스』는 이에 대해 다음과 같이 설명했다.

> (카길은) 일용품을 구매할 때마다 미래 동일한 총액을 제공한다는 계약을 판매하여 헤징을 시도한다. 일용품을 판매할 때는 선물계약을 환매한다. 이는 매우 조심스럽고 안전한 접근 방법으로써 카길은 여기에서 한 치도 벗어나는 일이 없다.[103]

그리하여 카길은 화물차 한 대분의 보리를 X라는 가격에 구입할 때 미래의 특정일에 동일하거나 혹은 약간 높은 가격으로 같은 양의 보리를 인도한다는 약정을 판매한다. 즉, 상품인 보리를 인도한다는 약정이 구매 또는 판매할 수 있는 상품이 되는 것이다. 실물 보리가 어떻게 되든 카길은 나중에 이미 알고 있는 가격으로 같은 양의 보리를 판매할 수 있다는 사실을 알고 있다(카길은 저장되어 있는 실물 곡물에 항상 접근할 수 있다는 것이 얼마나 중요한 일인지 이미 오래 전부터 깨닫고 있었다). 그러면서 만일 실물 보리에 보다 높은 가격을 쳐서 받을 수 있다면 카길은 보리를 판매할 것이며, 어쩌면 보리를 팔면서 이전에 구입한 선물계약을 환매하거나 회사의 입지를 유지하기 위해 더 많은 보리를 구입할 수도 있다(상품인 보리와 보리 인도 계약이라는 상품이 대등해지거나 혹은 대등하게 추상적으로 변한다).

거꾸로 만일 카길에서 가격이 적당하다는 이유로 혹은 미국 정부가 보조금을 지급한다는 이유로 저장했던 귀리를 사우디아라비아에 판매하기로 결정한다면 판매와 동시에 이제 막 결정한 판매가격과 동일하거나 가능하면 더 저렴한 가격으로 미래 어느 시점 어느 지점에서 비슷한 양의 귀리를 인도한다는 계약을 구매할 것이다. 이러한 방식으로 카길은 회사의 존재를 은폐하며 또한 과도하고 투기적인 이윤을 포기하는 비용으로 과도한 리스크를 피하는 것이다. 카길이 자신의 조언을 어느 선까지 따르는가 하는 것은 별개의 문제이다. 카길이라는 기업의 미로 안에서 어떤 투기적 금융 활동이 일어나고 있는지 역시 마찬가지다.

카길은 리스크 관리 분야의 전문성을 농민들에게 열성적으로 선전하며 이렇게 말한다.

> 농작물 마케팅은 카길에게 맡기십시오. 풍부한 경험을 바탕으로 여러분이 최고의 이윤을 얻을 수 있도록 도와드릴 것입니다… 우리는 가격 위험을 줄이고 이윤을 높이기 위해 유동적인 곡물 마케팅 대안을 제공합니다. 원하신다면 우리는 여러분이 농장에 들이는 투자 부담액을 줄일 수 있도록 여러분의 작물을

대신 비축해준 다음에 판매 시장에 내놓을 수도 있습니다.[104]

농가의 재정적 복지에 대한 걱정을 오해해선 안 된다. 돈이 들어오고 나가는 것, 즉 판매와 구매는 카길이 마땅히 할 일이다. 카길은 중간자적 입장을 취하면서 한쪽에서는 스스로를 농민의 (친구는 아니어도) 사업 동맹이라고 선전한다. 이러한 전략에서 발생하는 이윤의 기회는 조금씩 조심스럽게 증식시킨다 해도 결국 무한대로 커질 것이다.

농민에게 정보와 조언을 제공하기 위하여 지방 정부와 주 정부가 고용한 농사 고문extension agent이 지난 10년간 캐나다와 미국에서 완전히 사라진 것은 유감스러운 일이다. 공식으로 채용된 이들 고문 혹은 캐나다에서 주로 쓰는 표현인 '농사 대표ag reps'들은 생산 농업에 이념적으로는 헌신했을지언정 좋은 쪽이든 나쁜 쪽이든 농민의 사업에 금전적 이해관계는 가지고 있지 않았다.

현재는 실질적으로 모든 농업 컨설팅이 특정 기업을 대변하여 이루어지고 있다. 그것이 화학비료회사나 종자회사, 생명공학 의약품 회사든 아니면 이 모든 상품을 취급하는 기업이든 말이다. 그것도 아니면 작물 구매회사 혹은 위의 모든 것을 구매하는 회사일 수도 있다. 그러므로 이들이 하는 조언이 과연 어떤 업체의 이익을 대변하는가라는 의문을 제시해볼 필요가 있다(좀처럼 그런 경우는 드물지만 말이다).

경제 활동의 자본주의 범주 안에서 역사적으로 거래라는 것은, 동네 시장에서 대형 마켓까지 대부분의 사람들이 날마다 장을 보면서 겪는 '얼굴 마주하고 사고파는' 관계에서 명세서가 딸린 계약에 의해 실물 상품을 거래하는 형태로, 그 다음엔 아직 존재하지도 않는 상품(선물)을 계약을 통해 거래하는 단계로 변화해왔다. 가장 최근 단계의 추상적 개념은 '파생상품'으로 '금융상품' 혹은 '금융장치'라고 불리는 것의 한 형태이다. 『포천』은 이렇게 설명한다.

"파생상품은 그 가치가 지분이나 이자율 같은 지표, 다시 말해서 거래에 의한 '잠재성'이라고 불리는 것에 묶여 있는 금융장치이다."[105]

위의 『포천』 기사에서는 별자리를 읽는 능력을 타고난 한 남자에 대한 아리스토텔레스의 이야기를 인용하여 파생상품, 이 경우에는 옵션을 매우 훌륭하게 설명하고 있다.

"탈레스는 올리브 작물의 풍작을 예상했고 가지고 있던 얼마간의 돈으로 나라 안의 모든 올리브 압착기계의 독점 사용권을 확보했다. 사실상 탈레스는 옵션을 구입한 것이며 이때 압착기 임대료는 '잠재성'이 된다."

작물 수확이 끝나자 탈레스는 독점 사용권 덕분에 미리 협상한 대로 기계 오너들에게만 훨씬 저렴한 가격에 빌려주면서 압착기 이용에 상당한 비용을 청구할 수 있었다. 그가 들인 유일한 추가 경비는 옵션 자체에 대한 비용이었다. 파생상품으로 거래되는 계약들은 모두가 탈레스의 올리브 압착기계 사용 옵션과 유사하다. 『포천』의 기사는 다음과 같이 이어진다.

"'잠재성'이 지닌 가치의 변동은 한쪽에게 이익을 주고 다른 쪽에는 손실을 준다. 예를 들어 탈레스의 올리브 압착기계 옵션의 가치 증가는 기계에 대한 수요가 증가했을 때 더 높은 요금을 청구할 기회를 상실한 기계 오너들 그리고 기계 오너들과 경쟁하기보다는 탈레스의 독점에 굴복해야 했던 지역 농민에게서 착취된 것이다."[106]

분명한 점은 파생상품이 어떤 것에서든(이자율 변동, 통화환율, 주식시장 지수 혹은 모기지) 파생될 수 있다는 것이다.

여기서 잡종*이야말로 상당히 적절한 용어라고 볼 수 있는데 그 이유는 카길이 벌이는 수많은 사업 중 가장 대가성이 높은 업종이 바로 조금 다른 의미의 잡종, 즉 옥수수에 기반하고 있기 때문이다. 농민들은 시장에 나온 수백 수천 가지의 옥수수 중에서 원하는 것을 선택할 수 있지만 이 옥수수들은 실제로 유전학적 차별성이 거의 없다. 각각의 옥수수는 마치 금융파생상품처럼 대체된 품종과 비교했을 때 상대적으로 뭔가 비밀스런 차별성을 갖는 것으로 평가되는 것뿐이다. 이 직유를 한 단계 더 발전시키면 다음과 같다.

골드만 삭스 같은 중개업자 혹은 카길 같은 회사는 자신들만의 잡종을 만들어낼 수 있다. 카길은 한 지역에서 새로운 계열의 옥수수 잡종을 개발하면서 또 다른 지역에서는 분명 옥수수사업의 글로벌 교역에 기반을 두었을 수도 있는, 똑같이 비밀스런 잡종 파생상품을 개발하고 있다.

옥수수 자체에 대한 일용품 교역에는 통화환율이나 이자율, 옥수수 관련 상품 가격의 변동과 관련된 거래 또한 포함된다. 물론 이 모든 것은 비록 카길이 스스로를 식품회사로 소개하고 있지만, 식

---
* 농업에서는 보통 2개의 서로 다른 부모 계열에서 나온 잡종교배 식물을 뜻한다.

품과는 아무 관련이 없다.

1994년 하반기에 밀 가격이 상승했을 때 여론은 그 원인을 오스트레일리아의 심각한 가뭄 탓으로 돌리려 했고 사실 그럴만한 이유도 충분히 있었다. 그러나 『밀링&베이킹 뉴스』와 같이 경험 있는 목소리들은 이 '이해할 수 없는 가격 변동' 현상이 식품회사들의 니즈needs보다는 펀드회사들의 니즈와 더 관련 있는 것이 아닐까하는 의문을 제기했다. 파생상품에 기반을 둔 뮤추얼 펀드 회사들의 거래 활동을 염두에 둔 지적이었다.

『밀링&베이킹 뉴스』의 우려는 '투자자들로 하여금 실제적인 노출 없이 일용품 시장에서 금융상 유리한 위치를 점유할 수 있도록 해주는' 파생상품에 주로 기인한 것이었는데 실제적인 노출이 없다는 것은 다시 말해서 실제적이고 물질적인 일용품을 보유하지 않았음을 뜻한다. 『밀링&베이킹 뉴스』는 다음과 같은 견해를 피력했다.

> 결국 최초의 파생상품인 곡물 선물을 포함하여 전통적인 시장의 모든 것은 운송 시스템을 통해 이들 시장에서의 '실제적인 노출'을 최소화하는 데 이용되는 수단이 된 것이다.[107]

실물 곡물을 구입하고 판매하는 것에서 선물 거래로 그리고 마침내 파생상품 거래로의 진화는 부지불식간에 그리고 연속적으로 이루어졌는데 선물이나 다른 금융장치들의 불가시성이라는 특징은 금융시장의 발전 단계를 식별할 수 있는 지표가 거의 전무하다는 것을 의미한다. 따라서 카길이 실제로 언제 국제적인 무역 활동

(시간과 거리라는 관련 요소의 특성상 투기성이 있는)을 시작했는지를 알 수 있는 자료가 전혀 없다는 것은 별로 놀라운 일이 아니다.

일부 기사에는 카길이 1922년 해외 무역을 목적으로 뉴욕에 사무소를 개설한 뒤 1929년에 아르헨티나에 사무소를 개설했다고 나왔고 어떤 기사는 카길이 미국 지역 밖에 최초의 무역 사무소를 설립한 것은 1954년 파나마에서라고 보도하고 있다. 카길은 실제로 1954년 파나마에 사무소를 설립했고 같은 해 '평화를 위한 식품 법안' PL 480의 통과에 힘입어 곡물 교역 분야의 글로벌 활동을 시작했다. PL 480은 거의 반세기가 지난 후에도 계속 미국의 농업 관련 사업체, 특히 초국적 무역 기업들에게 특혜를 주면서 미국 상품의 해외 판매를 재정 지원했다(4장 참조). 이것을 전부 단순한 우연으로 보는 것은 불가능하다(국제적인 프로그램에 의한 지원금 명목으로 책정된 2002~2003년의 미국 예산은 PL 480까지 포함하여 약 65억 달러에 이른다).

파나마 사무소는 그 해를 넘기지 못했는데(세금 기피용 시설로서의 용도는 제외하고) 그 이유는 그곳의 통신시설이 국제적인 교역 활동을 지원하기에는 부적당하다는 점이 명백해졌기 때문이었다. 새로운 무역 회사가 위니펙에 설립되었지만 이곳 역시 부적당한 위치였음이 판명되었고 회사는 몬트리올로 이동하여 커길 컴퍼니 Kerrgill Company Ltd.로 개명했다.[108]

이는 커-기포드Kerr-Gifford와 카길Cargill에서 나온 이름으로 회사의 기원이 어디인지 분명히 말해주고 있는데 얼마 후 다시 트라닥스 캐나다 사로 바뀌었다. 회사가 추진하는 활동이 지니는 지리상의 불특정성을 담고 있는 이름으로, '캐나다'는 사업의 거점을 말해주고 '트라닥스'는 거래의 성격을 드러내고 있다.

1956년 아직 회사가 몬트리올에 있을 당시, 트라닥스는 식료품 수입·공급업체인 앤드루 위어 극동 회사를 인수했다. 앤드루 위어는 2차 세계대전 직후에 설립되어 트라닥스의 중개업자 역할을 해왔다. 이로써 1953년에 카길이 인수한 오리건의 커-기포드 시설에서 출하되는 일용품을 수취하여 취급할 주체가 생긴 것이다. 커-기포드 인수로 카길은 미국 북서부 지역뿐 아니라 캐나다 밴쿠버 지역에도 양곡 집하시설을 확보하게 되었다.

그로부터 10년 후인 1966년에 트라닥스 사무소는 스위스 제네바로 이전했다. 카길이 발간하는 책자에 더 이상 이름이 등장하진 않지만 현재도 이 곳에 남아있을 것으로 추정된다. 1979년에 『비즈니스 위크 Business Week』는 트라닥스가 파나마에 소재지를 두고 있긴 하나 이것은 단지 '우편함' 용도의 세금 회피 수단일 뿐이라고 말했다. 만일 트라닥스가 소멸 흡수되거나 혹은 카길이 의도한 어떤 비밀스러운 목적을 위해 사라진다 해도 FMD나 카길 투자 서비스 사 또는 카길 금융 서비스, 액세스 금융 그리고 카길 글로벌 펀딩 사 등, 댄 보스워드나 블룸버그 혹은 S&P 같은 업체의 투자 연구 보고서에나 등장하는 이름이 붙은 수많은 부서, 부문, 자회사들이 여전히 잔뜩 남아 있다.

카길의 금융 활동과 사업 구조의 실체를 정말로 아는 사람은 소수일지 모르나 각 부문의 역할을 파악하기 위해 복잡한 구조를 일일이 이해할 필요는 없다. 물론 카길 금융사업의 목적은 자본을 축적하는 것이며 이를 위해 더 많은 장치를 고안하고 통제할수록 성공의 기회는 증가한다. 이곳에서 저곳으로 비용과 수익을 이전하고 한편에서는 선물이나 파생상품 등 실제로 존재하지 않는 상품을 거래함으로써 카길을 비롯한 TNC(초국가적 기업)들은 정부 당국이 파견한 최고로 엄격한 회계감사원의 눈마저 속일 수 있는 것이다. 만일 카길이 임의의 한 사업 부문 또는 위니펙 카길 같은 한 국내 분사의 매출액이나 수익으로 교부한 것이 있다면 그것은 다 나름의 목적이 있어서 바로 그 카테고리에 할당하기로 정한 것이다. 또 어디선가 손실이 발생한 것처럼 보여줌으로써 세금 혜택을 받을 수 있다면 얼마든지 그렇게 만들 수 있다.

같은 맥락으로 트라닥스나 여러 지역에 산재해 있는 보이지 않는 다른 사업 부문을 통하여 수익이 흡수되도록 하거나 기업 계획에 부합하는 것처럼 보이도록 조작할 수도 있다. 한 회계원에게 '배당금'으로 보일 수 있는 것이 다른 회계원에게는 상품이나 서비스에 대한 '관리 수수료' 혹은 폭등 가격으로 보이도록 만들 수도 있다. 특히나 상대 회계원이 감사 대상 기업을 위해 일하거나 또는 단순히 그 기업과 동일한 이념적 태도를 공유할 경우라면 그렇게 하기는 더욱 쉬워진다.

금융거래, 보이지 않는 돈줄로 성장하다

이 사업은 돈이 궁극적으로는 일용품이라는 인식에 기초한다… 거래하거나 가공하고 관리하며 다른 일용품 시장에 존재하는 것과 똑같은 룰과 리스크가 적용되는 일용품인 것이다… 금융자산은 재포장되고 재분배되어 상품에 가치를 더한다.[109]

카길 금융시장 부문FMD의 기원은 카길 리스가 설립된 1973년으로 거슬러 올라간다. 카길 리스는 회사가 각종 장비를 구입하는 것보다 임대하는 편이 더 유리하도록 미국 세법이 개정된 직후 이 법으로 혜택을 보기 위해 만든 부문이었다. 바뀐 법 조항은 심지어 같은 기업의 계열사 간에 소유·임대 계약을 맺을 경우에도 혜택을 받도록 되어 있다. 이렇게 출발한 금융시장과 금융서비스 부문의 활동은 카길의 수입에 상당한 기여를 하는 사업 부문으로 자리 잡았다.

1994년 카길 리스 부문은 기계류와 트럭, 철도 차량, 컴퓨터, 부동산과 기타 회사 소유 자산을 리스했는데 트럭만 해도 1500여 대에 트레일러가 1650대였고 항공기(유나이티드 항공을 비롯한 여러 항공사에 대여)와 기관차 그리고 가끔 가공시설 설비도 포함되어 있었다. 1998년 카길은 기업 전략의 변화를 반영하여 트럭이나 기계류, 컴퓨터 임대사업을 전담하는(약 6억 2500만 달러의 자산을 보유한) 회사를 밀워키 뱅킹 컴퍼니 퍼스타 사에 매각했다. 당시 카길은 이 매각이 카길 금융서비스 부문의 초점을 국제적 농업 관련 사업체들의 리스크 관리를 보조하는 금융 장치의 구매와 판매로 재조정하기 위한 마지막 실질적 움직임이었다고 밝혔다.

1994년 『코퍼릿 리포트 미네소타Corporate Report Minnesota』에는 다음과 같은 기사가 실렸다.

"카길은 리스크 관리 부문에서 128년에 걸쳐 축적된 노하우가 있다. 그 증거는 1993 회계연도 말경 카길의 총 자본 61억 4400만 달러 가운데 장기채무가 겨우 29퍼센트뿐이었다는 점이다. 카길이 제시하는 견실한 대차대조표는 FMD로 하여금 은행보다 더 저렴하게 빌리고 은행이 할 수 없는 거래를 할 수 있게 해준다."

카길은 월스트리트 업체들과 경쟁이 아닌 거래를 한다. 자체적으로 세일즈 네트워크를 구성하기보다 월스트리트 업체들로부터 '유통망을 빌리는' 편이 더 경제적이라고 판단했기 때문이다. 소싱 sourcing과 정보수집 측면에서 볼 때 '60개국에 800개 이상의 사무소를 가지고 있는 카길의 국제적인 존재에 필적할 회사는 없다.' 물론 정보수집은 의욕적으로 활동하는 모든 무역회사의 필수적인 역할이긴 하지만 무역회사로 인식되고 있는 전 세계 카길 사무소 가운데 몇몇은 단순히 정보수집의 임무를 수행하는 기관에 불과한 경우도 있다. 농민을 대상으로 조언 제공과 사료 판매를 담당한 카길 소속 컨설턴트들이 개인 랩탑 컴퓨터로 카길 본사에 작물 상황을 보고하기도 한다.

이머징 마켓Emerging Markets 부서는 이름 그대로, 특히 제3세계의 불안정한 경제에서 발생하는 기회를 활용하는 사업체이다. 이머징 마켓 부서는 그들이 가진 '트렌드 파악 능력, 시장의 다양한 장벽을 극복할 솔루션과 창조적인 거래 입지를 개발하는 능력, 비효율적인 시장을 이용할 수 있는 능력' 덕분에 이만큼 성장했다고 믿는다.[110]

1972년에 만들어졌으며 카길의 보이지 않는 사업체 중의 하나인 카길 투자 서비스CIS는 외부 고객에게 제공하는 투자 서비스에 커

미션을 부과함으로써 내부적 용도를 위해 개발한 커뮤니케이션과 교역 시설을 자본화할 의도로 고안되었다. 1980년 제네바에서 최초로 미국 지역 외의 CIS 사무소가 생겼고 1990년대 중반에는 제네바를 비롯하여 홍콩, 캔자스시티, 런던, 미니애폴리스, 뉴욕, 파리, 시드니, 타이베이 그리고 도쿄에 사무소를 운영하게 되었다. 한 카길 관계자는 이렇게 설명했다.

글로벌 시장에서 거래하는 고객들을 위하여 CIS는 전자 시장과 EFP, 캐시 포렉스cash forex(foreign exchange: 외환거래)를 비롯한 모든 국제 무역 활동을 하루 24시간 행할 수 있는 가능성을 제공한다. 우리 CIS만큼 글로벌 시장 영향력이나 비非독점 거래 정책, 모회사의 재정적 강점 또는 광범위한 마켓 커버리지를 갖춘 기업은 없다고 봐도 좋다.[111]

CIS(www.cis.cargill.com)는 새로이 떠오르는 글로벌 시장들이 가진 정치적, 경제적 불확실성에서 발생되는 유연성과 기회를 이용하여 이윤을 얻고 있다.[112]

1990년대 중반 이후, 카길은 이러한 '유연성과 기회'를 금융 활동 부문의 끊임없는 변화(그리고 재조직과 개명 작업)에 반영해왔다. 예를 들면 다음과 같다.

- 카길 금융서비스 사는 '뉴욕에 위치한 헬스 케어 채권 관리 및 금융업체인 퀄리스 케어 사에 1억 5천만 달러를 제공할

계획'이다. 이는 카길이 최초로 헬스케어 산업에 투자하면서 맺은 계약이다. 퀄리스는 이를 병원이나 사립 요양원, 의사들이 창출하는 의료채권에 자금을 공급하는 데 사용할 것이다.

"우리는 채권에 대하여 자금을 공급하고 구입할 뿐 아니라 제공자의 백 오피스를 대신 떠맡는 고객 매출채권 관리업체도 보유하고 있어 채권을 담보로 돈을 빌려주기도 한다."
퀄리스의 최고 운영책임자인 마이크 저베이스의 설명이다. 채권은 이후 자산 기반 유가증권으로 자본시장에서 기관투자가들에게 매매된다.[113]

- 카길 금융서비스 사는 1995년에 불치병 환자를 대상으로 하는 금융서비스 제공업체 바이아티케어 금융서비스에 5년에 걸쳐 6억 달러를 제공하기로 동의했다.
여기서 제공하는 '확정 결산'이라 불리는 금융서비스는 시한부 인생을 사는 사람이 생명보험증서를 바이아티케어 같은 제3자에게 판매하거나 할인 양도함으로써 보험증서를 현금으로 전환하도록 해준다. 보험 계약자가 사망하면 보험회사는 보험증권의 총 가치를 새로운 보험증권 소유자에게 지불한다. 자금 조달 계약의 대가로 카길은 회사의 소수 지분 그리고 이사회에서의 1석을 보유하게 되었다.[114]
- 1996년 카길은 런던 소재 카나리 와프를 12억 4천만 달러에 인수한 컨소시엄인 국제자산회사International Property Corp.의 주요 협력업체 위치에서 물러났다. 『파이낸셜 타임즈』에 따

르면 카길의 지분을 늘리겠다는 제안이 컨소시엄의 다른 구성원들에게 거절당하자 물러났다는 것이다.

- 라스베이거스의 스트라토스피어 사의 재정 문제로 카길의 또 다른 투자(이번에는 카지노에 한 투자)의 내막이 고스란히 드러났다. 카길은 FMD에 속한 가치투자 그룹Value Investment group을 통해 제1순위 저당으로 스트라토스피어의 2억 300만 달러 자산 중 약 3분의 1을 보유하고 있다. 1987년에 만들어진 카길의 가치투자 그룹은 압류 자산을 헐값에 사들이는 일을 전담한다.[115]

- 카길 금융서비스 사는 1997년 일본에서 악성상업 모기지로 1억 달러 이상을 구입하면서 이 대부금 패키지에 대해 4천만 달러를 지불했는데 그 중 대부분은 카길 금융서비스 사 무소가 보유한 자산에서 지원받았다.[116]

- 카길은 야마이치 보험회사의 계열사인 도쿄의 야마이치 금융회사와 모종의 거래를 성사시켰다. 야마이치 보험회사는 1997년 11월 '20억 달러의 은폐 손실을 견디지 못해' 파산했다. 카길은 자사의 소비자대출 전담유닛들이 가진 문제점과 손실 때문에 미국 내 소비자 대출 관련 사업의 규모를 축소하고 있다.[117]

- 준準단기 금리sub-prime 모기지 및 이동주택 임대 전담유닛인 액세스 금융에서 높은 비율을 보이는 이동주택 디폴트를 커버하는 데 9천만 달러라는 비용을 감당하게 되자 1998년에 카길은 액세스 금융을 매각했다.

공식적으로 미결제 상태인 80억 달러의 채무 때문에 S&P와 무디스 두 회사의 투자서비스 부문은 카길이 액세스 금융에 어떤 조치를 취하지 않는다면 카길의 신용등급을 하향 조정하겠다고 경고했다.[118]

- 카길은 금융유닛이 러시아에서 감행한 투기로 1998년 커다란 손실을 겪었다. 러시아의 채무 및 외환 시장과 관련해 카길 금융이 취한 포지션 중에서 적어도 두 가지가 심각하게 잘못되는 바람에 그렇게 된 것으로 보인다. 손실액은 대략 1억 5천만 달러로 추정된다. 1994년 멕시코의 페소화 위기 당시 카길의 트레이더들은 정확하게 투자했고 카길은 수백만 달러를 벌어들였다.

카길 금융의 부사장인 그레고리 페이지는 회사가 형성되던 시기에 러시아 채권 시장의 25퍼센트 이상을 독점한 사실을 자랑스럽게 이야기했다.[119] 그레고리 페이지는 현재 카길의 사장으로, 회장이자 CEO인 워런 스테일리 바로 다음으로 높은 위치에 있다.

수치를 중요시하는 간부로 알려진 페이지는 카길이 재정 손실을 가져오는 몇몇 금융사업체를 과감하게 처분하고 본업인 일용품 거래와 가공에 다시 주력하도록 하는 데 일조했다.[120]

- 카길은 '자산 투자&금융 그룹Asset Investment & Finance Group'

의 웹사이트에서 이렇게 밝히고 있다.

> 우리는 수익성이 낮거나 아예 없는 자산을 사들이는 데 경험이 풍부한 바이어다… 전 세계에 걸쳐 250건이 넘는 거래로 50억 달러 이상의 수익을 올렸다.[121]

1996년 카길은 470만 달러를 들여 새로운 금융서비스 센터를 노스다코타 주 파고에 열고 북미 지역에 있는 모든 제품 라인의 기본적인 회계 기능을 통합시켰다.

카길은 이 금융서비스 센터를 여는데 노스다코타 개발 펀드로부터 50만 달러의 차관과 10만 달러의 보조금을 받았다. 카길은 영국이나 싱가포르, 오스트레일리아, 네덜란드 그리고 프랑스에도 유사한 금융서비스 센터를 가지고 있다.

카길의 금융사업체들이 추구하는 활동은 다른 회사들과 크게 다를 바 없다. 그러나 자본 형성 혹은 리스크 관리라는 수식어로 포장해서 내보인다 해도, 사실 현 시대의 글로벌 금융이라는 더 큰 시각으로 볼 때 이들의 활동은 국가 채무 그리고 부와 빈곤의 양극화를 부추기는 역할을 할 뿐이다.

1990년대 중반 무렵 채권시장을 비롯한 전반적인 금융 부문이 이전까지 선택된 공무원들이 이행하던 경제정책 통제권을 불법적으로 행사하기에 이르렀다… 1990년대에 이르러 금융 부문은 하루 24시간 계속되는 전자 헤징과 투기 매매를 통해 연간 거

래가 '실질 경제'의 달러 회전보다 30배 내지 40배를 능가할 정도로 부풀었다.[122]

이러한 전자 거래, 투기성 거래의 결과가 어떠한 것이 될지 짐작하기란 매우 어렵다. 사실 정확히 이해하는 사람이 아무도 없다고까지 말할 수 있다. 그리고 카길만 놓고 봐도, 가공하고 거래하는 상품과 일용품의 실물 경제와 카길의 연말 성과보고에 나오는 존재하지 않는 금융 거래의 비율이 어느 정도인지 궁금해 하지 않을 수 없다. 사람들 대부분의 일상적 선택을 좌우하는 실물 경제는 실체가 분명히 드러나지 않는 금융 부문이 성취하는 것과는 비교도 안 될 정도로 보잘 것 없다. 그렇다 해도 카길은 최소한 실물 상품과 서비스를 제공하고 제한적이기는 하나 실제로 임금을 지급하는 등, 실물 경제에 어느 정도 기여하고 있다.

제9장

'전통'의 변화를 요구하는 전자상거래

Invisible Giant
누가 우리의 밥상을 지배하는가

전자상거래가 등장한 지금 카길은 자원 일용품의 이용을 통제하며 거래에서 이윤을 얻던, '낡은 경제'의 고리에서 벗어나려 하고 있다.

눈에 보이는 합자나 제휴, 바이아웃이나 합병 등은 비용이 많이 들며 기업 결탁을 감시하는 조사관들의 시선을 끌 수도 있다. 반면, 전자 거래소를 이용한 눈에 보이지 않는 카르텔은 거대 TNC들이 경쟁을 줄이고 이윤을 확대하는 효과적인 방법이 될 수 있다. 또한 소규모의 방해 상대들을 제거하는 효과적인 방법도 될 수 있는데 이는 보건 기준이나 ISO(국제표준화기구) 같은 기준을 활용하여 소규모 업체들의 경쟁력을 제거하는 방법과 매우 유사하다. 기억해야 할 점은 이러한 기업 전략의 목적은 언제나 리스크(경쟁)를 줄이고 이윤을 증대하는 것이라는 사실이다.

거래 위주의 무역회사에서 국제적인 선도적 가공업자로의 변화에는 사업 방식의 변화도 뒤따랐다. 카길은 상품과 서비스 분야의 신뢰할 만한 제공자가 되기를 원한다. 이러한 목표를 위해 카길은 고객이나 다른 업자들과 얽히고설킨 합자 또는 제휴 관계를 맺었다… 그러나 전자상거래가 등장한 지금 카길은 자원 resource 일용품의 이용을 통제하며 거래에서 이윤을 얻던, '낡은 경제'의 고리에서 벗어나려 하고 있다.[123]

아래에 소개하는 '웹 기반'의 '거래소'들은 모두 2000년 3월 1일부터 3개월간 등장한 것이며 이후 더 많은 업체들이 우후죽순으로 생겨나고 있다. 다음의 정보는 카길의 홈페이지(www.cargill.com)에서 2000년에 발췌한 것으로, 일부는 그대로 남아 있으나 대부분의 주소는 사라지고 그 자리에 입 발린 인사말과 연락받을 이메일 주소를 남겨놓으라는 말이 대신하고 있다.

- 루스터닷컴(Rooster.com)은 카길, 세넥스 하비스트 스테이트 협동조합, 듀퐁 세 업체가 '국내 소매 농가와 협동조합, 생산업자들을 끌어들이기 위해 공동 설립한 복합적인 성격의 웹 기반 시장'이다.

"루스터닷컴은 농민들이 인터넷에서 더 쉽게 사업할 수 있도록 할 목적으로 만들어졌다. 이는 3개의 초기 점유 업체들(ADM과 드레퓌스가 추가되었다)과 하루 24시간 일주일 내내 개점하는 다른 유통업자들을 위한 농업 관련 산업의 양방향 가상 전자몰이 될 것이다. 이곳에서 농민들은 현재 거래하는 상태 그대로 작물을 판매하고 비료나 작물보호제품 또는 기타 농장에서 사용하는 공구나 장비 등을 구입할 수 있다."

- 노보포인트닷컴(Novopoint.com)은 카길과 아리바 사가 식품 원료나 포장, 그 관련 서비스의 구매자와 판매자가 서로 쉽게 접촉하고 거래하며 더 쉽게 공급 체계를 관리할 수 있도록 통일된 공간을 제공할 목적으로 만든, '식품과 음료 생산자, 공급업자를 위한 열린 인터넷 기업간B2B 거래소'이다. 노보포인트닷컴은 오일이나 설탕, 착색제, 화학원료 혹은 포장, 운송을 비롯한 모든 분야의 구매자와 공급자를 포함한 식품산업의 모든 측면과 모든 규모의 참여자에게 서비스를 제공할 것이다.

- 레벨시즈닷컴(LevelSeas.com)은 BP 아모코, 클라크슨, 로열 더치 셸과 카길이 선박 소유주와 선박 중개인, 화물 소유주 간의 거래 활동을 위해 만들었다. 이 새로운 회사는 시장 정보나 용선 계약, 리스크 관리 툴과 같은 화물 관리 서비스를 포함하여 해상 운수에 의한 모든 건습화물 일용품의 선적 사업에 '항해 생활' 솔루션을 제공한다. 클라크슨은 세계 최대 규모의 선박 중개 그룹이며 회장은 웨스튼과 롭로, 전

국식료품상인연합, 영국식품연합 등을 이끄는 게리 웨스튼이다. BP 아모코는 31개의 원유와 석유제품 운송선으로 이루어진 국제적 선단을 소유하고 운영하고 있으며 로열 더치 셸은 매일 세계 각지에서 약 140개의 원양 탱커와 가스 운반선에 화물을 실어 수송한다. 카길의 해양운송사업은 주로 곡물과 광물 등의 건조 상품을 취급하는 글로벌 용선업체이다.(124)

- 4월에 카길과 IBP는 스미스필드 식품, 타이슨 식품 그리고 골드 키스트 앤드 팜랜드 인더스트리와 함께 육류, 가금과 관련된 상품과 서비스, 정보를 취급하는 온라인 B2B 시장인 프로비전 X Provision X를 출범했다. 이 시장은 육류, 가금 상품의 구입업자와 판매업자가 서로 연결될 수 있도록 통일되고 편리한 장소를 제공하는 중립적 성질의 웹 기반 거래소가 될 것이다. 미국 내 쇠고기와 돼지고기, 가금산업의 55퍼센트를 차지하는 위의 5개 업체들은 이 프로젝트에 1700만 달러를 투자했다.

- GSX닷컴(GSX.com)은 카길 철강, 스위스에 기반을 둔 세계 최대의 독립적인 철강 거래업체 두페르코, 한국의 삼성물산, 룩셈부르크의 트레이드아베드가 만들었으며 철강 제품 교역의 글로벌 네트워크를 운영한다. GSX닷컴은 국제적인 철강 거래 분야의 독립적인 전자 거래소가 된다는 목표를 가지고 온라인 금융과 리스크 관리 그리고 거래에 절대적으로 필요한 물류 옵션까지 제공하고 있다.

"최초의 진정한 글로벌 인터넷 철강 거래소인 GSX닷컴은 보다 개방적이고 경쟁적인 협상 절차를 제공함으로써 사용자들이 국제 철강 거래에 관련된 가격을 더 효과적으로 통제할 수 있도록 해줄 것이다. 모든 거래는 사용자 사이에 완벽한 비밀이 보장되는 가운데 이루어질 것이다."

- 더심닷컴(Theseam.com)은 카길의 호헨버그 분사, 뒤나방 엔터프라이즈, 루이 드레퓌스의 사업 부문인 앨런버그 코튼 컴퍼니, 플레인즈 면화협동조합, 애본데일 제분, 파크데일 제분 등의 면화 취급업자들을 연결해준다.

- EFS 네트워크 사는 전자 식품서비스 공급망 네트워크이다.

   "우리는 다양한 솔루션을 개발하여 4110억 달러 규모의 식품서비스산업에 포함된 모든 분야의 업자들이 식품서비스 공급망을 통해 연간 140억 달러 이상을 절감하도록 하는 데 일조하고 있다."

- 프래디엄닷컴(Pradium.com)은 카길, ADM, 세넥스 하비스트 스테이트, 듀퐁, 루이 드레퓌스가 다시 한번 합작하여 곡물이나 오일시드, 농업 부산물을 위한 실시간 현금 상품 거래소를 제공하고 글로벌 정보 자원까지 전달할 목적으로 만들었다. 레이건 행정부 시절 진행되었던 GATT 우루과이 라운드 협상의 농업부문 협상대표로 잘 알려진 대니얼 암스투츠가 바로 프래디엄의 회장이다. 물론 암스투츠는 1960~1970년대 카길의 간부로 일한 전력이 있다.

프래디엄이 2001년 2월 루스터와 합병했다는 보도가 있었는데 이에 관한 언론 보도 자료를 검색하니 '이 페이지는 표시할 수 없음'이라고만 나왔다. 얼마 후 루스터의 소멸에 관한 기사를 접했을 때에야 프래디엄이 합병된 것이 아니라 몰락했다는 사실을 알게 되었다. 웹사이트에 실린 다른 보도 자료를 더욱 샅샅이 뒤지자 '접근 불가'라고 나오는 것이 많았다. 카길은 대체 보도 자료에 어떤 정보가 담겨 있었기에 사람들이 잊기를 바랐던 것인지 의문을 던져볼 필요가 있다. '루스터닷컴'으로 검색하자 이런 공지가 떴다.

가입자 여러분께

오늘(2001년 10월 12일) 자로 루스터닷컴의 운영 중지를 통보하게 되어 대단히 죄송합니다. 경제적으로 어려운 상황에서 더 이상의 자금을 확보하는 것이 불가능했습니다. 저희 루스터닷컴의 정보와 서비스에 여러분이 보내주신 관심과 성원에 감사드립니다. 2000년 봄 서비스를 개시한 이래 3만 명 이상의 고객이 저희 사이트에 등록하고 서비스를 이용해 주셨습니다. 여러분의 지지 덕분에 루스터닷컴의 뉴스 메일인 루스터 콜은 많은 찬사를 받았고 지난 2년 연속 『포브스』의 '베스트 웹 B2B 디렉토리'로 뽑힐 수 있었습니다.

루스터닷컴 올림

2001년 말, 카길의 'e벤처eVenture' 리스트의 제일 첫 줄에는 '알터나닷컴(www.alterna.com)은 기업과 무역 공동체 그리고 그들의 국제 은행을 대상으로 수준 높은 유동성 관리와 거래 처리, 합의 솔루션을 제시하는 선도적인 글로벌 제공자입니다'라는 소개가 실려 있었다. 1997년 알터나 테크놀로지 그룹은 '세계 최초의 인터넷 기반 유동성 관리 플랫폼을 출범하여 오늘날에는 글로벌 뱅킹 시스템으로 기업과 거래 파트너를 연결하는, 유일무이한 국제 전자금융 인프라를 구축하고 있다. 알터나는 포괄적인 유동성 관리 솔루션을 결집하여 제공하고 있다… 알터나는 앨버타 주 캘거리에 기반을 두고 미국과 유럽에 지부를 둔 비공개 캐나다 기업이다.'

제 10장 | # 경쟁력을 배가한 저장 및 운송 시스템

Invisible Giant
누가 우리의 밥상을 지배하는가

현대적인 운송 및 저장, 출하 시스템의 개발은 대량 식료품의 장거리 이동을 가능하게 만들었다. 기술적으로, 장거리 식품 공급에서도 점차 비중이 커지고 있는 기본적인 수요와 식품의 품질 향상이라는 양쪽 부분을 모두 만족시키기는 것이 가능해졌다.

— 로빈 존슨(카길의 홍보 부사장)[125]

'현대적인 운송, 저장, 출하 시스템' 개발은 카길의 전문 분야이며 여기에는 세상을 바라보는 카길의 시각이 고스란히 반영되어 있다. 원하는 대로 상품을 '조달'하고 어느 곳으로든 효율적으로 운송하며 믿을 수 있게 상품을 인도하는 능력은 그 자체로 수익성 있는 사업일 뿐 아니라 벌크 상품이든 IP 상품이든 시장에서 레버리지나 우위를 차지하는 하나의 방법이 되기도 한다.

벌크 상품을 전 세계로 조달하고 운송하며 인도하는 데에는 오직 위성을 통해서만 얻을 수 있는, 조금 특수한 세계 이미지가 필요하다. 그러나 카길은 위성사진에서 시작하지 않았다. 카길은 수상 운송과 창조적인 상상력이라는 경제학에서 출발하였다.

보통 북아메리카 지도는 동쪽과 서쪽에 하나씩 있는 두 해안선 그리고 북쪽의 긴 선과 남쪽 짧은 선 두 개의 국경선을 보여준다. 내륙 수로(강)나 항구를 강조하는 지도는 거의 찾아볼 수 없으며 사실상 모든 지도가 정치적 관할 구역만 색색으로 표시하면서 생태학적, 지리적 실체를 왜곡하고 있다. W. W. 카길의 후계자들은 현명하게도 정치적 경계를 무시하고서 가장 저렴한 벌크 상품 운송 수단인 수상 운송로에 관심을 가졌다.

카길은 북미 지역에서 가장 크게 성장했기 때문에 카길이 지리와 운송이라는 문제에 있어서 어떠한 전략적 접근을 하고 있는지 이해하기 위해서는 북미 지역에 초점을 맞추는 것으로 충분할 것이다. 그러나 그에 앞서 우리는 다른 요소를 고려해야 한다. 그것은 곡물이나 오일시드의 운송과 거래 양쪽에 있어 저장이라는 부분이 매력적이지는 않지만 필수적인 역할을 한다는 사실이다.

거대한 저장 능력으로 일용품 수급을 쥐고 흔들다

저장 능력이 효과적인 출하 시스템에서 필수적이라는 사실은 분명하다. 한 량의 철도 차량을 채우기 위해서는 트럭 몇 대분의 화물이 필요하고, 한 척의 배를 채우기 위해서는 철도 차량 몇 대 분량의 화물이 필요하며, 화물운송시설 혹은 집하시설은 1~2주에 걸쳐서가 아니라 단 한 번 운송에 화물열차 전량이나 선박 한 척을 채울 만큼 충분한 트럭 화물 혹은 철도 화물을 저장할 수 있는 수용력을 보유하고 있어야 한다. 저장 능력은 댐 뒤에 있는 저수지와 같이 운송 시스템에 신축성과 활력을 부여한다.

저장 능력은 또한 수요 발생 즉시 출하하거나 일정 기간 보유하는 것을 가능하게 해주는데 두 가지 모두 성공적인 무역 사업에 필수적인 요소들이다. 한 회사가 시장 혹은 협상에서 얼마나 큰 레버리지를 확보하는가는 그들이 원하는 가격에 공급하거나 원하는 것보다 낮은 가격이 나왔을 경우 기다릴 수 있는 능력과 직접적인 관련이 있다. 이는 선물시장을 조정하는 힘에 결정적으로 영향을 미친다. 비축량이 많을수록 선물시장을 더 안전하게, 아니면 최소한 의도한 대로 조정할 수 있다.

물론 간접비용은 존재한다. 하지만 저장 능력의 대부분이 운송 시스템에 포함되는 비용으로 간주되거나 혹은 공공 소유의 항구 관리 당국 아니면 정부 당국의 각종 프로그램에서 나오는 지원금으로 유지되어 왔다면 저장에 따르는 주 비용은 곡물 자체의 비용이라고 봐야 한다. 어떤 회사든 저장 용량을 항상 최대한도로 이용하는 것은 아니지만 눈에 보이는 실물 곡물거래 그리고 보이지 않거나 심지어 존재하지 않는 곡물에 대한 선물계약 거래, 두 경우 모두 그 회사에 금융 레버리지를 제공하는 것은 저장 능력의 최대 활용이 아닌 저장 능력 그 자체이다. 필요할 경우 곡물이 선물계약을 이행하기에 앞서 실물로 거래될 수 있어야 한다.

카길은 충분한 저장력을 가지고 있기 때문에 그것을 투기적인 목적으로 이용할 수 있다. 이것이 바로 카길이 선물시장을 그토록 중요시하면서 동시에 농민에게 수익을 최대화하려면 선물시장을 이용하라고 선전하는 데 많은 에너지를 쏟는 이유가 될 수 있다. 그러나 각 참여자들이 갖는 힘에는 차이가 있다. 개별 농민은 그들이 실제로 팔아야 하는 작물의 엄격한 지정가격 내에서만 이 게임에 참여할 수 있다. 농민들이 선물시장에 참여해 헤징을 통해 더 높은 수익을 올린다 해도 카길은 여전히 해당 곡물을 나름대로의 투기적인 목적에 이용할 수 있을 것이다.

카길은 그들이 추구하는 사업 방식만이 유일한 길이라는 인상을 주려고 노력하지만 사실 호주소맥협회와 캐나다소맥협회의 특징인 풀링pooling(공동판매)이나 싱글 데스크 셀링single desk selling(단일창구 판매)이라는 대안도 존재한다.

이들 조직은 카길이나 ADM 등의 부류와 같은 무대에서 경쟁할 수 있을 때까지 개인 농민의 곡물을 충분히 모아들인다. 소맥협회들은 또한 등급이나 출하 시기, 지불 형식 등의 조건 협상과 가격 협상을 통해 그들이 책임진 곡물을 전부 판매함으로써 선물시장에 참여하지 않는 쪽을 택할 수도 있다. 이로 인해 거대 개별 거래업자들이 투기 목적으로 대규모 곡물을 입수하지 못하게 되는 경우가 생기기 때문에 업체들은 소맥협회들을 파멸시키기 위해 상당한 노력을 쏟고 있다. CWB와 매우 비슷한 구조의 AWB는 지금 반쯤 소멸된 것이나 다름없는 상황이다.

카길이 마음대로 조종하는 일용품은 곡물과 오일시드만이 아니다. 소금이나 설탕, 면실이나 대두 또는 냉장농축 오렌지주스 등의 품목도 카길의 손에 휘둘리고 있을지 모를 일이다.

운송 시스템, 공적 자금으로 손도 안 대고 코를 풀다

카길 또는 생태학에 관심이 있는 자들의 시각으로 북미 지역을 살펴보면 먼저 북미 대륙에 실제로 4개의 수로가 있다는 사실을 깨달을 것이다. 누구나 알고 있는 동쪽과 서쪽 해안선 말고도, 세 번째로 미국 옥수수와 곡물 핵심 생산지대를 지나 대륙 중심부를 관통하는 3200km의 미시시피 강(지류를 포함하여 6400km)이 있으며, 네 번째로 대륙 중심에서 동쪽으로 흐르는 오대호-세인트로렌스 강 유역이 있다(카길은 『카길 회보』에서 실제로 세인트로렌스 항로를 '네 번째 해안선'이라고 칭했다. 브라질의 경우도 비슷한 관점에서 생각해볼 수 있다).

동부와 북서부 지역에도 역시 심해 수로가 몇 개 있는데 뉴욕의 허드슨 강, 그리고 오리건 주와 워싱턴 주에 걸쳐 흐르는 4800km의 스네이크와 콜롬비아 하천계가 그것이다. 이 수로들은 세인트로렌스 강과 그 수로를 제외하고 모두 미국 영토에 완전히 속해 있고 세인트로렌스를 제외하고는 모두가 미국 정부의 경비 부담으로 유지되고 있는데 이러한 특징 때문에 카길과 같은 기업에게 몇 배의 가치가 있는 운송로로 간주되는 것이다. 세인트로렌스 항로는 다른 수로들보다 훨씬 높은 통행요금에 상당 부분 의존하므로 운송업자들에게는 고비용 항로가 되고 있다.

지도 1. 북미 지역 주요 벌크 운송 항로

수문이나 준설, 운항 보조기구, 해도 작성 등의 건설과 유지 작업을 포함한 미국의 내륙·해안 항로 관리는 1824년 '강과 항구 관리 법안'이 통과된 후 미국 육군 공병단이 책임지고 있다. 공병단이 수행하는 프로젝트들이 정치적 압력과 후원에 의존하는 경우가 대부분이므로 항로 관리비용은 상당히 많이 드는 편이며 동시에 오르내림도 심하다. 미국 동부와 중부에 걸쳐 서로 연결되어 있어 상업적 이용이 가능한 강줄기를 합치면 총 18000km인데 그 유지비용으로 들어간 정부 지출액이 1990년대에 연간 수십억 달러에 달했다.*

카길은 언제나 자유시장의 충실한 주창자였고 정부의 제약과 간섭을 꾸준히 비난해왔지만 한편으로 자사가 이용하고자 하는 인프라의 비용을 최대한 공적으로 부담시키는 데 열심이었던 것 역시 사실이다. 예를 들면 카길이 사용하는 수로의 유지뿐 아니라 방파제나 집하시설의 곡물창고까지 포함하여 카길이 임대하거나 소유하는 수많은 항만시설이 지방, 지역 혹은 주 정부 당국의 공적 비용으로 부담되어왔다. 이들 시설로 이어지는 수로와 육로시설 역시 공적 비용으로 부담되었다.

자본 제공에는 인색하지만 통제권은 신중하게 지키려는 회사에게 장기 리스long-term lease는 무제한적 소유권을 가졌을 경우와 동일한 정도의 개인 통제권을 제공한다. 그러나 카길은 브라질의 산투스나 인도와 같이 이용할 만한 공공시설이 없는 곳이라면 주저

━━ *미국 물의 정치학에 대한 놀라운 연대기에 대하여 더 알고 싶다면, 마크 리즈너Marc Reisner 의 『캐딜락 사막—미국 서부와 사라지는 물Cadillac Desert—The American West and its Disappearing Water』(Viking Penguin, 1997)을 참고하기 바란다.

없이 카길 독점용 항구를 건설할 준비가 되어 있다.

1930년대까지만 해도 카길은 스스로 줄곧 주장했듯이 주로 미국에서만 활동하는 '지역 곡물거래업자'였다. 그 당시에는 오대호나 미시시피 강, 이리Erie 운하(1918년에 재건설되고 재개설된 뉴욕 주 바지선 수송 운하)와 같은 내륙 수로가 국내 곡물 유통에 이용되고 있었다.

1931년 허드슨 강이 8m 깊이로 준설되자 뉴욕 시에서 강 상류 쪽으로 230km 떨어진 올버니는 원양 항구로 변모했다. 올버니 항구위원회가 양곡 집하시설 대형 창고 건설을 계획중이라는 소문을 듣자 카길의 존 H. 맥밀런은 150만 달러를 투자해 1300만 부셸(35만 3800톤)의 저장력을 지닌 세계 최대의 지상창고를 건설하는 게 어떻겠냐는 의견을 위원회 측에 서둘러 제시했다. 맥밀런은 항구위원회가 오마하에 최근 완공한 카길의 대형 곡물창고를 캔틸레버식 지붕까지 그대로 본떠 조금 작은 규모로 짓는다면 카길이 이 시설을 장기 리스하겠다고 약속했다.

올버니 지상 곡물창고는 1932년 완공되어 카길 곡물회사가 리스했고 올버니는 카길이 곡물을 동쪽으로 수송할 때 선호하는 항구가 되었다. 운하를 통해 바지선으로 올버니로 가는 곡물 이송은 철도에 비해 상당히 속도가 느릴 것이라고 생각될 수도 있으나 사실 순 경비는 더 저렴했다. 1930년대 중반 카길이 자체적으로 트럭을 구입하여 뉴잉글랜드를 통한 곡물 운송을 시작하자 올버니가 가진 이용상의 유연성과 가치는 엄청나게 증가했고 비록 이리 운하의 화물 처리 규모가 상대적으로 줄어들어 1930년 말경에는 철도가 그 역할을 대체하게 되었지만 올버니 항구는 중서부 지역에서 이송되는 대량 수출용 곡물, 그 중에서도 특히 옥수수의 운송로로 계속 이용되었다. 오늘날 올버니 집하시설은 중서부 지역으로부터 오는 100대의 철도 차량(다음 장 참조)을 수용할 수 있다.

올버니 집하시설의 성공으로 카길은 미시시피 강의 이용 가능성을 보다 진지하게 고려하기 시작했고 대형 창고를 세울 부지를 결정하기 위해 세인트루이스와 멤피스 당국과 논의에 들어갔다. 멤피스 항구위원회가 1935년에 카길의 명시에 따라 공공사업 관리국(연방정부 기관)에서 자금을 지원받아 집하시설을 짓기로 동의하면서 결국 멤피스가 카길 사업을 맡기로 결정되었다. 카길 연혁의 저자인 브로엘의 표현을 빌면 '연방정부를 기피하는 카길의 평소 태도에도 불구하고' 이루어진 일이었다.[126]

카길이 취한 다음 행동은 자체적으로 운송 장비를 입수하기 시작한 것이었는데 이 경우 바지선을 의미했다. 카길은 1937년에 이리 운하에서 사용하려고 처음으로 낡고 작은 목재 바지선 몇 척을 구입했다. 그로부터 2년이 채 안 지나 직접 조선 사업에 뛰어든 카길은 올버니에 있는 항만시설에서 철제 바지선을, 피츠버그에서는 예인선과 바지선을 건조했다. 전쟁이 한창이던 1940년대 초에는 미니애폴리스 남쪽 새비지에 완공된 카길 항구에서 미 해군을 위해 소형 군함 건조에 착수하기도 했다.

최근 카길은 다른 업체들의 기술과 자원을 이용하여 자체 설계와 혁신적인 아이디어에 부합하도록 선박과 바지선을 건조하는 데 만족하고 있다. 그러나 철강은 대개 카길의 철강 제조업체인 노스

스타 철강에서 조달한다. 여기서 보이는 패턴은 카길이 다른 사업 부문에서 이용하는 방식과 놀랄 만큼 유사하다. 카길은 원료 공급과 제품 구입을 맡고 더 많은 리스크를 포함하는 부분은 독립적인 계약업자 또는 재배업자에게 떠맡기는 것이다.

카길이 합작으로 만든 수상운송시설들이 실질적 용도뿐 아니라 디자인과 건축 면에서 성공을 거두자 이후 수상 운송과 서비스 분야에서 새롭고 다양하며 창조적인 프로젝트가 계속 이어졌다. 탬파에서 유황 바지선을 시험 운항한 일이나 배튼루지 북쪽 미시시피 강의 K-2가 그 좋은 예이다.

그러나 해외 철강 생산업체들과 경쟁이 심화되고 더불어 건물이나 고속도로 건설에 사용되는 봉강棒鋼의 주문이 미국 내에서 감소하면서 미국 두 번째 규모의 봉강 제조업체이자 역시 두 번째로 큰 소규모 전기가동 철강 재생업체(카길의 자회사인 고철 거래업체 마그니멧이 재생할 고철을 공급한다), 그리고 미국 전체에서 일곱 번째로 큰 철강 생산업체인 카길 노스 스타 철강 유닛의 수익이 감소했다. 철강 생산업을 접겠다는 신호로 카길은 2001년에 노스 스타의 관주Tubular 부문을 론 스타 테크놀로지 사에 4억 3천만 달러를 받고 매각했다. 노스 스타 관주는 주로 석유와 가스의 탐사와 수송산업에 사용되는 파이프와 연결기, 케이스 등을 포함하여 이음새 없는 철강 제품을 생산하고 있다*.

---

* 철강산업은 계속 쇠퇴하고 있다. 2002년 2월에는 가격이 20년 만에 최저치를 기록했고 수입이 증가했으며 전반적으로 업계가 출혈하고 있는 상태였다. 철강업계의 한 컨설턴트는 "철강산업계는 현재 최악의 상황을 맞고 있다"고까지 표현했다.

카길은 서부 해안 지역에서 곡물 운송이 증가하는 것을 주시하다가 1934년에 포틀랜드와 샌프란시스코에 사무소를 열고 시애틀 집하시설을 리스했다. 제2차 세계대전 이후 카길은 기존 활동 지역의 저장 능력을 증가시키거나 아니면 대개 카길의 설계 주문에 따라 주로 국내 항구 관리 당국이나 시 당국에게 새로운 시설을 건설하도록 함으로써 자사가 보유하게 된 집하시설의 저장 능력을 부쩍 늘렸다. 한 예로, 그레이터 배튼루지 항구위원회는 1955년에 480만 부셸의 저장이 가능한 새로운 집하시설을 카길의 설계 주문에 따라 건설했고 그런 다음 이 시설을 카길에게 리스했다. 이는 멕시코 만(정확히는 멕시코 만 상류 약 160km 지점)에 생긴 최초의 개인 회사 독점 이용 시설로, 카길이 수출 활동에서 확실한 우위를 차지할 수 있게 해주었다.

1954년 PL 480이 통과되면서 곡물의 구입과 저장에서 '일용품신용공사'(미국 연방기관)에게 더 큰 권한이 주어지자 카길은 재빨리 계약을 체결하여 공공 자금으로 건설한 자사의 저장시설을 제공했다.

그러는 동안에도 카길은 바지선 선단과 원양 수송선의 수를 꾸준히 증가시켜서 1992년에는 전 세계 계열사와 자회사들을 통해 소유하거나 장기 용선계약으로 보유한 해양 수송선이 20대에 이르렀고 세계 최대의 건조 화물선 운영업체로 랭크되었다고 보도되었다. 그러나 2000년에는 5년 동안 다시 용선계약을 한다는 합의 하에 파나맥스(파나마 운하를 통과할 수 있는 대형 선박) 화물 수송선 가운데 마지막 4대를 처분했다는 기사가 보도되었다. 카길은 여전히 150척이나 되는 강력한 정기용선계약time-chartered 선단을 보유하고 있지만 앞으로 물류 관리에 주력할 계획이라고 발표했다.

카길은 또한 8척에서 11척의 예인선과 682척의 바지선 선단을 보유하거나 운항했다. 그래도 CSX의 자회사이며 3500척의 바지선 선단을 보유한 미국 최대 바지선업체 아메리칸 커머셜과 비교하면 카길은 상대적으로 작은 업체인 셈이었다(후에 언급하겠지만 아메리칸 커머셜은 남미에서도 사업을 하고 있다).

곡물의 운송과 저장 형식을 변화시킨 것은 단지 수상 운송만이 아니었다. 도로에 트럭의 수가 급격히 증가하자 카길은 보다 작은 규모의 곡물 처리시설인 지역 곡물창고를 어떻게 이용하고 어디에 지을 것인지 더 창의적인 방향으로 생각하게 되었다. 이제는 창고의 위치를 정할 때 말 한 마리가 얼마나 멀리 달릴 수 있나 또는 하나의 운반조가 얼마나 많은 양의 짐을 운반할 수 있는가에 따라 제한받을 필요가 없어져 버렸다. 이러한 점을 고려해 1940년 오스틴 카길Austen Cargill은 지방에 산재해 있는 창고를 '무역 중심지' 주변으로 재배치하고 '수익 센터'라고 명명하자고 제안했다. 지역 곡물창고들이 폐쇄·통합되고 소유권이 더욱 집중되며 농민들이 내수용이든 수출용이든 시장으로 곡물을 운반하는 데 더 많은 비용을 부담하게 되면서, 사소하지만 급진적인 사고 변화로 초래된 결과의 반향이 오늘날까지도 계속 이어지고 있다.

카길은 1950년대를 거치며 미국 내에 보유한 곡물 처리시설과 운송시설을 계속 확장하고 통합해 갔다. 일관된 시스템의 바지선-예인선 운영업체를 설립했고 거래와 장비 리스를 포함한 운송 서비스는 카길 운송 회사로 통합되었다. 1960년에는 6630마력의 예인선 '오스틴 S. 카길'이 세인트루이스에서 진수되고 카길 사상 최초의 벌크 시멘트 화물이 벨기에의 앤트워프에서 적재되었다.

1958~1959년 세인트로렌스 항로가 개통되고 그곳에서도 원양 함선을 운항할 수 있게 되자 카길은 올버니 집하시설을 통해 차지한 이점이 크게 줄어들지 않을까 우려하기 시작했다. 카길은 세인트로렌스 강 어귀에 있는 베이 코모에 대형 양곡 집하시설을 건설함으로써 수출에 유리한 입지를 계속해서 보호해가기로 결정했다. 1200만 부셸의 곡물을 저장할 수 있는 이 시설은 1960년 열었을 당시 캐나다 최대의 곡물창고였다(참고로 올버니 시설의 저장 능력은 1300만 부셸이었다). 이 시설은 또한 카길 사상 최대의 재정적 기여를 했는데(1300만 달러가 넘는데 지금으로선 하찮은 액수이다), 사실 시설을 만든 목적에는 대륙 곡물운송 시스템에서 결정적으로 유리한 위치를 선점하려는 의도가 담겨 있었다. 결국 카길은 이 시설에서 관세 없이 캐나다와 미국 각각의 곡물을 처리할 수 있도록 합의를 보는 데 성공했다.

당시 카길은 미국에서 수출하는 곡물 중 자사가 28.6퍼센트를 처리하고 있다고 추산했다. 참고로 콘티넨탈이 차지하는 비율은 24.5퍼센트였고 드레퓌스의 점유율은 17퍼센트, 벙기의 점유율은 10퍼센트로 추정되었다.

세인트로렌스 강 어귀에 곡물 처리시설을 짓는 것 말고도 카길은 대서양 저편에 또 하나의 수령 항구를 개발하고 있었다. 1960년 카길은 암스테르담 항구에 있는 집하시설을 인수했다. 올버니나 멤피스의 시설과 마찬가지로 카길의 설계 주문에 따라 항구 당국이 건설하고 카길이 리스해 사용하고 있던 시설이었다.

'항만' 시설 중에서 카길의 가장 창의적 접근이자 비용을 직접 부담한 몇 안 되는 시설의 하나가 1982년에 미시시피 강 158마일 지점에 세운 세계 최대의 사료 제품 운송용 부상浮上 시설이다. 카길의 자회사인 로저스 화물집하 운송회사가 운영하는 1600만 달러 규모의 수출용 집하시설 'K-2'는 대두 가루와 곡물, 곡물 상품을 강 수송용 바지선에서 원양 화물선으로 최저비용(최소한 카길에게는)을 들여 운송할 목적으로 설계한 것이었다.

K-2는 자체발생 동력으로 위생 시설과 관개 시설에 사용할 깨끗한 물을 생산하는, 자체 완비 시설이다. K-2는 시간당 1000톤에서 1200톤의 비율로 들어오고 나가는 상품의 중량을 계속적으로 측정하고 샘플링할 수 있으며 고객의 특정 요구에 맞춰 상품을 섞어놓는 것도 가능하다. 카길은 이와 유사하나 반대로 원양 함선에서 바지선으로 곡물을 직접 옮겨 적재하는 부상 시설을 암스테르담에 가지고 있으며 내가 미처 알아내지 못한 또 다른 시설들이 세계 도처에 있을 것으로 추정된다.

벌크 운송사업에서 경력을 쌓으며 언제나 단일 재배라는 방식의 효율성을 증대시킬 방법을 탐색하는 카길은, 점점 수가 증가하는 내륙 곡물창고에 편의를 제공하기 위해 '고정편성 화물열차'라는 개념을 고안해냈다. 고정편성 화물열차는 특수 설계된 개저식開底式 화물차로만 연결된 열차로, 내륙의 한 집하시설에서 차량 전부에 화물을 싣고 다시 내륙에 위치한 고객이나 베이 코모 혹은 올버니 같은 수출 시설로 운송한다. 고정편성 화물열차는 분명 곡물을 대량으로 처리하는 데 결정적으로 효율성을 더해준다. 더불어 대기업 곡물 운송업자나 대규모 내륙 양곡 집하시설의 이해도 만족시켜 준다. 하지만 이는 사실상 소규모 시설 운영업체와 고객에게 부담을 지우는 대가 때문에 가능한 것이다.

캐나다와 미국에서 화물 비율에 대한 규제가 철폐됨에 따라 충분한 출하 능력과 저장 능력을 보유한 집하시설과 대형 곡물창고에서 75~100대의 곡물 수송 열차에 화물을 적재할 때 철도가 할인률을 제공하거나 곡물 운송업체가 할인을 요구할 수 있게 되었다. 이 때문에 운송 시스템에서 소규모 집하시설을 제거할 수밖에 없게 되었고 농민들은 곡물을 집하시설 창고까지 운반하기 위해 더욱 먼 거리를 이동하는 불편을 짊어지게 되었다. 이러한 변화로 농민들은 선로 옆에 설치한 적재 시설을 이용해 '생산자 차량'에 곡물을 실어 운송하는 식으로, 일부나마 통제권을 다시 손에 넣는 대안을 궁리하고 있다.

고정편성 화물열차의 개념이 철도 차량에만 국한되지 않는다는 사실을 분명히 보여주기 위해 카길은 1986년에서 1992년 사이 8천만 달러를 투자해 1600대의 철도 유조차를 주문했다(차량 제작 계약의 조건이 카길의 노스 스타에서 제공하는 철강을 이용하는 것이었음은 쉽게 추론할 수 있을 것이다).

옥수수 시럽이나 곡물, 기타 일용품의 수송을 위해 만든 이 철도 차량은 카길 측에서도 말하듯 '고객들이 유일하게 눈으로 보게 되는 패키지'[127]이므로 카길은 차량을 깨끗하고 잘 관리된 상태로 유지하는 것을 매우 중요시하고 있다. 카길이 보유한 트럭도 마찬가지이다. 같은 경우의 예로, 멤피스에 있는 트랜스포트 서비스 사는 멤피스 항구에 위치한 카길 습식제분공장으로부터 야채 기름과 옥수수 기름을 운반하거나 최근 크라프트로부터 인수한 멤피스 북쪽에 있는 공장에서 땅콩과 대두유를 운송하는 데에만 이용할 목적으로 특별히 설립한 카길의 자회사이다.

지금은 버려진 이리 운하는 특별히 예외지만 비용이 적게 드는 수로는 대개 자연스럽게 나타나며 미국 공병단이 아무리 애를 써도 다른 지점으로 이전할 수 없다. 벌크 상품과 일용품을 항만시설에서부터, 또는 항만시설까지, 아니면 내륙에서부터 운송하려면 다른 운송 수단을 활용해야 한다.

20세기에는 철도가 이런 요구를 충족시켰으며 트럭 운송의 증가에도 불구하고 철도 운송은 수상 운송 다음으로 비용이 적게 드는 운송(특히 카길이 취급하는 벌크 일용품의 운송)으로 꼽혔다. 네브래스카 주 중앙의 옥수수 밭에서 주요 동서구간 철도선 하나가 보이는 지점에 서 있으면 대륙 운송 시스템에 철도가 얼마나 필수적인 역할을 하는지 금방 깨닫게 된다. 굉장히 긴 화물 열차가 양방향에서 끊이지 않고 오고가는 것을 볼 수 있으니 말이다.

곡물 출하 시스템의 집중화 그리고 지선 철도와 소규모 지방 집하시설의 소멸로 북미 지역을 관통하는 철도 네트워크들은 일련의 통합과 방향 전환을 거치며 큰 변화를 겪고 있다. 북미 대륙의 모든 주요 철도선은 이미 합병과 합리화를 추진했다. 농업에서 '합리화'는 산업화의 요구에 직면하여 소규모 농장을 포기하는 것을 의미한다. 철도의 경우 '합리화'는 같은 이념을 수용하여 지선支線 그리고 더불어 작은 마을을 포기하는 것을 의미한다. 철도 측은 소규모 지선을 유지해봤자 수익성이 없다고 주장하지만 그것은 대안인 트럭 운송을 누가 이용하고 비용을 지불하느냐에 달려 있다. 사실상 통합과 합리화는 곡물창고시설과 철도선 그리고 농장에까지 적용되어 획일적인 결과를 가져왔다. 그 결과란 농장이 부담하는 운송비용 증가와 정부 당국의 도로 유지비용 증가, 세금 기반의 감소 그리고 농촌사회의 소멸을 말하는 것이다.

제 11 장

카길의
세계 시장 점령 방식

Invisible Giant
누가 우리의 밥상을 지배하는가

> 카길에게는 전 세계 국가에 똑같이 적용하는 경영 철학이 있다. 어떤 특정 분야에서 그 나라가 보유한 전문성과 기술을 이용할 수 있겠다는 확신이 들면, 우선 비교적 작은 규모의 자본으로 사업을 시작한 다음 점차 그 사업을 확대해가는 것이다.
>
> — 그렉 로서(카길의 대변인)

캐나다 곡물 시장을 전방위적으로 공략하다

밴쿠버 지역 밖에서 활동하는 곡물 거래업자로서 1928년에 이미 캐나다에 교두보를 확립했음에도 불구하고, 카길은 1974년에 내셔널 곡물을 인수할 때까지 회사의 정체를 거의 드러내지 않았다.

딕 도슨은 카길에서 35년 재직하다가 1993년 은퇴했는데 마지막 19년은 상무이사로 근무했다. 1974년 상무이사로 승진했을 때 그가 최초로 성취한 업적은 러시아가 곡물 구매 열풍에 휩싸였던 1971년과 1972년 곡물 거래로 벌어들인 1억 2천만 달러로 내셔널 곡물을 인수한 것이었다. 도슨의 말에 따르면 그가 휘트니 맥밀런에게 그 돈으로 무얼 하면 좋을지 묻자 맥밀런은 그에게 "무언가 구입하라"고 대답했다고 한다. 그래서 그는 지방에 있는 집하시설 286개와 사료 공장 5개, 선더베이의 오대호 수원지에 있는 대형 곡물창고 1개 그리고 세계 주요 곡물 생산지역 중 한 곳에 있는 중요한 '기점시설'을 사들였다.

도슨이 퇴직할 무렵 기자인 알란 도슨(딕 도슨과 아무 관련 없음)은 『매니토바 코아퍼레이터Manitoba Co-operator』에 다음과 같은 기사를 썼다.

"도슨이 카길에서 한 일의 대부분은 자신의 영향력을 행사하는 것이었다. 그가 그 일을 썩 잘 해냈다고 말할 사람도 있을 것이다… 사실 어떤 이들은 도슨이 퇴직하는 이유가 수년 동안 그가 주장해 온 정책들이 드디어 실행되고 있기 때문이라고 말할 지도 모른다."

그러나 당시 위니펙을 떠돌던 소문이 또 하나 있었다. 그가 예정보다 일찍 퇴직한 진짜 이유는 그의 성격이 너무 사교적이라 카길 사와 충돌이 있었기 때문이라는 것이다. 내게는 그럴듯하게 들리는데, 그와 몇 번 만나 대화를 나눈 적이 있고 한번은 아침나절 내내 함께 카길의 사업에 대해 토론한 적도 있기 때문이다. 그것은 '당신과 대화하는 것은 우리로서는 좋지 않다(다른 수석 간부가 전한 카길 측의 메시지이다)'고 결정되기 전의 일이었다.

내셔널 곡물의 인수로 실질적 존재를 더 강하게 인식시켰음에도 불구하고 수출용 밀과 보리 교역에서 카길의 위치는 여전히 다른 모든 곡물 회사나 협동조합들과 마찬가지로 CWB의 대리업체 역할 이상은 아니었다. 카길이 CWB를 위태롭게 하고 파멸시키기 위해 캐나다 서부소맥재배업자연합 같은 사기성 짙은 표면상의 조직들까지 동원해 가며 오랫동안 끈질기게 노력해온 것은 그다지 놀랄 일이 아니다. 하지만 소맥협회가 파괴될 수 있었다 해도 다음에는 프레리 농가연합과 부딪쳐야 했다.

카길은 대안적인 곡물 처리 시스템의 기반을 제공하기 위해 충분한 현대적 인프라를 '보유'까지는 못하더라도 그에 대한 통제권을 획득해야만 했다. 그래서 카길은 내셔널 곡물로부터 인수한 수많은 낡은 지상곡물창고들을 1976년부터 운영하기 시작한 서스캐처원 주 로즈타운에 있는 내륙집하시설* 같은, 저장력 높은 곡물창고 몇 개로 교체했지만 그것말고는 이제까지 해온 것처럼 직접 자본을 투자하지 않고 필요한 시설에 대한 효과적인 통제권을 획득하는 방법을 모색했다. 캐나다에서 최초로 생산업자 소유의 내륙집하시설이 서스캐처원 주 웨이번에 건설되자 카길은 이 시설의 곡물을 단독으로 취급하는 판매 대리업자로 지정됐다. 이 협상으로 대규모 자본이 불필요하게 되었을 뿐 아니라 덕분에 카길은 상당한 수준의 전략적 유연성을 갖게 되었다.

---

* 역사적으로 볼 때, 집하시설의 지상곡물창고는 항구의 철도선 끝, 즉 곡물을 세척하고 저장했다가 배에 선적하는 지점에 위치했었다. '내륙집하시설'은 주요 철도선이 있는 내륙에 위치하는 시설로, 이곳에서 곡물을 세척하고 저장했다가 수출을 위해 항구까지 직접 수송할 목적으로 고정편성 화물열차에 적재했다.

웨이번 집하시설 운영이 성공한 데다가 CWB에 대한 개인 거래업자들의 적대감이 더해지자 서스캐처원의 곡창 지대에서 북동쪽 지역에 거주하는 농민들은 자신들도 대형 내륙집하시설을 건설해야겠다고 확신하게 되었다. 노스 이스트 화물집하회사가 1992년 문을 열었는데 비록 독립적 곡물창고이긴 하지만 카길이 50만 달러를 투자하는 대가로 이 회사의 지분 25퍼센트를 확보하고 시설 운영권을 갖기로 계약했다. 이 프로젝트를 창시한 농민들은 최초 주식공모에서 180만 달러를 조달했지만 그들이 차지한 75퍼센트의 지분이 많은 수의 농민에게 분산되었기 때문에 부지불식간에 카길이 관리뿐 아니라 경영 통제권까지 차지하게 되고 만 것이다.

1982년 무렵 카길은 캐나다 프레리에서 생산되는 곡물의 8퍼센트를 취급함으로써 CWB와 상대하는 주도적 개인 수출대리업자가 되었다. 그러나 소맥협회를 파괴하고 프레리연합에 대응하기 위해 인프라를 구축하려는 노력에도 불구하고 1994년 전체 곡물 중 카길이 취급하는 비율은 고작 10퍼센트에 머물렀다. 카길은 1978년에 온타리오 주 런던에 거래 사무소를 열면서 CWB의 관할권이 못 미치는 온타리오 지역의 곡물 시장에 진출했고 곡물 기점시설을 확보하기 위해 온타리오 주 탤보트빌에 있는 얼린 곡물Erlin Grain을 인수하였다.

캐나다에서 카길의 사료사업 확장 과정은 미국에서의 과정과 유사했다. 1974년 카길이 내셔널 곡물을 인수했을 때 사료 공장 5개가 패키지에 포함되어 있었다. 1985년 혹은 1986년에 카길은 매니토바 주 브랜든에 있는 콜라 사료Kola Feeds 회사를 인수했고 다음에는 카길이 이미 당밀 추출 액상사료 첨가물 공장을 보유한 지역인 앨버타 주 레스브리지에 위치한 서던 사료를 인수하였다. 이로써 카길은 캐나다의 주요 가축 생산지역에서 최대 규모의 사료 공급업자가 되었지만 거기에서 멈추지 않았다. 카길은 4개의 소규모 혼합 시설을 증축하고 다른 시설 11개를 가동시켰으며 또한 서스캐처원과 매니토바에 있는 2개의 화학비료 판매업체를 인수함으로써 화학비료 서비스사업을 크게 확장시켰다.

카길은 사료 소매업에서도 거침없이 확장을 계속해서 1987년에는 주로 가금사업체에 사료를 공급하는 아이어 사료를 인수하면서 온타리오에 교두보를 확립하였다. 당시 카길은 암탉 '유전공학' 혹은 가축 교배의 주요 시행 업체인 셰이버 가금회사를 근방에 소유하고 있었다. 이듬해 카길은 메이플 리프 제분의 사료공장을 힐스다운 홀딩스로부터 4천만 달러에 인수하면서 새로운 영역을 확보했다(힐스다운은 그 전 해에 커네이디안 퍼시픽으로부터 메이플 리프 제분을 3억 6100만 달러에 인수했다). 이 거래로 카길은 온타리오 주 남서부에 있는 23개의 지역 집하시설뿐 아니라 온타리오 주 미들랜드, 포트 맥니콜, 사르니아 그리고 뉴브런즈윅 주 세인트존에 있는 4개의 곡물 집하시설을 헐값에 차지하게 되었다.

온타리오에 있는 3개의 집하시설은 세인트로렌스 항로가 완성되기 이전 시대에 오대호를 지나 서부 지역에서 수로로 곡물을 수송하기에 알맞은 위치에 있었고 나중에 동쪽 해안에 있는 원양 항구로 수송하기 위해서 철도 차량에 적재하기에 적절한 위치에 있었다. 뉴브런즈윅 세인트존에 있는 집하시설은 철도선의 끝에 위치한 원양 집하소였다. 메이플 리프 제분의 인수로 카길은 또한 캐나다 최대의 대두 가공업자가 되었다.

온타리오에서 카길이 취한 다음 행동은 1989년 온타리오 주 아코나에 있는 아코나 사료 제분을 인수한 것이었다. 카길은 이 공장을 업그레이드하는 데 150만 달러를 투자한 결과, 미국 미시간과 캐나다 온타리오의 전문 양돈 및 낙농산업계에 뉴트리나 사료를 공급할 수 있게 되었다. 아코나 회사의 경영은 현재 인디애나 주 멘톤에 있는 카길의 사료공장이 맡아 하고 있다. 미국과 캐나다의 국경을 넘어 사료용 곡물이 이미 자유롭게 이동하고 있었으므로 이러한 초국가적 일관생산 시스템은 자유무역협정의 결과물이 아닌 카길의 장기 대륙 전략과 '생태학적' 관점의 표출이라고 볼 수 있다. 온타리오 남서부와 미시간 남부, 오하이오 주 북부 그리고 인디애나 주는 일종의 '생물학 지역bioregion'을 형성하고 있다.

1989년에 카길은 당시 사이아나미드 캐나다라는 이름의 화학비료 가공업체를 인수함으로써 온타리오와 퀘벡의 22개 지역에서 주요 '유통업자'로서의 위치를 확보했다. 카길은 곧 해로우에 200만 달러 규모의 새로운 공장을 지어 2개의 구식 시설을 대체했다. 이러한 과정에서 카길의 매너 혹은 매너의 결여는 업체 인수 당시 사이아나미드 직원들이 겪은 경험에 잘 나타나 있다.

내가 앨리스톤 부근의 사이아나미드 비료 아울렛을 방문했을 때 그곳에서 근무하던 한 여성은, 겉으로 보기에 아무것도 변한 것은 없으나 그 거래에 대해 직원들에게 주어진 유일한 정보는 신문에 실린 것이 전부였다고 말했다. 또 다른 사이아나미드 시설을 방문하자 부지배인은, 카길이 사이아나미드의 비료사업체를 인수하면서 직원들에게는 일언반구도 없었으며 카길 밑에서 계속 일할 것인지에 대한 의사타진조차 하지 않았다고 말했다.

현재 카길은 온타리오에 24개의 농장 서비스 센터를 운영하고 있으며 합작투자로 온타리오 지역에 10개의 곡물 및 농작물 원료업체를 운영하고 있다.

카길은 1989년 대륙 횡단 파이프라인을 통해 천연가스 공급 원료를 쉽게 확보할 수 있는 서스캐처원 주 벨 플레인 지역에 세계 최대의 질소비료공장을 건설함으로써 1989년 실질적으로 캐나다에서 비료 생산사업을 시작했다(12장 참조).

그러다가 1991년 카길은 앨버타 주 정부로부터 600만 달러라는 헐값에 앨버타 화물집하ATL 회사를 인수하였다. 레스브리지와 캘거리, 에드먼턴에 있는 내륙집하시설과 앨버타의 피스리버 지역에 있는 장외 적재설비 모두 ATL이 소유하고 있던 시설이었다. 앨버타 주 정부는 1979년에 이들 시설을 인수한 이래 총 1천 790만 달러의 비용을 부담해왔다. 카길은 이 거래로 앨버타 주 주요 집하시설의 저장 능력 절반 이상을 인수함으로써 미국으로 곡물을 수송하는 데 있어 우위를 차지하게 됐다고 밝혔다.

카길의 레스브리지 시설에서 있었던 최근의 일들은 공적 지원금을 기꺼이 받으려는 카길의 태도뿐 아니라 거기서 한술 더 떠 협박이라고 밖에 볼 수 없을 정도로 적극적으로 보조금을 노리는 그들의 행태를 잘 보여주고 있다. 카길은 2001년에 레스브리지 시설의 직원 8명을 해고하면서 집하시설을 아예 폐쇄할지도 모른다고 통보했다. 두 달 후 카길은 노조 직원 6명이 공장 가동을 위해 근무하는 3일 중 2일치 수당을 캐나다 고용센터가 지불하기로 합의를 보았기 때문에 시설을 그대로 유지하기로 했다고 번복 발표했다.

1996년 말경 카길 사(캐나다)가 보유한 주요 집하시설 창고의 수가 75개에 달하고 직원 수는 3400명에 이르렀으며 1996 회계연도 카길의 글로벌 수입인 560억 달러 중 32억 캐나다 달러에 달하는 매출을 카길 캐나다가 올린 것으로 보고 되었다.

멕시코의 밥상을 우리 손 안에 넣을 것이다

카길은 캐나다와 아주 상이한, 남쪽의 인접 국가 멕시코에서 캐나다에서와는 대조적인 태도를 보여 왔다. 카길은 1964년 멕시코시티에 카르멜라라는 이름으로 당밀 거래 사무소를 열면서 1964년 멕시코에 교두보를 확립했다. 3년 뒤 카길은 2개의 곡물 거래 및 농산물 중개업체인 카르멕스와 카르메이를 창립했다. 1971년에는 C. C. 테넌트 선즈&컴퍼니를 인수하고 테넌트 멕시코라는 이름으로 광물 거래사업을 시작했다. 1974년 호헨버그 브라더스 사를 인수한 카길은 엠프레사스 호헨버그, 인더스트리아 호헨버그 그리고 엠프레사스 알고도네라 멕시카나라는 3개 사업체를 내세워 멕시코에서 면화 중개업자로 활동을 시작했다.

당시 카길의 사장이었던 하인즈 허터는 1990년 일리노이 대학에서 열린 좌담회에서, 어떻게 하면 멕시코 농업 생산이 향상될 수 있을지에 대하여 몇 마디 조언을 했다. 그의 권고 중에는 "농장 규모를 확대하라" "토지 소유권을 지역 농민에게 양도하라" 그리고 "'수완 있는 농민'이 토지를 자유롭게 구입할 수 있도록 하라"는 내용도 포함되어 있었다.* 2년 후인 1992년 중반, 멕시코 정부는 헌법(27조항)을 수정하여 카길이 권고한 정책을 실행할 수 있도록 했으며 분쇄공장들로부터 밀에 대한 수입허가 신청을 받기 시작했다. 이전까지는 밀과 옥수수 수입과 국내 판매에 있어서 거의 완전한 통제권을 가진 정부 식품유통기관인 코나수포CONASUPO가 밀의 수입을 통제했었다.

멕시코시티 지역 신문 『엘 피난시에로El Financiero』는 1993년 멕시코의 카길에 관한 대대적인 기사를 게재했다. 카길을 '멕시코에서 이미 주요 옥수수 공급업자로 성장한 회사'라고 묘사하면서 기사는 이렇게 이어졌다.

"역사적으로 볼 때, 카길은 진출하는 시장마다 완전히 지배하는 경향을 보여 왔다. 다른 몇몇 나라에서의 카길의 영향력을 고려해 볼 때, 앞으로 멕시코의 식품 공급을 누가 통제하게 될 것인가 하는 의문을 제기하지 않을 수 없다."

기사는 카길의 대변인 그렉 로서Greg Lawser의 말을 인용했다.

---

*가장 중요한 헌법상의 변화 중 하나는 멕시코 농민에게 그들이 일하는 땅에 대한 소유권을 보장해주는 공동농장인 에지도스ejidos와 관련된 것이다. 에지도스는 멕시코 혁명의 중요한 성과중 하나였으나 동시에 멕시코 농업의 '현대화' 혹은 '합리화'에 무시 못 할 장애이기도 했다. 에지도스가 농장의 합병과 산업화를 막았기 때문이다. 카길을 비롯한 많은 이들이 요구한 것은 그들의 자유를 위해 이 장애물을 제거하라는 것이었다. 농민들이 토지 소유권을 획득하도록 허용한 헌법상의 변화는 결국 토지가 어떤 방식으로든 다른 사람에게 쉽게 매입될 수 있도록 길을 터준 것이나 마찬가지였다.

"카길에게는 전 세계 국가에 똑같이 적용하는 경영 철학이 있다. 어떤 특정 분야에서 그 나라가 보유한 전문성과 기술을 이용할 수 있겠다는 확신이 들면, 우선 비교적 작은 규모의 자본으로 사업을 시작한 다음 점차 그 사업을 확대해가는 것이다."

『엘 피난시에로』는 이러한 기업 전략이 살리나스 데 고르타리 대통령의 '대규모 투자가들의 소규모 기업 인수(특히 농업 분야에서)' 개발정책과 신기할 정도로 일치한다고 꼬집었다. '카길의 멕시코 계획에 관한 정보는 입수하기가 매우 힘들었다'고 하면서, 『엘 피난시에로』는 카길 대변인의 답변을 대신 인용했다.

"일용품 교역회사는 자사의 전략을 절대로 발설하지 않는다."[128]

제 12장

화학비료 시장은 우리가 접수한다

Invisible Giant
누가 우리의 밥상을 지배하는가

> 그들이 원하는 것은 통제권이었습니다.
> 더 많은 돈을 벌기 위해서 그랬던 거죠.
>
> – 카길이 인수할 당시의 세미놀 공장 장기 근속자

카길을 이야기

할 때 화학비료가 등장하는 것은 당연한 일이다. 화학비료는 산업화된 농작물 생산 과정에 대량으로 사용되며 벌크 일용품 거래 분야에서도 화학비료만큼 적합한 품목은 없다. 종자를 판매하고 곡물을 구매하는 업자들에게는 이미 거래하고 있는 농민들에게 화학비료까지 판매한다는 것쯤 상식에 속한다. 카길이 교두보 확립 수단으로 화학비료를 이용한 것은 아니지만 앞서 살펴본 바와 같이 어떤 부문이든 바싹 추적해볼 필요가 있다.

보통 화학비료의 세 가지 주 성분은 질소(N), 인(P) 그리고 칼륨(K)이다. 질소는 천연가스에서 생산되고, 인은 인광(인회암)에서 나오며, 칼륨은 가성칼륨에서 추출된다. 인과 칼륨은 채굴되며 카길은 질소와 인을 주로 취급한다.

인산비료 시장, 합자를 통해 공략하다

전 세계 인광燐鑛의 대부분은 인산비료 가공을 목적으로 채굴된다. 북아프리카의 모로코가 전 세계 인광 매장량의 절반을 보유하고 있다. 비록 최근 수년간 모로코가 인광을 비료와 화학물질로 전환하는 가공 능력을 상당량 확보했다 해도 모로코는 여전히 세계 최대의 미未가공된 천연 인광 수출국이다.

인광을 비료로 사용할 수 있도록 가용可溶 형태로 전환하려면 유황과 대량의 암모니아를 이용해 가장 보편적인 형태이며 일반적으로 DAP라고 알려진 디암모니움 인산염으로 만들어야 한다. 미국은 전 세계 2400만 톤의 DAP 생산량 중 60~65퍼센트를 생산하고 있다. 1990년에 미국 내에서의 DAP 판매는 총 70억 달러 규모의 화학비료 소비량 가운데 10억 달러에 달했다. 전 세계 DAP 거래 규모는 연간 약 1400만 톤에 달하며 미국이 이 가운데 65퍼센트를, 모로코가 15퍼센트를 차지하고 있다.

전 세계 인광의 4분의 1은 플로리다 중부 노던 디스트릭트와 본 밸리라고 불리는 두 지역의 1.5~15m 깊이의 사질 토양에서 채굴

된다. 이 두 지역에서 미국 인산비료 생산량의 약 80퍼센트가 채굴된다. 100㎢의 본 밸리 광상鑛床은 1881년에 미국 공병단에 의해 발견되었는데 이는 약 1500만 년 전 바다가 그 지역을 덮고 있었을 때 모래층과 진흙층에 수십억 개의 미세한 해양생물 잔해가 매장되면서 생성된 것이다.

인광을 채굴하려면 표층을 먼저 제거해야 하는데 이 층은 나중에 채굴 지역을 복구할 때를 위해 잘 보존해둔다. 그렇게 해서 드러난 인광을 거대한 토사굴착기로 들어올려 운반한다. 거기다가 세척과 가공, 압착을 하고 진동을 가하면 물에는 진흙이 뜨고 거친 인광, 모래와 인산염의 혼합물이 나오는데 이 혼합물은 다시 가공 과정을 거친다. 모래가 섞인 현탁액은 파이프를 통해 침전수로 이동되는데 그 중 모래는 광산의 복구를 위해 비축되며 인광은 철도와 트럭으로 가공공장으로 운반된다. 인광은 물에 녹지 않기 때문에 비료나 다른 제품으로 가공하기 위해서는 먼저 황산 처리를 하는 것이 필수이다.

1985년 탬파 베이에 있는 가디니에 비료공장을 프랑스 가디니에 가문에게서 인수했을 때 카길은 벌써 본 밸리의 포트 미드에서 채굴한 인광을 가공 처리하기 위해 가디니에 공장으로 수송하고 있었다. 미국 엑스포트 케미컬 사가 1924년에 당시로서는 최첨단 기술로 건설한 이 공장은 파산 절차를 밟는 중이었다. 이를 인수한 카길이 제일 먼저 취한 조치 중 하나는 임금을 낮추는 것이었다. 한 직원은 이렇게 말한다.

"카길은 우리를 매우, 어쩌면 과분할 정도로 잘 대접해준 가디니에 가의 관대함을 누린 데 대한 대가를 톡톡히 지불하도록 만들었다."

공장은 가동률이 떨어졌고 1988년에는 급기야 15만 4000리터의 오르토인산이 누출되어 알라피아 강의 물고기가 떼죽음을 당하는 사건까지 발생했다. 카길은 220만 달러의 벌금형과 시설을 개선하라는 명령을 받았다.[129] 카길은 특유의 초연한 자세로 벌금을 지불한 다음(카길 측의 주장에 따르면) 1억 2500만 달러의 비용을 들여 뒤처리와 시설 개선을 했고 그 이후로는 대중에게 환경을 생각하는 기업으로 인식되고 있다.

카길은 매년 본 밸리에서 채굴하는 인광 350만 톤에서 미국 전체 인산비료 공급량의 7퍼센트를, 주로 DAP의 형태로 가공 생산한다. 이곳 공장에서 생산되는 양의 15~20퍼센트만이 미국이나 캐나다에 공급되고 수출분 가운데 85퍼센트는 탬파 항구에서 수로로 운송된다.

카길은 앞으로 15년 동안 어느 때든 인광석을 채굴할 수 있을 정도의 분량이 매장되어 있다고 추정하는데 업체들은 인접한 구획에서 채굴 작업을 진행하기 위해 지속적으로 토지를 교환하려고 애쓰고 있다. 어쨌든 일부는 개인 소유지이고 일부는 임대 토지가 될 수밖에 없는데 광상의 표층 제거에서 시작하여 완벽하게 매축埋築해서 마무리하는 채굴 과정은 현재 주 정부 법에 따라 모두 3년 안에 끝내야 한다.

이미 언급한 바와 같이 황산 형태의 유황은 인산비료 가공의 핵심 원료이다. 카길은 연간 60만 톤의 유황을 사용하는데 멕시코와 텍사스, 루이지애나 그리고 카리브 해의 항구에서 용해된 형태로 들어오고 있다. 수로를 통한 벌크 운송의 기술과 경험에 의존하여 카길은 특수 바지선단 예인선을 설계하고 맞춤 건조했다. 이 배는 1991년 1월 '130-m S/B 알라피아'라고 명명되었다.

모든 노천 광산 채굴이 그렇듯 인광 채굴도 지상에 험악한 흉터를 남긴다. 최근 수년간 끊이지 않았던 공개적 압력으로 결국 광산 부지의 복구를 요구하는 법안이 제정되었다. 위에서 설명한 바와 같이 플로리다에서는 채굴 작업 개시에서 부지의 완전 복구까지 업체들에게 3년이라는 기간이 주어진다.

그렇다 해도 여전히 플로리다 중부의 시골길을 여행하면 매우 우울한 광경을 목격하게 된다. 플로리다 주의 중앙, 탬파에서 동쪽으로 향하는 60번 간선도로의 남쪽에 있는 본 밸리는 쌓인 토사와 흉물스럽게 입을 벌린 절벽으로 달 표면 같이 황량한 풍경을 자아내고 있다. 나는 이런 황폐한 풍경 속에서 카길의 포트 미드 채굴장을 찾아가던 중 카길이 복구해놓은 지역을 목격했다. 복구된 광산 부지에 감귤 과수원이 들어서 있거나 초록빛 목초지에서 소 떼가 풀을 뜯고 있는 광경을 기대한 것은 결코 아니다.

근처에 사람이 별로 없는 어느 일요일 아침 광산의 지배인과 이야기를 나누면서, 나는 복구되는 광상의 표층이 가진 성질에 따라 카길이 다양한 계획을 실험하고 있다는 사실을 알게 되었다(내 눈으로 직접 확인도 했다). 내게는 카길이 새로운 무언가를 창조하고 있는 것으로 보이기까지 했다.

카길의 전략은, 확보 가능한 물과 복구되는 표층에 따라 광산 부지의 용도를 맞추자는 것이다. 일부 땅은 습지대, 어떤 부지는 감귤 과수원(800헥타르)이나 블루베리 농장(15~20헥타르라고 들었다)으로 전환되고 있으며 담배의 길고 곧은 뿌리가 자리기에 적당하도록 진흙이 많은 땅은 담배농장으로 전환되고 있다. 나는 이 담배농장 한 구석에서 여러 종류의 가축 무리가 한가롭게 어슬렁대는 광경을 목격했다. 1994년에는 800헥타르의 회복된 땅에 만든 카길 과수원에서 수확된 오렌지가 프로스트프루프와 인접한 카길의 주스공장에서 최초로 가공되었다.

그 해 5월 카길은 전형적인 수법으로 화학비료 가격의 심한 하락세에서 이득을 취하여 1억 5천만 달러를 들여 토스코 사로부터 세미놀 비료라는 비료업체를 인수함으로써 세계에서 두 번째로 큰 규모의 인산비료 가공업자가 되었다. 이 공장은 이전에 W. R. 그레이스&컴퍼니가 소유한 적이 있었다.

카길은 세미놀 비료회사를 통해 연간 75만 톤의 오르토인산을 생산하며 탬파에 있는 또 다른 공장에서 83만 톤을 더 생산하고 있다. 또한 세미놀 비료공장의 인수로 포트 미드와 후커스 프레리에 하나씩 있는 광산과 바토와 리버뷰 두 지역에서 30번 간선도로에 위치한 비료공장들을 소유하게 되었다. 이들 공장이 내륙에 위치하고 있기 때문에 비료를 수송하려면 트럭과 철도를 이용해야 한다. 카길은 매월 바토 공장에서 필요로 하는 유황만 해도 철도 차량 약 100대분에 달하며 매월 총 1800대의 철도 차량이 비료를 싣고 공장을 출발한다고 했다. 아무튼 이로써 카길의 총 인산비료 생산량은 미국 시장의 약 14퍼센트를 점유하게 되었다.

나는 포트 미드에 있는 카길 광산을 찾아가다가 길에서 전화선을 설비하던 사람들에게 길을 물어보았다. 그들은 친절하게 길을 가르쳐주었을 뿐 아니라 카길이 세미놀 공장을 인수했을 때 전 직원들에게 강제로 사표를 작성하고 이력서를 제출하도록 만들었다는 사실까지 자진해서 알려주었다. 카길은 원하는 사람만 골라 더 낮은 임금과 연간 단 2주일의 휴가를 조건으로 재고용했다. 당시 장기근무 사원 몇몇은 그 동안 모아온 휴가기간이 5주나 되었지만 카길은 경력과 상관없이 일괄 처리해버렸다. 그 중 한 사람이 말했다.

"그들이 원하는 것은 통제권이었습니다. 더 많은 돈을 벌기 위해서 그랬던 거죠. 아그리코나 IMC가 그랬던 것처럼 전부 다 쫓아내려는 속셈이었다니까요!"

그러더니 그들은 나더러 카길의 정체를 좀 가르쳐달라고 하는 것이 아닌가!

IMC-아그리코와 비고로 사는 인산비료 시장을 독점한 또 다른 제휴 업체들이다. 1992년 이전 IMC 비료회사는 미국 인광 생산의 39퍼센트를 차지하고 미국 전체 인산비료 중 15퍼센트를 생산했으며 뉴 올리언스의 프리포트 맥모런의 아그리코 부문은 인산비료 생산업체 가운데 2위를 차지하고 있었다. 이후 IMC와 아그리코는 미국 내 보유한 인산비료 사업체를 통합하여 IMC-아그리코를 설립했다.

1999년에 IMC 글로벌 사와 CF 인더스트리 사 그리고 카길 비료는 각각 플로리다에 보유한 인산비료공장에서 인산비료 가공 과정에 사용할 유황을 재용해하기 위해 합작투자로 사업체 하나를 설립했다. 새로 건설한 빅 벤드 트랜스퍼 사의 시설은 탬파에 있다. CF

인더스트리와 카길 비료 그리고 IMC 글로벌의 100퍼센트 출자 자회사인 IMC 빅 벤드, 이렇게 셋은 합작 벤처에서 각각 동등한 소유권을 갖게 될 것이다.

카길이 중국과 북미 지역 밖에서 이미 생산된 원료를 섞기만 하는 비료 혼합과는 별개의, 실제 비료 생산시설을 가지고 있는 나라는 리투아니아가 유일한 것으로 보인다. 1999년 카길은 오르토인산과 DAP 비료를 생산하는 리투아니아의 비료 그룹 리포자의 지분 15퍼센트를 확보했다.[130]

"리포자가 생산하는 우수한 품질의 비료는 카길로 하여금 서유럽 지역의 고객들에게 제공하는 제품과 서비스를 한층 향상시키고 동유럽과 CIS 국가들의 인산비료 수요에 대한 더욱 정확한 정보를 입수하도록 해줄 것이다."

카길의 글로벌 비료사업체의 사장인 헹크 매솟은 이렇게 말했다. 그는 카길이 1996년 이래 리포자 인산비료 생산량의 약 50퍼센트를 꾸준히 매입하고 유통시켜왔다고 밝혔다. 리포자는 리투아니아의 클라이페다에 항만시설을 건설하고 있으며 케다이니아이에 있는 리포자 인산비료 생산시설과 인접한 곳에 새로이 설립한 복합비료 가공공장에 대해서는 지분 49퍼센트를 보유하는 합작투자 파트너가 되었다.

질소비료 시장, 최소 위험으로 최대 강자로 등장하다

그보다 몇 해 전인 1989년, 카길은 캐나다 서스캐처원 주의 벨 플레인에서 주 정부와 제휴하여 세계 최대의 질소비료공장 건설에 착수했다. 정부 당국과 카길은 세이퍼코 프로덕트 사*를 만들고 4억 3500만 달러를 투자하여 공장을 건설하였다. 그리고 카길이 지분 50퍼센트를 차지하고 서스캐처원 주 당국이 9퍼센트를, 시티뱅크 캐나다가 나머지 1퍼센트를 차지함으로써 카길에게 사실상의 통제권이 부여되었다. 카길은 또한 공장의 생산품에 대한 독점 판매권을 확보했다. 카길 대변인 바바라 이스만은 카길이 벨 플레인 지방 정부와 합작 사업을 추진한 것은 당시 캐나다-미국 무역협정에 의해 공적 지원이 보조금으로 분류될 수 없었기 때문이었다고 나에게 밝혔다.

카길은 프로젝트를 발표하면서 벨 플레인 공장이 온타리오와 퀘벡 지역 프레리의 수요를 충족시킬 것이라고 선언했다. 그러나 이 공장이 생산하는 대량의 질소비료를 캐나다 농민들이 모두 소비할 리는 없다. 캐나다의 무수無水 암모니아 생산량이 연간 12만 5000톤이고 과립형 요소尿素는 자그마치 66만 톤이나 되기 때문이다. 그러나 다른 한편에서 보면 공장에서 미시시피 강이 밴쿠버(그리고 밴쿠버의 산도 없는데 내리막인 지역)보다 더 가깝기 때문에 공장이 세계

---

* 1991년 세이퍼코 프로덕트 사Saferco Products Inc.는 사스크퍼코 프로덕트 사Saskferco Products Inc.로 이름을 바꾸었다.

적인 수준의 사업체가 될 가능성이 더 많다는 것이 이스만의 설명이었다.

벨 플레인은 레지나의 바로 서쪽에 있고 벨 플레인의 바로 서쪽에는 철도 본선이 서스캐처원의 웨이번과 에스테번을 거쳐 남동 방향으로 갈라져서 카길이 건설한 항구가 있는 미시시피 강 어귀의 미니애폴리스-세인트폴까지 이어진다. 카길에게 주어진 보너스는 요소尿素 역시 가축 사료에 들어가는 단백질의 구성 물질이며 카길의 사료 부문인 뉴트리나가 이를 잘 활용할 수 있다는 것이다.

이 프로젝트에서 운송보다 더욱 절대적으로 중요한 것은 바로 공급 원료인 천연가스의 가용성可用性이었는데 이미 개폐 덮개가 달린 파이프라인을 통해 벨 플레인에서 언제 어느 때든 이용할 수 있도록 되어 있었다.

천연가스 공급업체는 지방 정부 소유의 공기업인 사스크파워이다. 보수적인 캐나다 지방 정부가 사스크파워의 민영화를 시도했었지만 압도적인 반대 여론에 의해 조성된 압도적인 공식 반대로 인해 1989년 말에 이르러 계획을 포기해야 했다. 이러한 반대 여론은 미국으로 가스와 기타 천연자원을 무제한 판매하게 될 것에 대한 국민의 우려에 일부 기인하는 것이었다. 그러나 비료 공장은 비공개 기업이 액상·과립 형태의 비료로 천연가스를 수출할 수 있는 매우 효과적인 방법이다.

이 프로젝트에 어떤 공적 보조금도 지급하지 않을 것이라고 주장하면서도 벨 플레인 지방 정부는 공장 건설에 필요한 3억 500만 달러에 대한 대부 보증에 동의했고 나머지 1억 3천만 달러는 주주들이 충당하였다. 이렇게 해서 6500만 달러에 (겨우 6500만 달러 가치의 위험 부담으로) 카길은 4억 3500만 달러의 비료 공장을 인수하였고 나머지 비용과 위험 부담은 대중이 떠안게 되었다. 카길은 또한 벨 플레인 지역 정부가 지분을 조금이라도 매각하기로 결정할 경우 최초 거부권을 행사할 수 있는 권리를 획득했다.

제 13 장

서부 해안에서 영향력을 확대하다

캐나다 남서쪽 끄트머리에 있는 밴쿠버 항구는 자사의 자본은 보호하면서 타사들의 투자를 이용하는 카길의 교묘한 능력을 보여주는, 가장 대표적인 예이다.

비행기 여행의 등장으로 한때 많은 이들에게 중요한 의미를 가졌던 항구는 과거의 지위를 상실했다. 오늘날 항만시설은 뉴저지의 불모지 아니면 보안상의 이유로 일반인의 접근이 불가능하도록 만든 인공조성지대 같은 곳에 건설되고 있다. 높은 제방에 가려 보이지 않는 미시시피 강의 K-2처럼, 이제 대규모 곡물 집하시설은 사람들 눈에 잘 띄지 않는 곳에 세워지고 있다. 센트럴 시티 네브래스카에서 75개의 화물량이 고정된 화물열차가 옥수수를 적재하고 떠나는 광경은 쉽게 볼 수 있지만 반대로 워싱턴 주 파스코에서 그 옥수수를 내리거나 아니면 바지선에 적재하여 스네이크-콜롬비아 강 하류를 따라 포틀랜드로 가서 다시 일본행 화물선에 적재되는 광경을 목격하는 경우는 흔치 않다.

북미 대륙 서부 해안에 있는 최북단 곡물 출하 항구는 밴쿠버에서 북쪽으로 1500km 떨어진 브리티시콜롬비아 주 프린스루퍼트에 있다. 1985년에 문을 연 21만 톤 규모의 이 곡물 집하시설은 사업 철학이 서로 확연히 다른 6개의 업체가 만든 컨소시엄이다. 프레리 농가연합에 소속된 업체 3개와 곡물재배업자연합, 파이어니어 곡물 그리고 카길이 바로 그들이다. 초기에는 각 업체가 5500만 달러씩을 투자했고 앨버타 주 정부가 나머지 2억 2천만 달러를 지원했는데 정부 지원금에는 11퍼센트의 모기지 1억 625만 달러가 포함되어 있었다. 합의에 따라 벌어들인 모든 현금이 우선 경영 비용으로 쓰이고 다음으로 참여 운송업자에게 돌아가며 최종적으로는 모기지를 지불하게 되어 있다. 1991년이 되어서야 이 항구는 모기지 원금에 부가된 이자를 겨우 지불하기 시작했다.

항구의 미래는 20세기의 마지막 몇 십 년 동안 건설된 수많은 대규모 인프라 시설들의 미래만큼이나 불확실했다. 당시 '전문가'들은 곡물 분야의 글로벌 무역이 확장을 거듭하리라고 확신했었다. 그러나 카길은 이들 '전문가' 중의 하나가 아니었고 현명하게도 자사의 자본 대신 타사들로 하여금 그들의 자본을 이 항만시설 프로젝트에 예치하도록 만든 것이다.

캐나다 남서쪽 끄트머리에 있는 밴쿠버 항구는 자사의 자본은 보호하면서 타사들의 투자를 이용하는 카길의 교묘한 능력을 보여주는, 가장 대표적인 예이다. 밴쿠버가 캐나다 곡물 수출에 있어서 주요 항구인데도 카길은 수년 동안 다른 업체들의 시설을 이용해왔다. 카길은 중국으로 수출하는 캐놀라와 맥아 제조용 보리를 적재하고 수송할 때도 콜롬비아 컨테이너 사의 시설을 이용했고 카길이 곡물재배업자연합(현재는 아그리코어 연합)과 공동 소유하는 캐스캐디아 집하시설Cascadia Terminal을 이용했으며 실질적으로 모든 곡물 수출 활동에 있어서 밴쿠버 항구 지대에 있는 앨버타소맥연합AWP 소유의 세계 최대 집하시설 창고를 이용했다.

그러다가 1995년 성탄절 전야에 조용한 바다를 휘젓는 소식이 들려왔다. 카길과 서스캐처원소맥연합SWP이 합작회사를 설립하여 밴쿠버 항구가 소유한 로버츠 뱅크 시설에 거대한 곡물 집하시설을 새로이 지을 예정이라고 발표한 것이다. 로버츠 뱅크 시설은 밴쿠버의 혼잡한 내항에서 한참 떨어져 밴쿠버 남부에 위치한 상당히 큰 규모의 부두로, 이미 그곳에는 석탄 수출용 대규모 시설을 건설하기로 정해져 있었다. 밴쿠버 항 관리 공사는 로버츠 뱅크 지부에 집하시설을 건설할 권한을 'SWP · 카길'에게 부여했는데 그 이유는 이 두 업체의 '상품 조달' 능력과 재정 능력 그리고 입증된 개발 경험 때문이었다.

이 집하시설은 주로 CP(캐나다 퍼시픽 철도)와 CN(캐나다 내셔널 철도) 그리고 벌링턴 북부 철도를 이용해 물자를 공급하며 곡물과 오일시드뿐 아니라 비료와 기타 상품을 취급하는 데 이용할 계획이었다. 당시 SWP는 캐나다 프레리 지역 전체 곡물 운송의 30퍼센트를 처리하는 캐나다 최대의 농업협동조합이었고 반면 카길은 캐나다 곡물 시장에서 점유율 11퍼센트를 넘기지 못하고 있었다. 한동안 다양한 규제 기관들이 이 제안을 가지고 열띤 논의를 진행했다. 그러다가 1997년 말 AWP가 밴쿠버 집하시설의 지분 절반을 카길에게 매각한다고 발표했다. AWP는 최근 수년간 밴쿠버를 통해 수송되는 카길의 모든 곡물을 취급해왔는데 그 곡물을 로버츠 뱅크에 빼앗기는 것은 집하시설의 수익에 심각한 타격을 가져올 것이므로 선택의 여지가 없다는 입장이었다.

수개월 후(1998년 3월), 로버츠 뱅크 집하시설 건설안은 프로젝트 부지에 대한 합작투자업체들의 리스 옵션이 소멸함과 동시에 백지화되었다. 밴쿠버 항 관리공사는 이 부지를 임대한 합작업체들의 옵션 연장을 거부했다. 그러나 진짜 이유는 카길에서 이 프로젝트를 진행할 의사가 없었기 때문이었다는 것이 SWP의 말이다. 곡물 수출 감소 추세와 직면한 카길이 현실주의적 태도로 돌변한 것이다.

밴쿠버에서 남쪽으로 얼마 안 떨어진 곳에 워싱턴 주의 시애틀 항구와 타코마 항구가 있다. 카길은 1970년 시애틀 항구가 1700만 달러를 들여 86번 부두에 17헥타르 규모의 주요 집하시설을 완공해 카길에게 리스한 이래 그곳 집하시설을 운영해왔다.

이는 지난 한 세기동안 카길이 써온 전형적인 항만시설 인수 방식이다. 카길이 리스하는 조건으로 카길의 설계 주문에 따라 집하시설을 건설하는 비용을 채권 발행 또는 공공 기관을 통해 국민이 지불하는 것이다. 카길은 사업을 차지하고 국민은 청구서와 함께 그 지역에 집하시설이나 항구시설이 존재함으로써 발생하는 부가 사업을 차지한다. 86번 부두의 경우, 카길이 관례에 의해 고정비용을 지불하면서 시설을 사용하는 함선들에게서 독dockage 사용료를 받고 사용료의 50퍼센트만을 시애틀 항구가 부담한다는 점에서 다소 이례적이었다.

1998년 카길은 더 유리한 합의 조건이 필요하다고 판단하고 시애틀 항구 측에 다른 시설로 이동을 고려하고 있다고 하면서 6개월간 도크 사용료 부담을 보류하도록 요청했다. 곡물 수출이 감소하는 시기였으므로 카길로서는 시애틀이 요구에 응하지 않는다 해도 옮겨갈 후보 지역은 많았다. 여기에는 워싱턴 주 퓨젯 사운드 남쪽에서 얼마 안 떨어져 있으며 타코마 항구가 운영하는 300만 부셸 규모의 곡물 집하시설도 포함되어 있었다. 시애틀 항구위원회는 카길이 최소 5년간 리스를 갱신한다는 조건으로 요구 조건에 동의했다.

곧이어 카길은 세계적인 일용품 거래업체이자 매출액 160억 달러의 미국 5위 비공개 기업인 콘티넨탈 곡물회사를 인수했다. 거래에는 북미 지역과 유럽, 라틴아메리카, 아시아에 있는 콘티넨탈의 곡물 저장, 운송, 수출, 거래 사업체도 포함됐지만 국내와 해외의 가금, 돼지, 소 가공사업과 양식사업, 제분사업, 동물 사료 가공사업 그리고 액화석유 거래사업, 금융서비스사업은 포함되지 않았다. 합의 조건은 공개되지 않았지만 개인 분석가들은 이 거래의 규모가 약 10억 달러에 달했을 것으로 추산했다.

최근 콘티그룹 컴퍼니로 이름을 바꾼 콘티넨탈은 이 거래가 성사됨에 따라 앞으로 '회사의 금융 및 경영 자원을, 현재 급성장중이며 고부가가치 형태인 농업산업과 금융서비스사업 그리고 민간투자사업 분야에 집중시킴으로써 세계적으로 성장할 수 있는 기회를 붙잡을 수 있을 것'이라고 밝혔다. (현재 폴 프리부르가 콘티넨탈의 회장 겸 CEO를 맡고 있다.)

카길은 콘티넨탈과 함께 미국 곡물 수출량의 약 35퍼센트를 처리한다고 밝혔지만 미국 농무부는 두 회사가 미국 옥수수 수출의 42퍼센트, 대두 수출의 31퍼센트 그리고 밀 수출의 18퍼센트를 처리하고 있다고 추정했다. 미국 농무부가 파악할 수 없는 기업 내 자체 수출을 감안하면 두 업체가 실제로 통제하는 곡물의 양은 전체 미국 수출에서 더 큰 비율을 차지할 것이라고 농무부 대표는 밝혔다.

카길은 인수 계약 조건에 따라 콘티넨탈에게 미국에 보유하고 있는 집하시설과 지상곡물창고 7개를 매각하라고 요구했다. 콘티넨탈은, 시설 두 곳은 아예 소액주주 리스계약을 갱신하지 않기로 결정했고 세 곳은 루이 드레퓌스 사에 매각했으며 나머지 두 곳은 소규모 지역 회사들에게 매각했다. 상황이 정리된 뒤 확인해보니 매각하도록 요구한 10개 시설 가운데 5개가 루이 드레퓌스에 넘어가 있었다.

루이 드레퓌스는 1999년 180억 달러의 수익을 올렸다. 루이 드레퓌스의 시설 인수는 드레퓌스와 다른 미국 곡물 메이저들의 관계에 대하여 흥미로운 의문을 제기하게 만든다. 1993년 드레퓌스와 ADM은 합작투자회사를 설립하여 드레퓌스가 소유한 미국 내 대형 곡물창고 대다수의 경영권을 ADM에게 양도하도록 했다. 그러나 그것은 따로 책 한 권을 써서 설명해야할 별개의 문제이다.

미국 법무부 또한 카길에게 승인 조건으로 시애틀과 새크라멘토에 리스한 시설을 포함 9개의 곡물 출하 및 운송시설을 매각할 것을 요구했다. 420만 부셸의 곡물 처리 용량을 가진 시애틀 소재 집하시설에 대한 소유권을 포기하도록 요구받은 카길은 콘티넨탈에게서 타코마에 위치한 템코TEMCO 집하시설의 운영권을 넘겨받고 시애틀 항구가 1400만 달러 규모의 쓸모없는 시설을 대신 책임지도록 처리했다.

미국 서부 해안에서 가장 큰 규모의 곡물수출 집하시설은 오리건 주 포틀랜드 남부에 위치한다. 이곳에서 카길은 포틀랜드 항구가 소유한 집하시설의 대형 곡물창고 2개 중 하나를 리스해 사용하고 있다. 포틀랜드는 콜롬비아 강의 어귀에 있는데 콜롬비아 강은 캐나다의 로키 산맥에서 시작해 (조금 변경된 루트를 따라 엄청난 장애물인 댐의 방해를 수시로 받으면서) 남쪽으로 흐르다가 워싱턴 주로 들어와 파스코의 스네이크 강과 합류하고 다시 서쪽으로 갑자기 방향을 바꿔 흐른다. 750km의 콜롬비아-스네이크 하천계는 미시시피에 이어 미국에서 두 번째로 큰 강줄기인데 철도 운송 거리를 축소시킴으로써 곡물을 서쪽으로 운송하여 수출하는 데 드는 비용을 현저하게 낮춰주고 있다. 카길은 바지선을 이용해 파스코에 있는 집하시설에서 콜롬비아 강 하류로, 그리고 다시 포틀랜드에 있는 수출용 집하시설로 곡물을 수송한다. 바지선단은 다시 스네이크 강 상류를 타고 아이다호 주의 루이스턴까지 이동한다.

세 번째 주요 항구 지역은 샌프란시스코 만인데 새크라멘토 항구와 스톡튼 항구가 샌프란시스코 베이 브리지에서 시작되는 심해 운하에서 약 120km 떨어진 내륙에 위치하고 있다. 내륙 깊숙이 위치한다는 것은 관개시설이 갖추어져 있고 굉장히 비옥하지만 독성 물질에 감염되어 있는 캘리포니아의 '에덴동산', 곧 센트럴 밸리 한가운데에 있다는 것을 의미한다.

새크라멘토 항구에서 카길은 유일하게 소규모 집하시설 한 곳을 리스하여 사용하고 있었는데 그것도 36년간 운영한 끝에 콘티넨탈 인수 계약의 일부로 포기했다. 그럼에도 스톡튼에 가면 카길이 추진하는 일관사업 활동의 총 집결지를 볼 수 있다. 뉴트리나 사료공장과 도시 남쪽 끝에 위치한 새 밀가루 제분공장, 스톡튼 항구에 위치하면서 하와이에서 수송된 당밀로 몰 믹스Mol Mix라는 액상사료 첨가물을 생산하는 사료 첨가물 가공공장, 카길 자체 소유의 철도차량으로 대량의 옥수수시럽을 수송해서 HFCS와 감미료 혼합물, 옥수수 추출 제품을 생산한 뒤 미국과 캐나다에 있는 온갖 종류의 식품 가공업체로 유통시키는 식품등급 옥수수시럽 유통집하시설, 1990년에 인수한 코팔 비료의 비료공장 그리고 수출입 곡물을 수용하는 집하시설 창고가 그것이다. 카길은 더 이상 당밀사업체를 운영하지 않는다. 1997년 글로벌 당밀 액상제품사업을 4850만 달러를 받고 ED&F 맨 그룹에 매각했기 때문이다.

스톡튼에 있는 카길 시설을 방문하는 동안, 나는 뉴트리나 사료공장의 사일로silo에 새겨져 있는 닳아 희미해진 이름이 '커 기포드 Kerr Gifford'라는 것을 알아챘다. 카길이 1953년 처음 미국 서부 해안 지역으로 사업을 확장했을 때 인수한 업체의 이름이었다. 카길은 또한 이미 언급한 K-2 시설 외에 미시시피 강 어귀에 뉴올리언스에서 텍사스 갤버스턴으로 이어지는 대규모 집하시설을 보유하고 있다.

카길은 그동안 미 양 대륙에서 쌓은 실전을 토대로 지구 반대편에서도 항만 개발사업에 착수한 것으로 보인다. 1999년에 카길은 이즈미르의 터키 만에 있는 로타에 새로운 곡물저장 집하시설을 열었다. 로타는 터키에서 가장 효율적인 항만시설로, 벌크 곡물과 오일시드 수입을 염두에 두고 설계되었다. 터키에서 근무하는 카길의 머천다이징 매니저는 이렇게 설명했다.

"터키는 밀을 자급자족하고 있지만 지금까지 문제는 항상 품질이었다. 터키 국민은 질 좋고 부드러운 흰 빵을 좋아한다. 그런 빵을 만들기 위해서는 고급 글루텐, 고단백질을 함유한 밀이 필요하다."

카길은 로타의 시설을 이용하여 파나맥스 함선으로 고품질의 밀을 수입하고 저장하며 밀가루공장으로 수송하기 위해 고정편성 화물열차에 적재할 수 있다. 또한 터키 옥수수가 품귀 현상을 보일 때 이 시설을 통해 옥수수를 수입하여 카길의 옥수수 제분공장에 제공할 수도 있다. 카길은 1989년 베니코이에 있는 옥수수공장을 인수했고 오언행거지에 현대적 설비를 갖춘 새로운 과당 가공공장을 건설 중이다. 카길은 터키에서 약 450명의 직원을 고용하고 있으며 곡물 가공공장 2개와 헤이즐넛 가공공장 1개도 보유하고 있다.

제 14장 | '콩의 강' 남미를 정복하다

Invisible Giant
누가 우리의 밥상을 지배하는가

> 남미 지역에서 밭작물 생산을 더욱 증가시킬 수 있는 잠재력은, 실현될 경우 글로벌 무역이나 미국 농가의 수출, 농작물 가격 또는 수입 면에 지대한 영향을 끼칠 가능성을 가지고 있다.
>
> — 미국 농무부 경제연구청

이 장을 읽기

전에, 먼저 가장 좋은 남아메리카 지도를 찾아 펼쳐놓고 큰 강줄기들을 짚어보기 바란다. 262페이지의 지도를 참고해도 좋다.

카길은 수십 년 동안 남미 대륙 전체에 걸쳐 사업 활동을 추진해 왔다. 사업 가운데 일부는 종자나 비료 등 농업 관련 생산 라인에 서비스와 원료를 제공하는 것이었지만 카길의 투자는 주로 설탕과 대두 같은 주요 농작물을 수확하여 수출하는 사업에 집중되어 있다. 그러므로 북미나 유럽뿐 아니라 남미 지역의 수로에서도 카길의 모습을 찾아볼 수 있는 것은 당연한 일이다. 그 이유 또한 다른 지역과 마찬가지다. 남미에서도 비용이 가장 적게 드는 벌크 운송 수단은 수상 운송이며 대부분의 수로유지 비용 역시 공공 경비로 부담된다는 것이다.

이는 역사적으로 강이 정치적 관할구의 경계로 이용되었으며 그렇기 때문에 일종의 공유 구역 혹은 누구에게도 책임이 없는 구역이 되곤 했다는 사실과 어느 정도 관계있을 지도 모른다. 아니면 봉건귀족들이 '자기네' 강을 통과하는 사람들에게 요금을 징수하는 것보다 정부가 유지비용을 부담하도록 하는 편이 더 나았기 때문에 그렇게 됐을 수도 있다. 독일의 라인 강이 가장 명백한 예로, 강을 따라 여행하는 사람들은 통행료를 징수하려면 얼마든지 그럴 수 있는 지역을 쉽게 발견할 수 있다. 다뉴브 강은 총 2500km의 하천계로 다뉴브 위원회가 관할하는데 오늘날 이 강을 이용하는 화물 운송은 하류 270km 지점에서 징수하는 안내 요금을 제외하고는 무료이다. 수문을 포함한 강 유지비용은 인접한(강기슭에 면한) 주들이 부담한다.

그러나 남미에서 카길의 존재는 강가에서부터 비롯된 것이 아니다. W. G. 브로엘의 기록에 따르면, 1947년 카길은 브라질의 넬슨 록펠러와 사업 협정을 체결했는데 록펠러는 '이윤 추구 기업에 의해 생성되는 민간 자본도 저개발국의 경제를 업그레이드시킬 수 있다는 사실을 보여주려는' 목적에서 협정에 동의했다.[131] 이를 위해 록펠러는 브라질에 가족 소유 회사인 국제기초경제회사IBEC를 설립했다. 이 프로젝트에 포함시킬 계획이었던 사업체로 잡종 종자 옥수수 회사와 돼지고기 가공업체, 헬리콥터 농약살포회사, 계약 농가 대상의 기계류 임대회사 등이 있었다. 물론 이것은 1960년대와 1970년대 록펠러 재단의 후원 아래 녹색혁명이 출현하기도 전의 일이었다.

1948년 카길은 넬슨 록펠러의 IBEC와 합작투자로 브라질에 카길 아그리콜라 에 코메르샬을 창설했다. 그러나 카길은 회사 연혁에서, 1965년 잡종 종자 품종개량 프로그램을 개발하고 이를 추진하기 위해 900만 달러를 투자하여 공장을 설립했을 때가 브라질에서 활동을 개시한 시점이라고 주장하고 있다.

비록 카길이 한 나라에서 벌어들이는 수익을 모두 그 나라에서 재투자한다고 주장하지만 공식적인 재무보고서가 없으므로 이 주장의 진위를 가릴 방법은 없다. 그러나 반대로 생각해 보면 돈을 굳이 모국으로 보낼 이유가 어디 있겠는가? 모국은 그 돈이 필요 없는데 말이다. 회사 내부 소식통에 의하면 1967년부터 1975년까지 카길이 브라질에 투자한 액수는 930만 달러인데 배당금으로 본국에 가져간 돈은 77만 3000달러밖에 안 되며 그 결과 1975년에 이르러 브라질 국내에 형성된 자본금만 해도 8780만 달러 규모였다. 현재 카길이 공개한 수치는 유형 자산 6억 달러와 연간 수입액 23억 달러가 전부이다.[132]

카길은 포르투갈 어 버전밖에 없는 카길 브라질 웹사이트에서 그동안 브라질에 꾸준히 투자한 액수가 얼마나 되는지 강조하고 있는데 이를 보면 카길이 한 나라에서 벌어들이는 수익을 그 나라에 모두 재투자한다는 주장도 어느 정도 신빙성이 있어 보인다. 카길

지도 2. 남아메리카의 주요 강줄기

브라질은 카길의 미국 사업체 바로 다음으로 규모가 크다.

카길은 일반 주주들의 요구를 만족시킬 필요가 없기 때문에 전통적인 자본주의 기업에 비해 자본 관리의 유연성과 레버리지라는 면에서 엄청난 우위를 차지하고 있다는 점 또한 주지해야 한다. 바로 이러한 이유로 카길은 최근 여러 번의 합작투자 사업을 추진하면서 51~56퍼센트만의 지분을 보유하고도 충분한 통제권을 쥐었다고 확신할 수 있었던 것이다.

1996년 카길 아그리콜라는 20개의 생산품 공장과 브라질 국내 59개 지역에 분포한 분사 그리고 4500여명에 달하는 직원 수를 공개하면서 브라질 최대의 농업 관련 회사임을 선언했다. 2000년 카길은 다시 카길 아그리콜라가 브라질 내 70개가 넘는 지역에 4000명의 직원을 둔, 브라질 최대의 대두와 설탕 수출업체이자 브라질 내에서 손꼽히는 대두 가공 · 감귤 생산업체라고 말했다(www.cargill.com에 접속해 영어와 포르투갈 어로 된 사이트를 찾아 확인해 보기 바란다).

카길은 잡종 종자와 더불어 비료사업도 추진했는데, 카길의 발표에 따르면 2개의 공장과 '여러 지역에 유통업체'를 보유하고 있으며 최근에는 2개의 비료 가공공장, 솔로리코Solorrico와 페르티자Fertiza의 지분을 통제권을 확보할 정도를 보유하는 데 성공했다. 카길이 다음 단계로 추진한 사업은 대두 가공이었는데 1973년 남부의 파라나 주에 공장을 설립하면서 사업을 개시했다. 곧이어 1973년 카길은 상파울루 주 마이린케에 두 번째 공장을 지었다.

이후 1994년 미나스제라이스 주 우베르란디아에, 1996년에는 마투 그로수의 트레스 라고아스에 그리고 1988년에 바이아의 바레이라스에 각각 공장이 하나씩 들어섰다. 카길의 공장이 들어서는 지역을 살펴보면 브라질에서 대두 재배 지역이 확산되는 경로를 그대로 반영하고 있다.

대두 가공과 연계된 것이 대두유 정제인데 카길은 다양한 종류의 식물성 기름(대두, 옥수수, 캐놀라, 해바라기 등)을 자체 브랜드로 소매 시장에 판매하는 (카길로서는) 다소 이례적인 전략을 추진했다.

카길의 우베르란디아 사업체는 대두 가공공장으로 출발했지만 옥수수 가공으로 사업을 확대하여 미국 내 공장을 제외하고 최대 규모의 카길 옥수수 가공공장으로 성장했다. 이 공장에서는 사탕수수 가공도 하고 있는데 카길은 2000년 우베르란디아에 옥수수뿐 아니라 사탕수수도 발효 원료로 사용할 수 있는 구연산 가공공장을 새로 건설했다. 옥수수 녹말당(우선당)보다 사탕수수 설탕을 이용하는 편이 더 저렴하다는 것이 카길의 설명이었다. 이 새 공장으로 카길은 세계에서 세 번째로 큰 구연산 공급업자가 되었다. 구연산은 소다수나 과일주스 그리고 낙농 제품에 향미료나 방부제로 쓰일 뿐 아니라 약물이나 화장품, 플라스틱, 미생물 분해 세제를 만드는 데에도 쓰인다. 구연산 외에도 이 공장에서 가공하는 제품에는 구연산칼륨과 구연산나트륨, 액상구연산 등이 있다.*

이밖에 카길이 최근 브라질에서의 가공사업에 추가한 것이 있다면 2000년 마기 그룹으로부터 인수한 상파울루 주에 있는 밀가루공

---

* 1920년대에 과학자들은 미생물인 누룩곰팡이의 포자가 발효 과정을 통해 설탕을 구연산으로 만들 수 있다는 사실을 발견했고 카길은 몇 년 전 발효 과정에서 구연산을 분리하는 새로운 액상 추출 공정을 고안해냈다.

장과 파라나 주에 있는 카사바(열대 지방산 식물) 녹말 가공공장이다.

이미 코코아 거래업자로 확고한 위치를 굳힌 카길은 1980년에 바이아의 일레우스에 자체적으로 코코아 가공공장을 세웠다. 그러나 이 사업은 큰 성공을 거두지 못했고 생산한 상품은 품질이 좋지 않았다. 그러다가 1986년 카길은 세계 최대의 코코아 가공업체 중 하나인 네덜란드의 제르켄스를 인수하고 제르켄스 직원들에게 가공 공정을 책임지도록 했다. 카길은 현재 제르켄스라는 브랜드로 최고 품질의 코코아를 세계 시장에 공급하고 있다(미국의 식품 생산업체와 가공업체들은 카길의 월버 초콜릿 회사의 제품을 이용하라는 은근한 압력을 받기도 한다). 보다 최근의 일로, 카길은 벙기 그리고 정부 기관인 코데바와 제휴하여 일레우스 항구에 곡물 집하시설을 건설하는 프로젝트에 투자했다.

브라질에서의 사업까지 포함하여 카길의 커피사업은 1983년 네덜란드의 커피와 코코아 교역회사인 ACLI를 인수하면서 시작되었다. 카길은 또한 콜롬비아에서도 상당한 커피 관련 이권을 보유하고 있으며 카길 카페테라 오브 콜롬비아는 콜롬비아의 주요 커피 재배 지역에 공장 5개를 보유하고 있다. 카길은 2000년 커피 교역 사업을 스위스의 에콤 아그로인더스트리얼 사에 매각했다.

브라질의 대규모 사탕 생산업체 인더스트리아 데 발라스 플로레스탈은 마이린케에 있는 우리의 실험적 사탕공장에서 다양한 제조법을 사용하여 새로운 타입의 사탕인 발리나 도 코라카오를 만들었다. 이 공장은 비용을 절감하고 효율성을 개선하기

위하여 고객 기업에게 사탕, 과자류, 잼 가공 과정에서 다양한 방법을 테스트하도록 허용하고 있다.[133]

현재 이러한 사업의 대부분은 브라질과 아르헨티나에서 성장중인 대두산업(그리고 로비 활동)의 절대적 규모와 히드로비아스Hidrovias, 즉 '수상도로'를 이용해 내륙에서 해외 시장으로 대두를 운송할 목적으로 추진하는 엔지니어링과 건설 프로젝트들에 의해 큰 영향을 받고 있다. 물론 모델은 미시시피 강이다.

남미에서 대두 생산을 선점하다

『내셔널 지오그래픽 아틀라스 오브 더 월드National Geographic Atlas of the World』의 1995년 10월호에 실린 남아메리카 지도를 보면 대륙 전체에서 고무와 가축사업에 관계된 '토지 이용과 분포'만을 표시하고 있는데 이와 대조적으로 대두사업을 표시한 부분은 브라질 남부 그리고 아르헨티나에서는 부에노스아이레스 북쪽의 작은 지역에만 국한되어 있다.

1970년대에 페루 연안의 멸치 양식장이 잇따라 붕괴함에 따라 북미와 유럽에서는 동물 사료에 어분魚粉 대용으로 대두를 첨가하게 되었다. 더불어 북미 전역을 휩쓴 가뭄으로 유럽을 목적지로 하는 화물 수송이 일시 중단되었다. 그 결과 대두 가격이 상승했고 이는 브라질 남부 파라나 주에서 대두 재배 방식이 급속도로 기계화되는 현상을 초래했다. 1975년 브라질 남부에 불어 닥친 한파 역시 농가들의 커피 재배 포기를 가속화했다. 브라질 남부 지주들이 커피 같은 노동집약적 작물에서 다른 종으로 전환하도록 부추긴 또 다른 요인으로는 물납 소작인들의 권리 증대를 가져온 1964년의 토지법과 고용 노동비용이 증가하도록 만든 최저임금법이 있다.(134)

『밀링&베이킹 뉴스』는 사설에서 브라질과 아르헨티나의 농작물 재배 구역이 총 4억 1900만 헥타르로 미국의 재배 규모와 맞먹는다고 하면서, 거기에다 현재 브라질 내륙에서 추가로 2억 헥타르를 농업용 토지로 전환하는 중이라는 사실도 덧붙였다. 이 지역은 미국의 옥수수와 대두 생산 지대보다 기후가 더 적절한 데다 재배철도 더 길며 이모작의 가능성도 있다. 기사는 이어서 미국 농무부 경제연구청의 견해를 인용하였다.

> 남미 지역에서 밭작물 생산을 더욱 증가시킬 수 있는 잠재력은, 실현될 경우 글로벌 무역이나 미국 농가의 수출, 농작물 가격 또는 수입 면에 지대한 영향을 끼칠 가능성을 가지고 있다.(135)

이러한 논평과 기사에서 가장 흥미로운 점은 작물이 어떤 경로로 이동하고 어떤 가격에 거래되든 항상 이윤을 얻는, 이를테면 카길 같은 북미와 남미 지역의 곡물 메이저에 대한 언급이 전혀 없다는 점이다. 그러나 엄청나게 증가한 농작물 생산과 수출에서 주된 걸림돌은 다름 아닌 운송이다. 브라질 남부와 아르헨티나 남부를 제외하고 대부분의 재배 지역은 대양에서 멀리 떨어져 있는데 육로를 이용한 트럭 운송은 비용이 훨씬 많이 든다. 해결책은 과연 무엇일까? 미시시피의 경우처럼 강을 산업용 수로로 전환하는 히드로비아스, 즉 수상 도로가 그것이다.

　35년 전 브라질 남부 파라나 주와 리오그란데 두 술 그리고 산타 카타리나에서 소규모 농민(50헥타르 미만의 땅을 경작하는 물납 소작인이나 소작인, 혹은 공유지 정착인)은 커피나 콩, 옥수수 또는 카사바를 재배했었다. 그러다가 1980년 대두 생산이 사실상 무無에서 690만 헥타르의 규모로 증가하면서 농작물 생산 시장을 지배하기에 이르렀다. 1980년 이후에는 대두만 재배하는 지역이 줄어들었지만 중부 브라질에 있는 세라두Cerrado의 대두 생산은 오히려 증가하기 시작했다. 세라두는 자연 발생의 사바나와 삼림 지대 특유의 식물 군집 지역을 가리키는데 브라질의 중서부에 위치한 마투 그로수와 마투 그로수 두 술, 고이아스, 토칸틴스 그리고 바이아와 마란냐오, 미나스제라이스, 피아위 각 주의 일부를 포함하여 총 1.5~2㎢에 걸쳐 분포되어 있다.(136)

　1973년 연방 정부는 브라질 농업개발청을 설립하여 남부의 주들뿐 아니라 광대한 열대 세라두 지역까지 염두에 두고 변종 대두를 개발하기 시작했다. 아이러니컬하게도 연구는 일리노이 대학의 국제 대두 프로그램의 원조를 받았으며 미국 국제개발기구로부터 연구개발비용을 지원받았다. 미국 정부가 대두의 품종 개발에 재정을 지원함으로써 일부 브라질 국민이 혜택을 받게 될 수도 있지만 그보다 더 큰 수혜자는 당연히 대두 거래·가공업자인 카길과 유니레버, ADM, 벙기 등의 곡물 메이저들이라는 점을 더 주목해야 한다.

역사적으로 세라두는 인구밀도가 낮으며 대부분 비非점유 지역으로 과거에 주로 광대한 목장으로 이용되어 왔지만 새로운 대두의 변종 개발, 공공 도로 건설, 대부 지원, 연료와 대두 가격 등의 다양한 요소가 그러한 상황을 180도 바꾸어놓았다. 중서부 지역의 총 작물 재배면적이 1970년 230만 헥타르에서 1985년에 740만 헥타르로 증가한 반면, 대두 재배면적은 겨우 1만 4000헥타르던 것이 290만 헥타르로, 1990년에는 380만 헥타르로 급증했다. 그 대두 생산량의 대부분은 2백~10만 헥타르 규모의 고도로 자본화된 농장에서 집중 생산되었다.

브라질 농업개발청이 개발한 대두 변종 그리고 토양 회복(특히 석회를 이용한 토양 중화) 작업이나 농업용 기계가 없었다면 대두가 세라두로 급속히 확산될 수는 없었을 것이다. 그러나 농업용 기계와 토양 개선이라는 방책을 신속하게 도입하는 것에는 또한 신용보조금이라는 필수 조건이 있었다. 예를 들면, 1975년부터 1982년 사이에 한 신용보조금 프로그램은 농업 관련 대부로 5억 7700만 달러를 지출했는데, 그 중 88퍼센트가 200헥타르 이상의 땅을 가진 농가에 지급되었다. 정부 지원에 높은 국제 가격까지 더해지자 브라질에 대두 재배 확산을 장려하는 분위기가 조성되었고 그에 따라 대두 관련 압력 단체의 정치적 파워가 확대되었으며 (대두 재배)농민들과 가공업자들이 그 후로도 계속 정부지원금을 독차지하게 되었다.[137]

강이 시작되는 곳에는 어김없이 카길이 있다

1986년 세계은행World Bank이 발행한 문서는 볼리비아 동부의 저지대를 주요 대두 생산지역으로 명시했으며 1995년경에는 대두 생산지가 34만 헥타르에 달했다… 비옥한 토질로 개선될 가능성이 있는 200만 헥타르의 땅 가운데 약 3분의 1이 지금까지 경작용으로 적합하다는 판결을 받았다. 그렇게 될 수 있었던 것은 요아킨 아기레의 공이 컸다.

요아킨 아기레는 벌써 1930년대부터 파라과이-파라나 하천계를 '남미 대륙의 미시시피-미주리'로 변화시키려는 꿈을 품었던 사람이다. 1989년 그는 마침내 항구 건설의 꿈을 이루었다. 현재 아기레는 두 건의 합작투자 협정에 조인했는데 하나는 대두 처리시설 확대를 목적으로 카길과 맺은 것이며 다른 하나는 아기레 랜드에 곡물과 오일 그리고 디젤용 집하시설을 건설하기 위해 오클라호마의 윌리엄스 에너지와 체결한 것이다.

한편 히드로비아스의 효율성 또한 증대되고 있다. 이제 2차적인 개선과 야간 항해로 푸에르토 아기레에서 우루과이의 누에바 팔미라Nueva Palmira 해상수송 시설까지 총 45일의 여정을 반으로 줄이는 것도 가능해질 것으로 보인다.[138]

1996년 카길과 센트럴 아기레 포르투아리아 사는 볼리비아 끼하로에 있는 푸에르토 아기레 자유지역에 곡물과 오일시드 그리고 오일시드 제품의 저장·출하용 대형 창고를 비롯한 집하시설을 건설하고 운영할 목적으로 합작투자회사를 설립했다. 볼리비아 산 대두를 철도와 트럭에서 바지선으로 옮겨 실은 뒤 파라과이-파라나 수상도로 시스템을 이용해 부에노스아이레스로 수송할 계획이라고 했다. 대형 창고는 볼리비아의 밀가루 제분업자들이 아르헨티나에서 바지선으로 수입되는 밀을 저장하는 데에도 이용하도록 할 예정이었다. 그런데 그로부터 5년 후, 파라과이 강 근처의 브라질 도시인 코룸바 가까이에 위치한 볼리비아의 타멩고 운하에 있는 푸에르토 아기레 곡물 항구의 지분 51퍼센트를 카길이 인수했다는 소식이 보도되었다.

파라과이-파라나 수상도로 프로젝트는 인터-아메리칸 개발은행과 UN 개발 프로그램UNDP이 후원한 것으로 이 두 기관은 수로가 환경에 미치는 영향과 수로가 갖는 경제적 가능성에 대한 연구를 지원하고 감독하였다. 연구 결과는 발표되자마자 비난의 대상이 되었다. 그 이유는 35만㎢에 달하는 세계 최대의 열대 습지대인 판타날에 있는, 총 길이가 3360km나 되는 강들을 따라 실시될 250건 이상의 대규모 공사의 타격이 '그리 크지 않을 것'이라고 예측했기 때문이었다. 하지만 여러 환경단체들과 개인 전문가들도 지적했다시피 아무도(이미 수로를 만든 미국의 여러 강에서 개발한, 이들 수문학적 모델의 응용작업을 맡은 컨설팅 업체조차도) 판타날의 복잡한 수문학적 성질이 어떻게 작용하는지 이해 못하는 것이 현실이다.[139]

가장 최근의 파라과이-파라나 수상도로 시스템 확장계획에는 미국 회사인 아메리칸 커머셜 바지 라인ACBL이 개입했는데 이 회사는 마투 그로수 주 모린호스의 카세레스라는 도시에서 80km 하부 지점의 판타날 습지와 이어지는 파라과이 강에 새로운 항구를 건설할 계획을 갖고 있다. ACBL은 미국 최대의 바지선 운영업체로 이 회사의 조선 부문 자회사인 제프보트 사는 미국 바지선단의 대부분을 건조하고 유지한다('바지선barge'은 사실 '예선tow'이라고 불리는 바지선을 일렬로 연결한 것으로, 강철 케이블로 단단히 고정하고 '예인선 towboat'으로 끌어 움직인다).

"우리는 속도가 훨씬 느리고 운송비용이 적게 든다."

ACBL과 제프보트의 모회사인 아메리칸 커머셜 라인 홀딩스의 CEO가 말했다. 이 회사의 2001년 3분기 보고에 의하면 아메리칸 커머셜 라인은 해상운송·서비스회사로 북미와 남미의 내륙 수로에서 약 5100척의 바지선과 200척의 예인선을 운항하고 있다. ACBL 히드로비아스는 울트라페트롤과 제휴하여 남미 대륙에서 합작투자회사인 UABL을 운영하고 있다. 이 회사는 아르헨티나와 볼리비아, 브라질, 파라과이 그리고 우루과이까지 이르는 3600km의 파라과이-파라나 하천계에서 활동하는 회사들 가운데 최대 규모의 바지선을 운행하고 있다. UABL은 331척의 유개 개저식有蓋 開底式 바지선과 36척의 유조 바지선, 16척의 예인선 그리고 그 외 갖가지 장비와 시설을 소유하고 운영하고 있다.[140]

UABL은 항구 프로젝트에 '환경보호주의green' 가면을 덧입히기 위해서 카세레스 하부에 항구를 건설하면 강줄기에서 심하게 굽은 지점을 준설이나 직화直化할 필요가 없게 될 것이라고 주장하고 있다. 그러나 이에 대해 환경론자들은 공식적인 연구 결과를 인용하며 연중 내내 바지선이 통과할 수 있도록 보장하기 위해 파라과이

상류를 따라 140여 곳에 토목공사를 추진하는 것이 최선책이라고 응수하고 있다.

정부 당국은 여론의 압력에 대응하여 그리고 브라질 법규에 따라 프로젝트가 환경에 입힐 타격 평가를 실시하고 나면 프로젝트의 부적합성과 위법성이 드러날 것을 우려해서 수상도로 프로젝트가 거의 전부 취소되었다고 발표했다. 그러나 이것이 실제 의미하는 바는 이 프로젝트에 개입된 UABL이나 카길 같은 회사들이 단순히 전략과 주장을 바꾸었다는 것에 불과하다.

이들은 지금, 하나씩(프로젝트 별로) 떼어놓고 보면 비교적 무해하게 보이나 합쳐보면 전에 추진하던 수상도로 프로젝트가 되는, 특정 프로젝트 몇 건을 추진하게 해달라고 지속적으로 요구하고 있다. 모린호스에 UABL이 항구를 건설한 것도 분명 이러한 맥락에서 추진한 일일 것이다. 환경청의 국립아마존연구소 소속의 필립 M. 펀사이드는 다음과 같이 지적한다.

환경에 주는 충격을 예상 측정한 다음 인프라 건설 프로젝트를 승인하는 브라질의 합법적 메커니즘은 대두 재배가 가져오는 가장 심각한 결과―특히 대두 생산을 위해 건설한 인프라가 다른 파괴적 활동(목장 운영이나 벌목 등)을 가속화하는 식의 '오랫동안 지속되는 효과'―를 탐지하지 못한다. 환경에 대한 충격 평가 시스템의 적용에 한계를 두는데도 불구하고 문제점들이 불거지고 있는데 이 시스템은 대두 관련 이권 단체가 벌이는 로비 활동의 위력에도 끄떡없이 꿋꿋하게 버티고 있다. 단속 장치로 존재하는 규제 조항의 부적합성도 문제가 되고 있지만 쓸데없이 부풀려진 인프라 프로젝트 제안을 연달아 발생시키는 현 정책 결정 과정은 이들 프로젝트가 유발하는 광범위한 파장에 대한 고려와는 사실상 아무런 관련이 없다.[141]

물론 브라질 중부의 대두 단일재배 확장은 미국 중부 지역에도 파장을 미쳐서 대두 거래업자와 운송업자들은 '미국 업체들이 브라질 업체들과 경쟁할 수 있도록' 미시시피 강 상류의 수문과 댐 시설을 확장하라고 요구하고 있다. ACBL의 확장 계획 그리고 카길을 비롯한 ADM, 벙기 등 미국 곡물 메이저들의 남미 대두사업 지배 심화는 다국적 기업들이 서로를 견제하며 이쪽저쪽을 오가는 오래된 게임에 얼마나 능숙한지 잘 보여주고 있다.

파라과이-파라나 하천계는 물론 남미의 유일한 하천계가 아니다. 남미에는 아마존 그리고 아마존으로 연결되는 수많은 강과 습지들이 있다.

잘 알려지지 않은 아마존 강의 항구(아마존 강 어귀에서 서쪽으로 약 1200km 이상 떨어진) 이타코아티아라Itacoatiara는 향후 수년 안에 주요 곡물 운송 지점이 될 만큼 확장되어 베네수엘라나 유럽으로 수출되는 브라질 산 대두의 운송비용을 절감시켜줄 가능성을 가지고 있다. 마기 그룹과 아마조나스 주 정부는 2900만 달러를 투자해 1996년 9월까지 약 6만 톤 용량의 곡물 운송선이 접근할 수 있는 강 항구를 건설하기로 합의했다.

관련된 투자 항목에는 예인선과 바지선으로 구성된 선단 1개와 97m짜리 부두, 7만 미터톤까지 저장이 가능한 사일로, 대두유와 대두가루를 생산하는 2100만 달러 규모의 대두 가공공장도 포함되어 있다. 이 투자가 성사되면 가금용·가축용 사육장, 양어장도 자극을 받아 더불어 발달할 것이다. 현재 마투 그로수 주에서 생산되는 곡물의 대부분은 미터톤당 110달러의 가격에 11일이 걸려 1000마일이나 떨어진 해안 항구까지 트럭으로 운송되고 있다. 새로운 경로는 운송 기간을 8일로, 운송 비용을 75달러로 줄여줄 것이다.

베네수엘라 근방에는 세계 최대의 대두 수입업체가 자리하고 있는데 현재 그 업체가 미국에서 대부분의 대두 제품을 들여오고 있다. 새로운 항구는 브라질의 비용 이익을 증대시킬 것으로 기대된다.[142]

1997년 이타코아티아라 집하시설이 문을 연 이래 하루에 트럭 145대 분량의 대두가 포르투 벨류에 이르러 바지선으로 옮겨진 다음 마데이라 강 하류로 800km 이동하여 이타코아티아라에 도착했다. 여기서 대두는 저장되었다가 다시 수출용 함선에 적재된다. 이 새로운 수출 경로가 생기고 나서 운송비용의 3분의 1 정도가 절감되었다. 파라Pará의 산타렘Santarém에 있는 또 다른 대두 집하시설이 2000년 5월에 운영을 시작했다. 마투 그로수 출신 상원의원이자 마기 그룹의 회장인 블라이로 마기는 산타렘의 대두공장 건설을 재정 지원하고 있으나 산타렘과 이타이투바의 새로운 대두 집하시설들이 마기와 카길 중 어느 한 업체의 지원으로 건설되고 있는지 아니면 두 기업의 합작투자로 건설되고 있는지는 분명하지 않다.[143]

아르헨티나를 곡물 가공 기지로 삼다

파라나 강은 사방으로 흐르지만 파라과이의 남서부 정상에서부터는 남쪽으로 흘러 부에노스아이레스와 아르헨티나를 거쳐 대서양에 이른다. 카길은 1947년 이후 아르헨티나에서 활발하게 사업을 추진해왔고 아르헨티나에서 선도적인 농산품 수출업자로 성장했다. 1995년에 카길 아르헨티나는 10억 달러 이상의 연간 매출을 기록했는데 이 중 80퍼센트가 해외 매출이었다.

카길은 일용품사업 부문들이 콩이나 곡물, 비료 등을 거래함과 동시에 FMD(금융시장 부문)가 통화나 다른 금융장치를 구입하고 판매함으로써 기업의 수익성을 높일 수 있었다고 말한다. 카길은 FMD가 아르헨티나 지점의 경험을 통해 인플레이션이 발생했을 때 '보통 상업 부문에서 벌어들였을 돈'을 금융시장에서 만회하는 법을 배울 수 있었다고 강조한다. 그 결과 카길의 아르헨티나 FMD는 '대담한 금융 거래를 성사시켜 대성공을 거두었다는 평판을 얻었다.'[144] (카길의 브라질 웹사이트와는 대조적으로 아르헨티나 웹사이트의 정보는 매우 제한적이며 오래된 것이다. '뉴스' 란의 가장 최근 기사가 1997년도의 기사다!)

아르헨티나하면 쇠고기가 연상되며 카길도 마찬가지지만 쇠고기 생산에 대한 카길의 견해는 아르헨티나 인들과는 다르다. 카길은 송아지가 살이 찌도록 대초원(팜파스)으로 이동시키는 북서부 지역 번식 농가들의 전통적 방식을 가축 사육장에서 비육하는 방식으로 바꿀 생각이라고 밝힌 적이 있다. 그렇게 하면 더 많은 부분을 통제할 수 있고 더 많은 사료가 판매되며 더 많은 의존성이 창출된다. 이러한 방식은 또한 대두 재배를 위해 '토지를 비우는' 효과도 가져온다.

1979년 카길은 남부에 대두 재배지역을 조성할 목적으로 부에노스아이레스에서 북쪽으로 약 250km 지점, 파라나 강 로자리오 근처의 산마르틴에 대두 분쇄공장과 사유 항구 그리고 대형 곡물창고를 건설했다. 또한 부에노스아이레스 남서쪽, 아르헨티나에서 가장 우수한 심해 항구인 바이아블랑카에 있는 2400만 달러 규모의 수출용 창고에 곡물을 집중시키기 위해 산마르틴에 지역 곡물창고도 건설했다. 카길은 이곳에 맥아 제조공장도 운영하고 있다. 카길은 네코치아의 바이아블랑카 북쪽 해안에 대두 분쇄공장 하나를 이미 보유하고 있었는데 이곳은 플로리다에 있는 인산비료공장들로부터 비료를 입수하는 창고 부지이기도 하다. 대두를 분쇄공장으로 수송하는 농민들은 비료를 가지고 돌아갈 수 있다. '환경에 대한 관심'의 표명으로 카길은, '현대적 기술을 이용하여 토양을 보존하는 방법'에 대한 농민 교육 단체에 재정 지원까지 하고 있다.[145]

1996년 카길은 푸에르토 산마르틴 대두 가공공장을 확장함으로써 이 공장을 카길이 운영하는 공장 중에서 최대이자 세계 최대 규모의 오일시드 가공시설로 만들었다. 카길은 또한 바지선 집하시설을 건설하여 아르헨티나 북서부와 볼리비아, 파라과이, 브라질에서 오는 대두, 콩단백 가루를 대양 함선에 적재하도록 함과 더불어 카길 가공공장에 제공하는 원료의 대체 공급지까지 제공하였다. 당시 카길은 파라과이-파라나 수상도로를 이미 염두에 두고 있었던 것이 분명하다.

카길은 다음으로 1998년, (케브라초라고도 알려진)푸에르토 제너럴 산마르틴에 있는 대규모 오일시드공장 단지에 인접한 파라나 강 상류에 1440만 달러를 투자하여 최대 규모의 비료 수송용 항만시설 건설에 착수했다. 이 시설에는 대형 창고 하나와 벌크 상품과 포장 상품 고속처리시설도 포함되어 있다. 이 시설은 좋은 위치 덕분에 플로리다나 튀니지아 혹은 구소련에서 오는 DAP이든 아니면 카리브 해, 중동, 구소련, 브라질 혹은 잠재적인 국내 생산지에서 오는 요소尿素든 어떤 것이든 상관없이 가장 저렴한 원료를 조달할 수 있도록 해준다. 카길은 또한 니데라 사와 장기 협정을 체결하여 서로 상대 회사의 비료를 처리해주기로 합의했다. 카길은 푸에르토 제너럴 산마르틴의 항만시설 일부를 이용해 파라나 강 상류 지역에 있는 니데라의 비료 제품을 취급한다는 데 동의했고 니데라는 네코치아 항구에 있는 자사의 시설에서 카길의 비료를 취급하기로 동의했다.

카길은 다른 활동 지역에서와 마찬가지로 아르헨티나에서도 사업을 다각화했으며 글로벌 운영에 적합한 사업들을 집중 개발하였다. 주스와 땅콩이 대표적인 예이다. 1989년 카길은 아르헨티나 서부에 있는 네우켄 강 골짜기 네우켄에 사과와 배 가공사업을 목적으로 아르헨티나 주스 부문을 설립했다. 1997년에 카길은 코르도

바 주 알레한드로 로카에 600만 달러를 투자해 땅콩껍질 제거공장을 증축함으로써 아르헨티나 국내 시장에 상품을 공급하고 미국 스티븐스 인더스트리의 땅콩사업체를 보완하여 계절에 상관없이 땅콩을 공급하도록 했다. 카길은 아르헨티나에 맥아공장도 건설하여 국내 양조업과 농산업에 기여했다. 1995년 카길은 미네티 시아 사를 인수함으로써 아르헨티나 제분사업에 진출했고 1999년에 카길과 몰리노스 리오 데 라 플라타는 각각의 아르헨티나 제분사업체를 합병하여 아르헨티나 최대의 제분회사를 설립했다. 몰리노스는 거래 조건으로 카길이 65퍼센트의 지분을 소유하고 있는 이 합작투자회사로부터 밀가루 전량을 구입하는 데 동의했다.

베네수엘라 파스타 시장을 장악하다

카길은 1986년에 합작투자회사를 설립한 뒤 파스타 생산업체인 아그리-인더스트리얼 미메사 사를 인수하면서 베네수엘라에서 사업을 시작했다. 3년 후 카길은 카라카스 근처에 있는 필스버리 소유의 파스타·밀가루공장 한 곳을 인수함으로써 각각 다른 소비자 그룹을 타깃으로 하는 2개의 브랜드를 추가로 확보했다. 베네수엘라 국민은 이탈리아를 제외하고 다른 어느 나라 국민보다 파스타를 많이 먹기 때문에 베네수엘라는 카길이 브랜드 소비 제품 분야에서 경험을 얻을 수 있는 좋은 무대였다. 카길은 현재 베네수엘라 최대의 파스타 생산업자이다.

그동안 남미의 여타 국가에서 카길의 소비자 상품 사업이 가시성이라는 유사점을 보인 것으로 판단할 때 베네수엘라 파스타 시장에서도 역시 가시성 전략을 추구하고 있는 게 분명하다. 3개의 파스타 공장에 각각 1개의 밀가루 제분시설을 증설하여 카길은 현재 베네수엘라에서 두 번째 규모의 밀가루 제분업자로 꼽히고 있다. 또한 1991년 베네수엘라의 투르메로에 있는 오르메치아 에르마노스를 인수한 후 조리용 오일도 판매하고 있다.

덧붙여 현재 카길은 베네수엘라를 세계적 규모의 천일염사업을 추진할 후보지로 고려하고 있다. 자세한 내용은 18장에서 다룰 것이다.

제 15장

주스 한 잔이 당신의 식탁에 오르기까지

> 카길은 항상 새로운 기회를 탐색해왔고 필요할 경우 기꺼이 경쟁업자들과 합작투자업체를 형성한다는 태도를 보이고 있다.

이제 당신은 오렌지 주스를 한 컵 따라 들었을 때 그 오렌지를 나무에서 따 주스를 만들어 테이블까지 가져오는 과정에서 카길이 어떤 역할을 했을지 궁금해 할 지도 모른다. 그 한 컵의 오렌지 주스의 기원을 거슬러 가다보면, 과거 그리고 현재의 카길의 관행과 전략에 대한 통찰을 얻을 수 있을 것이다.

카길의 오렌지 주스 가공업 진출은 브라질의 오렌지 가공업체인 큐트랄과 시트로수코로부터 사들이는 감귤 과립에 기반을 둔 브라질에서의 가축사료사업에서 비롯되었다. 카길은 당시 브라질에서 판매하는 사료에 감귤 입자를 사용했으며 유럽에서 생산하는 사료에도 첨가하기 위해 감귤 입자를 유럽에 수송하고 있었다. 그러다가 1975년 오렌지 주스 가격이 대폭 하락했을 때, 카길은 흐름에 역행하기로 결정하고 베베두로에 있는 가동중지 상태의 냉동 오렌지 주스 농축액FCOJ 공장을 인수하였다. 공장 소유주에게 운영 자금이 없었던 것이다. 다시 한번 카길은 기존의 시설을 헐값에 인수하면서 새로운 사업에 진출했다. 시기는 그보다 더 좋을 수 없었다. 플로리다의 엄청난 한파가 가격 상승을 부추겼고 더불어 카길의 FCOJ에 대한 수요를 창출했기 때문이다.

당시 브라질 감귤산업의 약 80퍼센트를 큐트랄과 피셔(후에 드레퓌스가 인수)가 좌우하고 있었는데 브라질에서 생산되는 오렌지 주스의 5퍼센트만이 국내에서 소비되고 나머지는 55갤런 드럼통에 담아 냉동 농축액으로 수출되었다(드럼통에 넣은 후 냉동시켰다).

카길 아그리콜라(브라질에서 카길이 사용하는 이름)는 수익을 재투자하여 추가적으로 생산력을 증대하는 입증된 전략을 계속해서 추구함으로써 연간 15퍼센트의 비율로 생산 규모를 증가시켰다. 1980년 카길은 FCOJ를 대량으로 처리하기 위해 암스테르담에 특수 주스 가공시설을 건설했으며 냉동 농축 주스를 브라질에서 암스테르담으로 벌크 운송할 목적으로 컨테이너 선에 냉동 시스템과 스테인리스스틸 용기를 갖추었다. 1년 후 이 배는 450만 리터의 FCOJ를 싣고 브라질에서 미국까지 최초로 운항했다.

1984년경 카길은 브라질에서 연간 9만 톤의 FCOJ를 수송했는데 이는 브라질 전체 오렌지 주스 농축액 수출의 15퍼센트에 달하는 규모였다. 이 중에서 3분의 1이 플로리다 주 탬파 항구에 있는 탱크 저장소로 운송되었고 그곳에서 다시 프록터&갬블이나 크라프트 또는 퀘이커 등의 고객에게 인도되었다. 나머지는 암스테르담을 경유하여 유럽으로 운송되었다. 1985년 카길 아그리콜라는 우초아에 두 번째 가공공장을 건설했으며 두 공장은 90파운드짜리 상자에 담은 주스를 합쳐서 매년 4500만 개를 가공하고 있다. 이는 연간 17만 톤의 규모로, 1분당 4만 개의 오렌지가 가공되고 있는 셈이다.

이 무렵 카길은 농축액을 -7℃이나 -8℃에서 운반하는 방법을 개발했는데 이는 농축액이 펌프를 통해 한 탱크에서 다른 탱크로 옮겨질 수 있을 정도로 점성이 있다는 것을 뜻했다. 이전까지는 농축액을 -20℃로 유지한 상태에서 수송했었다. 이 새로운 처리 방법의 개발로 카길은 베베두로와 우초아에 있는 여러 공장에서 주스를 농축하여 탱커트럭으로 주입한 다음, 산토스 항구(상파울루 항구)에 있는 집하시설로 운반해 대기중인 대규모 탱커에 직접 주입하고 다시 이를 암스테르담에 있는 시설 또는 1986년에 지은 뉴저지 엘리자베스 항구에 있는 시설로 운송할 수 있게 되었다. 농축액은 최종적으로 이들 항만시설에서 탱커트럭으로 재주입된 다음, 낙농 가공업체나 식품 가공업체 또는 업체에 딸린 시설로 수송되어 거기서 병으로 포장되거나 혼합되어 식품 가공 과정을 거치게 된다.

카길 아그리콜라는 한국 기업인 현대에게 의뢰하여 대량의 오렌지 주스 농축액과 오렌지껍질 오일을 운반하기 위해 최초로 특별 설계한 상선을 건조하도록 했다. 중량이 1만 3000톤에 달하는 이

상선은 1만 1000톤의 농축액을 운송하는 것이 가능하다.

당시 시트로수코 파울리스타와 수코시트리코 큐트랄 그리고 카길 아그리콜라 세 업체가 브라질 오렌지 주스 수출의 80퍼센트를 통제했으며 이 세 기업이 세계 오렌지 주스 시장의 53퍼센트(80만 톤)를 점유하고 있었다. 브라질이 미국 오렌지 주스 시장에 약 40퍼센트를 공급했고 코카콜라(미니트 메이드), 프록터&갬블(시트러스 힐), 베아트리체(트로피카나)가 이 주스를 유통시키는 미국의 3대 회사였다.

1986년 카길은 내륙에 보유한 시설과 산토스 항구(상파울루 항구) 사이의 이동과 반환 준비 시간을 최소화하기 위해 브라질 상파울루 주 철도 당국과 협정을 맺었다. 카길은 주 정부의 항구 운영 당국으로부터 임대한 부지에 대규모 사유 집하시설을 건설했다. 그 결과는 연간 44만 톤의 감귤 가루와 대두 가루, 대두를 운송할 수 있는 개인 소유의 수출 경로가 생긴 것이나 다름없었다. 이곳 시설은 이후 확장되어 대량의 포장 설탕 제품을 처리할 수 있게 되었으며 2001년에 카길은 지역 설탕 가공그룹인 크리스탈세브 코메르시오에 레프레젠타카오 사에 시설 지분 50퍼센트를 매각함으로써 크리스탈세브에게 연간 200만 톤 이상의 설탕을 처리할 수 있는 시설에 대한 사실상의 통제권을 넘겨주었다.[146]

1차 생산을 회피하는 관행적인 전략에서 탈피하여, 카길은 현재 합쳐서 1만 헥타르에 이르는 감귤 농장 4개를 브라질에 보유하고 있다. 그 중 규모가 가장 큰 발레 베르데의 농장에서는 5300헥타르의 개간된 땅에 137만 그루의 나무를 심어 약 400명의 직원이 이를 돌보는데 세계 최대의 오렌지 과수원일 것으로 추정된다. 카길이 희망한 것은 자사가 보유한 4개의 과수원이 브라질 오렌지 수요의 25퍼센트까지 공급하게 되는 것이었다.

그러나 현재 카길이 가공하는 오렌지의 대부분은 '독립적인' 재배업자들로부터 제공되며 카길은 수확철에 과수를 '소유한다'는 조건으로 이들과 계약을 맺는다. 수확철에 카길은 4000명의 채집 일꾼을 고용하여 한 과수원에서 다른 과수원으로 이동하며 노동을 시킨다. 오렌지 과수원의 위치 때문에 카길의 계약업자들은 인근 도시에서 일용 노동자를 태워 와서 하루 일이 끝나면 돌려보내는 식으로 인력을 확보할 수가 있다. 이로써 카길은 최저비용으로 최고로 유연성 있는 노동력을 확보할 수 있으며 어떤 종류의 노조 형성 가능성도 배제할 수 있는 것이다.

오렌지 주스 가공 과정에서 나오는 부산물은 과일껍질 기름인데 이 기름은 화장품과 약제 생산뿐 아니라 주스에 맛과 향을 첨가하는 데에도 사용된다. 그런 다음 과일껍질의 최종 잔여물은 작은 입자로 가공되는데 이 입자의 99퍼센트는 동물 사료 제조용으로 EU에 수출된다.[147]

카길은 항상 새로운 기회를 탐색해왔고 필요할 경우 기꺼이 경쟁업자들과 합작투자업체를 형성한다는 태도를 보이고 있다. 1987년에 시트로수코 파울리스타와 수코시트리코 큐트랄, 카길 아그리콜라 그리고 테트라 팍(스웨덴의 대규모 살균포장업체)은 브라질에서 수입되는 오렌지 주스를 가공, 포장, 유통하는 합작투자회사를 설립하겠다는 내용의 협정을 러시아 정부 당국과 체결했다. 이 협정으로 모스크바에서 남쪽으로 500km 떨어진 리페세크에 공장을 설립했고 소련의 사과 주스를 브라질 오렌지 주스 농축액과 교환하기로 했다. 이 공장에서 소련에서 재배된 사과를 유럽과 미국에 판매할 주스로 가공했고 벌어들인 경화硬貨는 브라질 오렌지 주스 농축액 값으로 지불되었다.[148] 1997년 카길은 웹사이트에 러시아에서 FCOJ를 가공하고 있다는 소식을 올렸다.

유럽과 미국은 여전히 브라질 산 오렌지 주스의 주요 수출 대상국이었지만 일본 소비자의 영향력이 점점 커지자 카길과 같은 거대 TNC들은 새로운 기회를 포착하여 일본 시장에 진출하기로 결정했다. 1992년 4월 오렌지 주스 수입시장이 개방되기 1년여 전부터 선도적인 일본 무역회사들은 해외 생산업자 가운데 제휴 상대를 탐색하고 있었다. 이때 시트로수코 파울리스타와 수코시트리코 큐트랄은 아이치 현 도요하시 시에 수입 냉동 농축액 저장시설을 짓고 있었다. 이 시설은 현재 일본의 연간 오렌지 주스 소비량의 4분의 1에 해당하는 2만 톤의 농축 주스를 저장할 능력을 보유하고 있다.

이례적으로 경쟁에 늦게 뛰어든 카길이 사실은 일본 회사를 거치지 않고 주스를 직접 일본 탄산음료 제조업체에 공급하는 데에 관심을 두고 있다는 소문이 돌기 시작했다. 카길은 시바 현의 후나바시를 저장탱크 건설 부지로 선정하기까지 했으나 이 부지는 쇠고기 가공 프로젝트에 잠깐 이용되는 데 그쳤다. 대신 1993년에 카길 저팬은 일본 남부 카시마에 있는 3500톤 용량의 새로운 시설에서 사과와 배 등 오렌지 이외 다른 주스를 가공하거나 혼합하기 위해 브라질로부터 55갤런 드럼통에 담긴 FCOJ를 수입하기 시작했다.

카길은 새로운 시장을 물색하는 것에 그치지 않고 브라질의 오렌지 주스 사업이 성공적이라는 사실을 깨닫자마자 오렌지 주스의 대체 공급지를 탐색하기 시작했다. 결국 그 장소는 파키스탄으로 낙착되었고 카길은 4년간의 협상 끝에 1990년 파키스탄 최초의 과일 주스 농축액 공장을 지었다. 사실 카길은 이미 10년 전에 영국 면화 거래업체인 랠리 브라더스를 인수함으로써 오래 전부터 파키스탄에 회사의 존재를 확고히 심어둔 터였다.

카길의 파키스탄 공장은 펀자브의 라호레 북서쪽에 위치한 파키스탄의 주요 감귤 생산지역인 사르고다에 있다. 파키스탄 정부는 공장에 설비할 모든 기계류의 무관세 수입과 8년의 세금면제 기간 등의 인센티브를 제공하였다. 이 프로젝트는 브라질에 있는 카길의 공장을 모델로 한 것인데 카길은 미국 정부의 지원을 받아 사르고다 농민을 브라질에 보내 향상된 재배 기술을 배우도록 하였다.

파키스탄은 카길이 공급 기반을 확장하는 무대로서만이 아니라 1930년대 캘리포니아 대학이 개발한 사츠마satsuma 타입의 오렌지 '키노'의 세계적 생산지로서도 큰 가치가 있었다. 키노의 가장 중요한 특성은 맛과 높은 비타민 C 함유량 그리고 색상이다. 키노의 냉동 농축액은 환타Fanta의 진한 오렌지색을 함유하고 있기 때문에 암스테르담으로 수출되어 혼합·착색 과정에 사용되는데 사실 환타의 색은 아직까지 인공 색소를 이용해 내고 있다. 카길은 서구 업체들과 일본이 합성 착색제보다 천연 착색료를 쓰는 데 기꺼이 더 많은 비용을 지불할 의사가 있다고 믿는다.

카길은 1989년 아르헨티나와 칠레의 사과와 배 가공시설을 인수했는데 아르헨티나와 칠레는 연간 1600만 리터의 사과 주스와 배

주스 농축액을 생산하여 카길을 남미 최대의 사과 주스 수출업체로 만들어주고 있다. 패션프루트passion fruit와 파인애플 주스는 브라질의 피에라 드 산타나에 있는 공장에서 냉동 농축액으로 가공된다. 카길은 이탈리아의 페라라에도 사과 가공공장을 보유하고 있다. 사과 주스 농축액은 냉장온도에서 그리고 일정 시간 실온에서도 안전하게 저장될 수 있다는 유리한 점 때문에 정제되거나 재농축되어야 하는 단점에도 불구하고 오렌지 주스 농축액을 능가하는 대량의 수익을 제공하고 있다.

카길은 1992년 플로리다 주 프로스트프루프에 있는 프록터&갬블의 대규모 과일 주스 가공공장을 인수함으로써 오렌지 주스 시장에서의 점유율을 한층 확대했고 인수 즉시 시설 확장에 들어갔다. 이 공장의 대규모 냉장 시설이 특히 카길의 관심을 끌었는데 이 공장과 브라질에 있는 공장 덕분에 카길은 연중 내내 북미 전역에 오렌지 주스 농축액을 공급하는 것이 가능해졌다. 카길은 이미 수년 동안 프록터&갬블에 브라질 산 주스 농축액을 제공해왔으므로 이는 카길의 입장에서 그리 무모한 움직임이 아니었고 앞서 언급한 바와 같이 카길이 생산하는 주스는 다양한 유명 브랜드뿐 아니라 카길 자체 브랜드로도 이미 유통되고 있다.

게다가 카길이 가공하는 농축액은 브라질의 경쟁 업체에서 생산하는 농축액과 마찬가지로 소비자들에게 오렌지 주스 원액으로 공급되는 것이 아니라 탄산음료 제조업자와 혼합가공업자에게 전달되어 여러 가지 비非알코올성 음료로 가공 생산된다.

프로스트프루프 공장이 가동된 첫 해에 카길은 자체 과수원에서 생산된 오렌지를 포함하여 플로리다 전체 오렌지 수확량의 7퍼센트를 가공했다(캘리포니아 오렌지가 대부분 직접 소비되는 반면, 플로리다 오렌지는 약 90퍼센트가 주스용으로 가공된다).

카길은 프로스트푸르프 부근에 채광 지정 구역과 간척지를 포함해 광대한 토지를 필요로 하는 인광채굴 사업체를 소유하고 있을 뿐 아니라 플로리다 중부에 1200헥타르가 넘는 규모의 오렌지 과수원을 소유하고 있다. 이 곳에서 카길은 개간된 토지에서 오렌지를 생산하는, 일종의 실험을 추진하고 있다.

카길은 인광채굴 사업에서와 마찬가지로 프로스트프루프 과일 주스공장 운영에 있어서도 쓰레기 관리와 환경보존 정책에 매우 신중하게 접근하고 있는 듯하다. 카길은 파이프를 통해 가공 용수(오렌지 자체가 함유한 80퍼센트의 수분까지 포함)를 9.5km 가량 끌어다가 마초馬草 잔디에 뿌리는데 잔디는 물에 들어있는 영양분을 빨아들인다. 그러면 풀은 연간 몇 차례 베어서 가축의 먹이로 주고, 땅에 스며든 물은 배수 파이프에 모여 다시 9헥타르의 감귤 과수원에 물을 대는 데 사용된다.[149]

카길의 감귤사업으로 다시 돌아가서 프로스트프루프 공장에서 나온 감귤 껍질은 분쇄되고 건조되어 작은 입자 모양으로 만들어져 탬파에 있는 카길의 항만시설로 수송되며 거기서 다시 카길의 유통망을 거쳐 유럽에 수출되어 가축 사료로 판매된다.

최대한 수직적으로 사업을 일관시킨 카길은 2000년에 북미 감귤 가공사업체들을 합병할 목적으로 세계 최대의 그레이프푸르트 주스 가공업체인 플로리다의 선퓨어와 합작투자회사를 설립했다. 카길은 이 합작회사의 무한책임투자자로 일상적인 매니지먼트를 책임지고 있다. 새로운 회사는 북미 최대의 비非브랜드 감귤 가공업체가 되어 농축액과 비非농축액뿐 아니라 기름이나 에센스 같은 기타 감귤 제품까지 생산할 예정이다. 비非브랜드non-branded란 제품이 몇 종류의 유통업자 브랜드를 달고 여러 매장에서 판매된다는 것을 의미한다.

본격적으로 합작회사를 창립하기에 앞서 카길과 선퓨어는 보다 작은 규모의 합작투자회사인 내추럴 클라우드를 시험 설립하여 감귤 껍질에서 나온 기능성 음료 성분을 가공 생산하여 판매했다. 카길 시트로 아메리카의 설명은 다음과 같다.

시트로 퓨어 클라우드는 탄산·비非탄산 저급 주스와 주스 이외 음료를 생산하며, 천연원료만을 사용하는 음료 혼탁 가공 대행업체이다. 혼탁도(액체가 더 불투명하게 보이도록 하는 기술), 그리고 수지樹脂의 글리세롤 에스테르나 브롬화된 식물성 기름, 자당 아세테이트 이소부티레이트 같은 타 향미 원료와 비교했을 때 더 중립적인 맛을 갖는 것이 이 회사의 가공 기술에 포함되는 특징이라고 할 수 있다.

카길은 또한 농축 주스를 가공할 목적으로 칠레 최대의 농업 관련 회사인 엠프레사스 이안사Empresas Iansa와 40대 60으로 합작투자회사를 설립했다. 새로운 회사인 파타고니아 칠레는 랑카과에 있는 이전 카길 소유의 사과 주스공장과 몰리나에 이안사가 소유했던 시설을 가동하여 사과, 배, 나무딸기(라즈베리), 키위 주스 그리고 사과 에센스까지 생산하고 있다. 파타고니아 칠레는 남반구 최대의 비非감귤 주스 가공업체가 될 것이다. 감귤 주스와 기타 과일 주스 그리고 농축액에 이르는 광범위한 사업체를 갖고 있는 카길은 네덜란드의 아홀드나 월마트 같은 대규모 유통업체들에게 신뢰할 만한 연중 공급업자로 확고하게 자리잡고 있다.

가공업자이자 글로벌 판매·거래업자로서 카길은 이 중 하나의 역할만을 수행하는 다른 업체들과의 경쟁에서 절대적인 우위를 차지하고 있다. 카길은 또한 자사가 생산하는 일용품 분야에서 투기할 준비도 되어 있는데 투기에서 상실한 부분을 생산 활동에서 보충할 수 있고 또 반대의 경우도 가능하기 때문이다—양쪽에서 헤징을 능숙하게 할 수 있다면 말이다. FCOJ는 면화 거래소에서 거래되는데(다른 곳에서 거래되어야 한다!) 변동이 심한 FCOJ 시장은 바로 투기꾼들이 가장 선호하는 분야이다.

시스템은 앞서 설명한 선물거래와 동일한 방식으로 돌아간다. 실제 생산량에 기초하여 카길은 투기자에게 미래 정해진 날짜에 정해진 가격으로 오렌지 주스를 인도한다는 약정을 판매할 수 있다. (때로 '투자자'라고도 불리는) 투기자는 환율 변동으로 이윤을 얻을 기회가 올 때까지 계약을 팔지 않고 보유할 수도 있다. 보도되지는 않았으나 오렌지 작물에 냉해가 있다는 정보를 만약 입수하게 되면, 카길은 오렌지 가격의 상승을 예상하고 이 계약을 되살 수도 있다. 동시에 카길은 투기자들에게 오렌지 주스 선물에 투자하도록 권고함으로써 동일한 계약을 이윤을 남기고 다시 판매할 수도 있다. 이 과정이 영원히 계속될 수는 없지만 가격이 하락하면 카길 주스는 계약서를 되사고 이번에는 보다 비싼 가격의 존재하지도 않는 오렌지 주스에 대한 계약 대신 실제 오렌지 주스를 판매할 수 있다. 예를 들어 FCOJ 1미터톤 같은 실물 일용품은 한 단위당 최종 종착지에 도달하기 전 평균 19회 거래된다는 사실이 밝혀졌다. 이러한 과정에서 카길 같은 회사는 FCOJ를 1회 선적하는 것에서도 이윤을 얻을 기회를 여러 번 얻게 된다.

2000년 중반에 주스용 오렌지의 공급 근거지인 브라질에 관한 흥미로운 이야기가 떠돌았다. 내용인즉, (카길이 베베두로의 공장을 인수한 후 얼마 되지 않은 시점인) 약 40년 전 브라질을 오렌지 주스 가공사업에 뛰어들게 만든 주체가 바로 미국의 오렌지 재배업자와 가공업자들이었다는 것이다. 매년 닥치는 혹한이 (프로스트프루프 frostproof란 이름에도 불구하고)플로리다의 감귤 작물을 철저하게 황폐화시킨 직후에 있었던 일이다. 미국인들은 브라질 농민들에게 커피 재배지 대신 과수원을 만들도록 부추겨서 혹한이 또 다시 플로리다 작물을 전멸시킬 경우 이 새로운 과수원들이 플로리다 오렌지를 대체할 주스 가공 원료를 제공할 것이라고 생각했던 것이다.

상파울루 주의 과수원은 매우 생산성이 뛰어났기 때문에 수년 내에 브라질은 미국 시장의 45퍼센트를 점유할 수 있었다. 1987년 무렵 플로리다 재배업자들의 로비 활동으로 미국은 브라질 오렌지에 63퍼센트의 수입관세를 부과했다. 대규모 광고 캠페인으로 미국 오렌지 주스 소비자들이 오렌지와 플로리다를 동일시하도록 만들고 브라질 오렌지에 고율의 관세를 부과한 끝에 마침내 미국 시장에서 플로리다 오렌지의 점유율을 64퍼센트로 증가시켰다. 브라질 재배업자들은 시장 점유율이 하락하는 것을 방관하지 않고 플로리다 지역에 있는 공장들을 인수함으로써 반격을 가했다. 큐트랄 시트러스는 미니트 메이드의 공장을 인수했고 시트로수코 파울리스타도 공장 한 곳을 인수했으며 드레퓌스 역시 매입에 나섰다. 현재 카길을 포함하여 이 네 업체는 미국 오렌지 생산량의 30퍼센트를 가공하고 있으며 브라질 시장의 80퍼센트 이상을 점유하고 있다.[150]

신선 과일사업에서 실패하다

한 사람이 마시는 오렌지 주스의 양에는 한계가 있고 단일 시장에서 한 업체가 판매할 수 있는 단일 상품에도 한계가 있다. 하지만 오렌지와 오렌지 주스로 실전 경험을 얻었다면 다른 신선한 과일을 시도하지 않을 이유가 있을까?

 3년의 탐색 기간을 거친 후 1991년 8월 카길은 캘리포니아와 칠레 산 복숭아, 서양자두, 승도복숭아, 배, 키위프루트, 포도 등을 포함하여 550만 상자를 취급하는 과일 운송업체, 어쩌면 미국 최대의 복숭아 운송업체라고도 할 수 있는 캘리포니아 리들리의 리치랜드 세일즈 사를 인수했다. 1년도 채 지나지 않아 카길은 소단위로 확장을 시도해도 문제없겠다고 결정하고 1992년 5월 캘리포니아 델라노의 포도 재배업체인 프로스퍼 덜시치&선을 리치랜드에 합병하였다.[151] 카길의 간부들은 이를 전형적인 용어를 사용하며 다음과 같이 설명했다.

"우리는 점차 대형 업체로 발전시킬 것을 염두에 두었기 때문에 중소규모 업체로 시작한 것이다."

카길은 즉시 100만 달러를 투자해 '슈퍼라인'을 설치하여 하루 통조림 가공 능력을 2배로 늘이고 다양한 포장 스타일과 브랜드 라벨을 도입했다. 그 결과 1992년 무렵에는 연간 생산 규모가 10퍼센트 증가하고 매출 역시 6천만 달러에 달했다. 카길의 '월드와이드 주스, 과일, 야채 부문'의 사장인 더그 린더가 리치랜드의 회장을 맡고 있으며 모든 최종 결정은 미네통카에 있는 카길 본부에서 그가 지시한다고 『더 팩커The Packer』지가 보도했다. "리치랜드 경영진에게도 직접 판단하고 실행할 여지가 있으나 그래도 현재 리치랜드의 모든 길은 카길로 연결되어 있다"고 린더는 말한다.[152] 그 후 리치랜드는 칠레에서 수입하는 포도의 양을 2배로 늘렸고 5년의 사업 중단 이후 다시 사과와 아시아 산 배 교역으로 사업을 재개했다.

그러나 1996년에 이르자 리치랜드의 신선 과일 매출은 급감했고 카길은 사업체 전체를 매각했다. 『더 팩커』는 이렇게 전했다.

해당 지역 운송업자들은 카길이 산 호아친 밸리에서 사업을 하기에 적합하지 않은 회사였다는 의견을 가지고 있다. 카길의 전략은 적절치 못했다… 이 곳은 소규모 재배업자와 토지가 주를 이루는 작은 지역이다. 카길의 사업은 곡물이나 주력 상품 혹은 저장 지향성을 가진 것이 대부분이다. 그러한 성향은 이처럼 상하기 쉬운 작물로 사업을 하기에는 부적합하다.[153]

제16장

'구호'라는 미명 아래 길들여진 동아시아

Invisible Giant
누가 우리의 밥상을 지배하는가

> 우리는 끊임없이 사람들의 식습관을 변화시킨다. 보다 많은 선택권을 가지는 것은 모두에게 좋은 일 아닌가. (1994년 서울에서)
>
> — 찰스 알렉산더(미국 농업거래사무소 이사)

1945년 2차 세계대전이 끝날 무렵 미국은 태평양의 지배 세력으로 떠올랐고 일본과 한국, 대만은 북미의 군대와 북미 식품에 점령당하면서 '미국 식량 침략'이라는 새로운 형태의 제국주의의 피해자가 되었다. 식량은 말 그대로 사람들을 굶주려 죽는 것에서 구원하는 직접 원조의 형태로 침투했고, 때로는 재건에 조력을 제공하면서 '공산주의의 위협'에 대항해 싸우는 동맹국을 얻는 수단으로 이용되었다. 그러나 가장 본질적인 형태는, 남아도는 미국 식품을 위한 시장을 창출하는 도구로서 이용된 것이었다. 어떤 경우든 최종 효과는 동일했다. 식습관을 바꾸고 주로 흰빵 형태의 직접 소비를 위한 미국산 밀과 밀가루에 대한 의존성을 증가시키며 미국에서 수입되는 가축 사료인 옥수수와 대두에 기반을 둔 집약적인 가축산업이라는 환경을 조성하는 것이다.

재건과 산업화가 시작되자 미국은 1954년 PL 480 '평화를 위한 식량'이라는 기치 아래 식량 프로그램을 본격적으로 추진했다. 이는 미국이 만들어낸 반공주의라는 깃발을 두르고 있었지만 본질적으로는 시장 확대 프로그램에 불과했다. '공산주의'의 위협이 사라지고 있는데도, 앞서 곡물 거래에서 이미 살펴본 것과 같이 미국의 식품 제국주의는 1985년 농가 보조법Farm Bill과 뒤이은 수출 증진 프로그램EEP에 의해 계속해서 되풀이되고 확장되었다. 이 프로그램은, 특히 EU의 수출 지원 정책에 직면하여 어떤 대가를 치르더라도 미국 기업이 글로벌 식품 교역을 계속 지배하도록 만들려는 의도를 가진 미국 농업 관련 기업들이 고안한 것이었다.

이러한 식품 제국주의에 피해를 입는 가장 뻔한 희생자는 과거에도 그러했고 앞으로도 그럴 텐데, 이를 받아들이는 국가의 농업과 농촌 사회이다. 그러나 이러한 점은 일본과 대만, 한국을 식품과 사료 시장으로만 간주해온 카길 등의 미국 기반 TNC들에게 단 한 번도 이슈가 된 적이 없었다. 식품과 가축 사료의 주요 공급업자 중 하나인 카길은 이러한 형태의 제국주의의 대리자이자 수혜자가 되어왔다.

대만, 대륙 진출의 교두보로 삼다

대만과 한국의 훌륭한 주선자들 덕분에 나는 1994년 많은 사람을 만나 양국에서의 카길의 활동에 대해 기대했던 것 이상으로 상세한 이야기를 들을 수 있었다. 조금 오래된 과거의 이야기지만 그럼에도 불구하고 이 장은 보이지 않는 거인의 사업 방식에 대한 보기 드문 통찰을 제공할 것이다.

대만은 중국의 붉은 위협에 맞서는 자유주의의 마지막 보루로 미국 냉전주의자들의 마음에 오랫동안 특별한 위치를 차지해왔다. 그런 이유로, 미국의 농업 관련 사업의 개발 원조와 시장 요구라는 제국주의에 의해 대만의 경제적 독립이 보이지 않게 방해를 겪는 동안에도 대만 독립의 환상은 그대로 남아있었다. 최근 몇 년 사이에는 10억이나 되는 잠재적 소비자를 보유한 진짜 중국이라는 나라가 지닌 매력이 반공 이데올로기를 무력화無力化시켰다. 그러나 1990년대에 대만은 엄청난 중국 시장을 위한 지역적 거점이자 준비 단계의 무대로서 특수한 전략적 중요성을 가지고 있었다.

대만 영토는 36000㎢에 달하는데 내륙은 산이 많고 또 '포르모사Formosa'라는 이름처럼 매우 아름답다. 전체 면적의 약 29퍼센트에 해당하는, 섬(대만)의 가장자리 지대가 농업에 적합한 토지로 간주되고 있다. 1990년대 중반에 약 2100만 명의 인구 가운데 400만 명이 '농업 인구'로 규정되었지만 평균 보유 토지가 1.1헥타르인 '농가'는 80만 명 미만이었다.

"농업에 종사하는 인구는 여전히 너무 많다"고 농업위원회 또는 농무부 대표가 말했다.

『밀링&베이킹 뉴스』에 따르면, 대만은 환태평양 지역에서 가장 빠른 속도로 성장하는 미국 농산물 수출시장이었다. 『밀링&베이킹 뉴스』는 다음과 같이 보도했다.

"한국의 경우와 마찬가지로, 대만의 현대적 밀 식품산업은 1950년대 미국으로부터 받은 밀과 밀가루 식품 원조에서 비롯되었다. 대만은 1965년까지 PL 480 프로그램의 주요 수혜국이었다. 1973년 이후 대만은 미국 곡물 수출업체 중 하나와 5개년 밀 교역 협정을 맺었다."

그 결과 대만에서 수입하는 밀의 약 88퍼센트를 미국산이 차지하게 되었다.[154] 대만은 또한 대두와 밀, 사탕수수, 면화의 국내 수요량 거의 대부분을 수입에 의존하고 있다.

1993년까지 35개 밀가루 제분업체를 대표하는 대만 밀가루제분협회가 대만의 유일한 밀 구매기관이었는데 대만 정부는 협회에게 주로 미국으로부터 밀을 구입하도록 권유했다. 이는 대만 밀가루제분협회가 미국 수출업자의 대표인 미국소맥협회와 거래했다는 것을 의미하는데 이들 미국 수출업자 중에는 카길이 포함되어 있었다.

1952년 이후 대만의 육류 생산업 규모가 엄청나게 증가했는데 대만 최고의 농업 생산품이던 쌀을 돼지가 대체했고 가금사업이 세 번째를 차지했다. 돼지 생산의 집중 현상은 질병과 거름 문제를 낳았다. 그 결과 대만의 돼지산업은 돼지와 돼지거름을 위한 새로운 토지를 모색해야 할 정도가 되었는데 여기에 카길의 지원이 개입되었음은 의심의 여지가 없다.

카길은 1956년 대만과 한국에서 사업을 시작했고 같은 해에 글로벌 무역 자회사인 트라닥스를 설립했다. 카길은 1968년에 전형적인 물리적 진출을 꾀하여 대만 정부로부터 사료제분공장 건설 허가를 받고 1971년 가오슝에 공장을 설립했다. 카길의 두 번째 사료공장은 1975년 타이중에 세워졌다. 두 공장은 각각 한 달에 3만 톤의 생산력을 보유하고 있다.

1994년 내게 가오슝 제분공장을 안내해준 공장 관리자 린은 우리에게 공장에서 이루어지는 수작업의 엄청난 규모를 눈치 챘느냐고 물어보았다. 대부분의 노동자들은 사료를 포장하거나 포장한 상품을 출하하는 작업을 하고 있었다. 그는 미니애폴리스 본부가 공장을 자동화하여 모든 수작업을 없애기를 원했으나 공장 운영진이 이에 저항하면서 그러한 방식으로 처리되기에는 노사관계가 너무나 중요하다고 카길 측에 주장하고 있다고 얘기해주었다. 린은 직원들이 떠나거나 퇴직함에 따라 서서히 자동화하는 것이 그들이 지향하는 정책이라고 했다. 19년 전 공장이 문을 연 이래 많은 직원이 이곳에서 일해 왔는데 매니저들은 이들에 대한 일종의 책임감을 느낀다는 것이었다.

카길은 그들이 상시 고용인들에게 좋은 대우를 해주고 공장에서도 이들의 안전을 염려한다고 말하지만 공장에 들어가기 직전 나는 평상복을 걸친 맨발의 시골 여성이 등에 커다란 분무기를 지고 공장 건물로 들어가는 것을 목격했다. 우리가 밖으로 나왔을 때 그 여성은 공장 부지의 잔디에 소독약을 뿌리고 있었다. 그 여성의 건강과 안전에 대한 배려는 눈곱만큼도 찾아볼 수 없었으며 그녀는 그 일을 위해 하루만 고용된 것으로 보였다.

타이중에 위치한 카길의 다투 공장의 감독인 앤디 추는 카길의 내부 인사들과 다소 다른 견해를 가지고 있었다. 그는 대만 국민의 입장에서 GATT는 잘못된 것이며 대만 농민에게 큰 타격을 줄 것이라고 거침없이 주장했다. 비싼 땅값과 고임금 때문에 대만은 싱가포르와 비슷한 상황이 될 텐데 그가 볼 때 이는 긍정적인 발전이라 할 수 없다는 것이다. 그는 이어서 다른 회사들은 중국 본토로 떠나고 있지만 대만의 카길 제분공장은 뛰어난 운영 기술과 구매하는 원료의 엄청난 규모 덕분에 앞으로도 계속 성공적으로 운영될 것이라고 전망했다.

공장 운영진은 갑작스런 자동화에 반대하는 입장이었는데 그뿐 아니라 부기를 모두 전산화하여 카길이 운영하는 모든 사료공장의 글로벌 시스템에 통합시키라는 본사의 압력에도 저항하고 있었다. 그들은 공장이 이미 고객들과 밀접한 관계를 유지하는 매우 우수한 직원들을 보유하고 있으며 자동화로 인해 이러한 훌륭한 관계를 위태롭게 만들기를 원하지 않는다고 말했다. 그들은 또한, 고객들과 대화하고 안부를 묻는 것이 훨씬 더 중요하다고 강조했다(앞에서도 언급했지만 나는 네브래스카에 있는 카길 자회사 직원들에게서 똑같은 말을 들었는데 이들 역시 카길의 중앙집중화된 시스템을 달가워하지 않았고 그런 방식으로는 고객을 잃을 거라고 주장했었다).

1990년 말경 카길은 카길 타이완 사와 대만설탕회사의 합작투자로 고조 지방에 돼지고기 가공공장을 건설할 예정이라고 발표했는데, 대만설탕회사는 1953년부터 대규모 집약적으로 돼지를 생산해온 회사였다. 이 공장은 완공 시 하루 3000마리의 돼지를 도축하고 (일본 최대의 가공시설과 대등한 수준), 연간 3만 톤의 돼지고기를 일본에 수출할 계획이었다. 카길은 일본이 연간 약 36만 톤의 돼지고기를 수입하고 있는데 대만과의 합작투자 시설이 완전 가동되면 그것의 약 10퍼센트까지는 공급할 수 있을 것으로 추산했다.

공장은 1992년에 문을 열었다. 돼지고기 공급량의 대부분은 제휴업체인 대만설탕회사가 제공했는데 대만설탕회사는 당시 집약적인 돼지 생산시설에서 연간 60만 마리의 돼지를 생산하고 있었다. 50대 50으로 설립한 이 합병회사는 현재 카길이 지분 60퍼센트를 보유하고 있으며, 나머지 40퍼센트를 보유한 대만설탕회사는 카길이 제시하는 운영 정책을 따르고 있다. 그러나 한편으로는 대만설탕회사처럼 현금화하기 쉬운 자원과 정치적 파워를 지닌 소액주주를 여럿 확보하는 것도 카길에게 분명 이익이 될 것이다.

카길 타이완의 사장인 게리 애플게이트는 이 공장의 돼지고기 생산품의 85퍼센트가 뼈를 제거하고 냉장되거나 냉동되어 일본으로 수출될 것이라고 내게 설명했다(나는 어느 건물의 3층에 자리 잡은 매우 현대적으로 꾸민 그의 사무실을 아침 일찍 방문했는데 전날 밤 태풍이 불어 대부분의 통신장비를 파괴하는 바람에 처리해야 할 팩스 서류가 없어 우리의 대화는 매우 여유롭게 진행되었다).

애플게이트는 카길의 사료 생산과 대만설탕회사의 돼지고기 생산의 상호보완 정도가 카길이 예상했던 수준에는 미치지 못하는데, 카길이 사료의 주성분인 수입 옥수수와 대두의 공급업일 경우 직접 사료 생산사업을 하지 않아도 카길이 거액을 벌 가능성이 많아진다고 했다. 같은 논리로, 돼지 도축과 가공사업에서 벌어들이는 수익이 다소 적을 때도 있지만 그런 경우에도 카길은 대만설탕회사에 판매한 사료 원료로 여전히 많은 돈을 벌어들였다. 애플게이트는 제휴업체인 대만설탕회사를 세계에서 가장 우수한 국영 회사로 신용하고 있었는데 이는 카길의 경쟁력과 경험에 비추어볼 때 굉장한 찬사인 듯 하다.

그는 또한 한국에서처럼 대만에서도 카길은 사료를 시장 진출 수단으로 택했는데 이는 이미 합작투자 사료사업체를 보유하고 있는 중국을 비롯하여 새 지역에서 종래의 교두보 확립 전략을 추구할 때 사료를 이용할 가능성이 있음을 시사하는 것이라고 했다. 애플게이트는 이를 경험에 의한 학습이라고 표현했다. 카길은 이미 중국에 2개의 공장을 더 짓고 있었는데, 1997년 무렵에는 중국에 5개의 사료 분쇄공장을 운영하고 사료의 대부분을 중국산으로 충당할 예정이었다(불행하게도 나는 이에 대한 최신 정보를 입수하기 위한 답사 여행의 시간과 경비를 감당할 수 없었다).

애플게이트는 그의 직원들에게 상당히 만족하고 있었다. 그곳 직원들이 대두 가루를 비롯한 기타 일용품을 구매하는 방식이 매우 효율적이어서 미국 중서부 지역에서 구입해 대만으로 수송하는 경우에도 대만에서 판매하는 대두 가루의 비용을 더 가까운 공급지인 중국 공급지에서 들여오는 대두 가루 가격에 맞추기도 한다고 자랑스럽게 설명했다.

"그들은 대두 가루가 전 세계 어디에 있는지, 얼마나 있는지, 그리고 어디로 가고 있는지 꿰뚫고 있습니다."

애플게이트는 또한 1994년 5월 타이베이에 카길 투자서비스CIS 지점이 문을 연 사실에 대해서도 기쁨을 표했다.

"CIS는 저비용 금전(이자율이 낮은 금융)을 제공함으로써 사업운영 비용을 절감해준다."

이는 결국 CIS가 자사의 계정이 아닌 고객들의 계정을 다룬다고 카길이 선전한 셈이기 때문에 흥미로운 폭로라고 할 수 있다. 카길의 디렉토리에는 타이베이의 M. A. 카길 무역회사도 있는데, 애플게이트는 이 업체가 사료 성분으로 수지獸脂 그리고 가죽을 비롯한 저렴한 원료도 함께 취급하는 당밀 거래회사라고 했다. M. A. 카길은 이외에도 자체적으로 보유한 선단은 없으나 카길을 비롯한 그 지역에서 활동하는 다른 업체들의 화물을 취급하는 해운회사인 씨콘티넨탈을 운영하고 있다.

애플게이트는 앞으로 대만이 호주나 미국, 캐나다에서 수입하는 쇠고기와 태국의 카길 공장에서 생산되는 닭고기 등 타 지역에서 생산되는 육류의 '2차 가공'과 유통을 위한 지역적 거점이 되지 못할 경우, 카길 타이완은 사료와 돼지고기 가공사업에서 이미 한계에 봉착한 것이나 다름없다고 말했다. 그렇게 될 경우 흰 육류는 그것을 더 선호하는 미국으로 수송되고 붉은 육류 역시 수요가 더 많은 동남아 시장으로 수출된다. 대만 인구의 2배에 가까운 한국(북한을 포함하면 3배)과 비교해볼 때, 대만은 나라 자체가 너무 작아 매력적인 시장이 되기에는 적절하지 않다. 대만이 제공할 수 있는 것은 지리적 위치 그리고 숙련됐지만 값비싼 노동력 정도가 전부이다.

이틀 후 놀랍게도 나는 국가정책연구회INPR의 연구원 3명에게서 똑같은 의견을 들었다. 정책연구회는 대만의 어느 부유한 자본가가 재정을 지원하여 대만 총통에게 조언할 정책을 연구하는 기관이었다. 나는 연구원들을 만나 정책 형성 과정에서 일반적인 기업 부문, 특히 카길 같은 회사가 어떤 역할을 하는지 물어보았다. 그들은 정중한 어조로 "생각해본 적이 없다"고 대답했다. 농업 정책을 만드는 데 있어 관련 기업의 역할에 대해 한번도 생각해본 적 없을 뿐 아니라 카길과 카길이 하는 일에 대해서도 전혀 아는 바가 없지만 자국인 대만의 경제를 안정되게 하기 위해서는 카길 같은 기업과 얼마든지 제휴할 수 있다고 내게 강조했다. 내가 그 말을 곧이곧대로 믿기를 기대하지는 않았을 것이라 생각된다.

그러나 대만에서의 항해가 순탄하기만 했던 것은 아니다. 한때 카길은 공개 입찰로 미국산 대두를 파나맥스 2대 분량으로 구입해 온 대만의 선도적인 구매그룹 BSPA(조찬 클럽the Breakfast Club)에 의해 대두 입찰에서 배제되었다고 공개적으로 불평한 적이 있다(파나맥스는 파나마 운하를 항해할 수 있는 초대형 함선을 뜻한다).

당시 대만에 있던 카길의 총지배인 제이슨 린은 대만 시장을 '겨우 15개의 주요 분쇄업체가 독점'하고 있다고 했다. 카길은 어떤 사업을 하든 시장의 4분의 1에서 3분의 1을 점유했었다. 그러나 BSPA의 주요 회원이 소유한 회사가 카길에게서 구입한 5만 4000톤의 화물을 인도받고서 중량이 상당량 부족하다며 카길과 운송업체인 머스크 라인에게 화물을 도로 가져가든지 보상하라고 요구하자 상황은 달라졌다. 카길과 운송업체는 이를 거부했고 BSPA 그룹은

분쟁이 진정될 때까지 카길을 보이콧했다.[155]

대만의 한 GATT 협상대표는 미국과 협상한 경험과 그러한 협상에서 상대적으로 작은 국가의 대표들이 어떤 태도를 보였는지 떠올리며 이렇게 이야기했다.

"수많은 회사와 수많은 정치가들이 한 자리에 모입니다… 우리는 미국 기업을 미국 정부와 구분해서 보지 않습니다. 그래봤자 아무 소용이 없기 때문이죠. 우리에게는 미국소맥협회의 로비에 대항할 힘이 없습니다… (미국) 쌀 제분업체들이 보조금을 지원하고 쌀 시장을 확대하라고 미국 정부에 압력을 행사합니다. 그러면 미국은 곧 대만 같은 다른 나라에 그러한 정책을 적용합니다. 미국 정부는 먼저 일본에 자국의 정책을 강요하고 이어서 대만에 같은 정책을 강요합니다. 일본이 일단 미국의 압력에 굴복하면 우리도 따라서 그렇게 할 수밖에 없으니까요."

카길의 제휴업체인 대만설탕회사에 대해 궁금해진 나는 그곳의 수석 간부 3명을 인터뷰했다. 회사는 원래 17세기에 네덜란드 동인도회사가 설립한 일본인 경영회사 4개로부터 2차 세계대전 말에 분리되었다. 1895년 대만을 점령했을 때 일본은 이 회사의 중요성을 인식해 운영을 계속하면서 그곳에서 생산된 설탕은 2차 세계대전 중 사용할 연료용 알코올을 만드는 데 썼다. 1940년대 말경 중국인들이 본토에서 건너와 회사를 인수했고 장개석이 이끄는 여당인 교민당에 합병되었다. 그 합병으로 교민당은 세계에서 가장 부유한 정당이 되었다고, 대만의 한 야당 의원이 언급한 바 있다.

1949년 이후 줄곧 대만은 주요 설탕 수출국이었고 수출은 1953년

정점에 달했다. 수년에 걸쳐 대만설탕회사는 사업을 다각화했는데 그래도 대만에 보유한 땅이 5만 8000헥타르에 달했고 또한 비록 금전적 손실이 있긴 했으나 설탕 생산은 여전히 회사의 주요 사업 분야로 남았다. 연간 적자는 소규모의 땅을 매각함으로써 보충할 수 있었다. 섬에서의 미래는 제한된 것일 수밖에 없다는 사실을 인정한 대만설탕회사는, 해외로 진출하여 베트남에 일일 6000톤 규모의 설탕 가공공장을 건설하는가 하면 인도네시아에도 답사단을 파견했다. 또한 사탕수수 깍지 제분공장을 호주로 이전하고 수익성 없는 설탕 생산지에 일종의 지주회사인 국내 육우사업체를 개발할 목적으로 호주에서 소를 수입하기 시작했다.

    2001년의 어느 날, 나는 캐나다 앨버타 주 에드먼턴에서 남동쪽으로 약 150km 떨어져 있는 플래그스태프에 거주하는 한 농민에게서 전화를 받았다. 그는 이 지역에 대규모 돼지 생산시설을 건설하기 위해 허가를 받으려고 노력중인 대만설탕회사와 카길의 관계에 대해 아는 바가 있으면 얘기해달라고 했다. 대만설탕회사는 이미 앨버타 남부 지역에서 시설 허가 신청을 거부당했으므로 이번이 두 번째 시도인 셈이었다. 그동안의 카길과 대만설탕회사의 관계 그리고 앨버타 소재 사료 제분공장과의 관계를 볼 때, 카길이 대만설탕회사의 보이지 않는 대리자 역할을 하고 있다는 그의 추측은 틀리지 않은 듯하다.

한국, 통째로 먹으려는 음모는 계속된다

　한국에서 현재의 경제체제가 성립되도록 도움을 준 무대 배경은 몇 차례에 걸친 불행한 역사적 사건들에 의해 설정되었다. 35년간의 일제 강점, 1945년 미국과 소련에 의한 영토 강제 분할, 거기에서 비롯된 엄청나게 파괴적이었던 한국전쟁(1950~1953), 토지개혁을 등한시함으로써 남한에 대한 미국의 경제 지배가 시작되도록 한 이승만의 부패 정권, 그리고 1961년 국가 현대화를 명분으로 일으킨 박정희의 군사 쿠데타 등이 그것이다. 수출에 기초한 급속한 산업화라는 박정희식 성장 모델은 이후 남한의 전형적인 경제개발 유형으로 자리잡았다. 박정희의 경제 계획은, 농업에 대한 멸시와 곡물 저가 정책이 외국 농산품 수입과 합쳐져 농사로 생존이 불가능해진 농촌 인구의 대규모 이농 현상이라는 결과를 초래하도록 만들었다. 1990년에는 한국 인구의 5퍼센트가 전체 민영 토지의 65퍼센트 혹은 전체 토지의 47퍼센트를 보유하기에 이르렀다. 이들 토지 소유자 중 대다수는 재벌(기업)이라고 불렸는데 삼성과 현대, 대우, LG(럭키-금성) 그리고 한진이 당시의 5대 재벌 그룹이었다. 이들 대규모 수출 기업들은 또한 정부의 보증으로 미국과 일본으로부터 매우 저렴한 이율로 대부를 받아 막대한 이득을 보았다.[156]

　한국이 이미 세계 3위의 미국 농산품 수입국이라는 사실로는 충분하지 않았던 모양이다. 우리가 흔히 보는 미국 카우보이 이미지의 말보로 담배 광고를 보면 한국에 대한 담배 강매업자들의 태도뿐 아니라 카길이나 콘티넨탈, ADM 그리고 미국 정부의 태도를 어느 정도 짐작할 수 있을 것이다. 이는 내가 서울에서 만난 미국육류수출연합의 한국 담당자와 미국 대사관의 농업거래사무소ATO 담당자의 태도에서 특히 두드러졌다.

미국 농무부USDA의 ATO 서울 지부는 미국 대사관 뒤에 위치한 어느 건물에 자리하고 있었다. 2중 강화문과 금속탐지장치, ATO의 무장경호원(9.11 테러가 있기 훨씬 전이었음에도) 너머에는 미국육류수출연합과 미국소맥협회 그리고 기타 공적 지원을 받는 농업 관련 미국 로비 단체들이 있었다. 이들 로비 단체는 단순히 성조기에 의존하는 것이 아니라 필요한 활동 자금의 절반을 미국 정부로부터 직접 지원 받고 나머지 절반은 이들이 대표하는 기업들로부터 제공 받고 있다.

일본은 1945년 전쟁에 패하고 나서야 끝을 맺은 수십 년의 지배로 한국 국민에게 증오의 대상이 되고 있는데 사실 미국도 한국에서 그다지 호감을 얻지는 못하고 있다. 미국이 일본 못지않은 증오의 대상이 된 것은, 과거 오랫동안 억압적인 정부를 지원했고 시장으로서의 한국에 공격적인 태도로 일관했으며 또한 한국의 통일에 적대적 태도를 보여 왔기 때문이다. 미국은 심지어 북한과 남한 사이의 지속적인 갈등을 조장하는 공작국가로 활동하기도 했다.

실례로, 1994년 여름 북한의 핵 위협으로 한반도에 기우杞憂가 조성되었는데 클린턴 대통령이 태도를 180도 바꾸고 나서야 종식된 일이 있었다. 더 최근의 일로, 부시 대통령이 북한을 '악의 축'이라고 지칭하는 바람에 한국 국민의 반감을 산 일도 있다. 방한 직전 부시는 한국 국민의 분노가 엄청나니 태도를 급히 바꾸는 게 좋겠다는 조언을 받기까지 했다.

정확한 주소와 똑똑한 가이드가 있었음에도 불구하고 카길의 서울 사무소를 찾는 데는 상당한 시간이 걸렸다. 카길 무역의 한국 지사 대표 윤익상 씨가 처음 던진 질문은 "이 사무소를 어떻게 찾아내셨습니까?"였다. 나는 웃으면서 그에게 둘러댔고 그 역시 웃으면서 아시아 인 특유의 예의바른 태도로 내가 그의 질문에 대답을 할 필요가 없으며 대답할 의사도 없다는 것을 받아들였다.

나중에 나는 한국의 농부 몇 명에게서 농촌 신문 곳곳에 등장한 카길 광고에 관한 이야기를 들었다. 그들이 전하길, 여백 한구석에 아무 문구도 없이 '동그라미 속에 눈물방울'만 있고 통례적으로 집어넣는 회사명 '카길'은 없었다고 했다. 농민에게 회사의 이름은 숨기면서 회사 로고를 친숙하게 만들려는 의도였다. 그러나 카길의 새로운 로고를 가지고는 이러한 전략도 통하지 않을 것이다.

70퍼센트가 산이고 인구 4370만에, 1960년 이후 꾸준히 추진한 계획적인 경제정책의 결과 현재 고도로 산업화된 남한은, 공급 주체로서가 아니라 수입 식품과 수입 농산품 시장으로서 점점 매력을 더해가고 있었다. 내가 전해들은 바에 의하면 카길 역시 한국이라는 기회에 대하여 같은 견해를 가지고 있었다.

1994년 남한의 농촌 인구는 200만 명으로 전체 인구의 10~12퍼센트를 차지했고 평균 농가 규모는 1.2헥타르였는데 그렇게 작은 토지도 몇 개의 더 작은 토지로 분할되는 경우가 많았다. 내 머릿속에 각인된 가장 강렬한 한국 '농촌'의 이미지는, 1만~2만 명을 수용할 수 있는 거대한 새 아파트 단지와 그에 인접하여 소규모의 집약적 쌀 재배 논들이 펼쳐져 있는 광경이다.

카길은 농업의 '현대화'에는 큰 이득이 따른다고 주장하지만, 현실은 많이 다르다. 한국을 비롯한 여러 국가에서 카길은 한국의 재벌 같은 거대 기업의 이익, 그리고 반드시 농업 종사자는 아니지만 여전히 그 수가 많은 농촌 인구의 요구와 정서, 카길 자신의 기업 이익에 유리하도록 사업 환경을 조성해야 하는 필요성 사이에서 균형을 잡아야 하는 것이다. 이 세 가지는 좀처럼 일치하지 않는다.

그럼에도 카길은 일용품의 구매업자와 거래업자 그리고 유통업자로서 재벌과 자사의 이익을 동시에 추구하는 것이 가능했고 한편으로는 가공업자로서 가축 사료를 비롯한 일용품 가공으로 이윤을 최대화함과 동시에 재벌을 위협하지 않는 한도 내에서 재벌들과 경쟁할 수도 있었다. 쇠고기와 돼지고기의 경우, 카길은 재벌들이 미치지 못하거나 통제할 수 없는 공급지 몇몇을 보유함으로써 시장에서 보다 직접적이고 단순화된 역할을 수행할 수 있었다. 카길의 전반적인 우위는 일관된 기능과 이해 그리고 유연성에서 비롯된 것이었다. 이러한 요인들이 카길로 하여금 공격적인 전략으로 반대 세력이 적대적 행동을 취하도록 자극하는 일 없이 원하는 시기에 원하는 바를 얻을 수 있도록 해주었다.

카길 무역의 한국 사무소는 카길이 새로운 지역으로 급속하게 확장하던 1986년 무렵에 설립되었다. 그 전까지 카길은 국내 대리업체를 통해서만 활동했었다. 카길의 타이베이 사무소를 찾아갔을 때 나는 문에 '엑셀'이라고 쓰여 있는 것을 발견했는데, 이는 아무 관련 없는 독립적인 업체라고 누군가가 설명해주었다. 어디에 가면 그것에 관한 자세한 정보를 얻을 수 있는지 묻자 미국육류수출연합의 브래드 박을 찾아가보라고 했다.

윤익상의 설명에 의하면, 한국에서 카길은 자회사인 호헨버그와 랠리 브라더스를 통해 면화거래사업을 했다. 카길은 쌀 거래에는 관여하지 않았는데 한국의 쌀 시장 규모가 너무 작은 데다 미국 쌀 제분업자협회가 한국 정부와 손잡고 시장을 독점했기 때문이었다(카길은 미시시피 주에 있는 미국 최대의 쌀공장을 인수함으로써 1992년 쌀 제분업자가 되었으나 아직까지 미국 쌀제분업자협회에 그러한 사실을 공개하지 않은 듯하다). 당시 카길은 주스 시장에서 작은 역할을 맡고 있었는데 이는 브라질 산 오렌지 주스를 한국에 수출하는 주요 업체 큐트랄과 드레퓌스가 먼저 진출했기 때문이다. 또한 카길은 한국에서 종자사업을 추진하지는 않았는데 시장이 너무 작았기 때문이라는 것이 윤익상의 설명이다. 가축 사료용 곡물 수입과 사료제분업 그리고 오일시드 거래가 카길이 한국에서 추진한 사업의 가장 대표적인 분야였다.

카길이 처음 한국에서 가축사료사업에 진출할 수 있는 허가를 얻은 것은 가축사료업계에 현대화와 합병이 진행되던 1986년이었다. 국내 업체들은 카길이 새로운 공장을 건설하게 해서는 안 된다는 데 합의했고 그러한 견해를 정부에 전달했다. 그러자 카길은 한국 남부 지방에 위치한 영흥물산이라는 오래된 공장을 인수하기로 결정함으로써 더 큰 분쟁을 피할 수 있었다. 그런 다음 카길은 이 공장을 해체하여 한국 중서부인 충남 지방으로 이전한 뒤 재건설했다.

1970년 한국의 복합 사료 생산은 겨우 51만 톤에 그쳤으나 1991년에는 850만 톤의 수입 사료를 이용하여 1150만 톤의 복합 사료를 생산해냈다. 이러한 극적 증가는 가축의 수가 증가한 것과 수입 사료를 사용해 생산하는 사료의 이용이 증가했다는 사실을 반영하는 것이다. 물론 카길이 주요 공급업자였다는 사실은 말할 필요도 없다.

한국사료협회는 공공정책 결정 과정에 있어서 스스로를 핵심 세력이라고 자처했지만 카길 역시 한국에서의 대미對美 무역 정책에 엄청난 영향력을 행사하고 있다고 했다. 그러나 한국의 가축 정책과 육류 정책이 어떤 방향으로 가든 카길은 결코 손해를 보지 않는다. 한국 내 쇠고기 생산이 감소하고 이와 함께 가축 사료 시장의 규모가 줄어들 경우, 카길은 사료 수입업자나 제분업자로서는 손해를 볼지 몰라도 쇠고기 수입업자 입장에서는 수익을 얻을 것이다. 반대의 경우도 마찬가지이다.

한국 밀가루제분산업협회는 2차 세계대전 말경 일제로부터 해방되면서 부활한 한국 산업계의 3대 '거물' 현대, 대우, 삼성을 대표한다. 이들은 미국의 평화를 위한 식품US Food for Peace과 기타 지원 프로그램 덕분에 '3백白 산업'—설탕, 밀가루, 면화—의 원료를 매우 싼값에 수입할 수 있었고 이를 가공하여 한국에서 비싼 가격에 판매할 수 있었다. 윤익상의 설명에 따르면 이 '거물들'은 카길 같은 회사들과 공급 계약을 했고 그 결과 공급업자들과 가공업자들은 한국과 미국 국민에게 비용 부담을 지우면서 큰돈을 벌어들일 수 있었다. 특히 삼성은 카길을 대행업자로 내세워 미국 PL 480 밀의 수입업자와 가공업자로 선정되어 엄청난 수익을 거두었다. 미국 정부는 1981년까지 PL 480를 통해 한국에 특혜적인 밀 판매 계약을 제공하였다.

1990년대 중반에 이르자 일본의 거대 무역회사들이 한국에서 재벌이나 다수의 소규모 밀가루 제분업체가 수입하는 식용 곡물 수입량(연간 약 200만 톤의 밀)의 90퍼센트를 통제했다. 물론 미국 정부의 GSM 102/103 프로그램이 금융지원을 제공한다는 점도 한몫 거들었다(캐나다나 호주 정부는 이런 것을 지원하지 않는다). 비록 일본 거래업체들이 거래를 통제하긴 하지만 이들은 여전히 곡물을 구입해야 하는 입장이고 사실상 한국에 기점시설(지역 대형 곡물창고 등)을 보유하고 있는 것은 카길 같은 회사들이다.

한국의 주요 식품 원료로 거의 전량이 수입되는 대두사업에서도 같은 패턴을 발견할 수 있다. 주요 대두 가공업체들이 모두 재벌과 관계를 맺고 주요 수입업자들로부터 대두를 구입해온 것이다.

카길은 우선 1988년 한국에서 식용유 생산을 위한 대두 가공공장을 건설할 허가를 얻었는데 이는 전 세계적으로 일관시킨 오일시드 조달과 공급 시스템의 필연적인 발전 단계였다. 그로부터 1년 후 한국 재무부는 카길이 연간 30만 톤의 대두를 가공할 수 있도록 허가해주었다. 미국 상무부 장관인 모스베이쳐와 무역대표부 대표인 칼라 힐스로부터 카길 측의 제안을 받아들이도록 압력을 받은 끝에 내린 결정이었다. 그러나 한국 농림부 장관은 카길이 한국의 대두 관련 산업과 대두 재배를 황폐화시킬 것을 우려해 카길의 투자는 승인하지 않겠다고 했다.

만일 카길이 한국에서 사업을 확장한다면, 단지 사료 몇 봉지나 기름 몇 탱크 파는 것에 그치지 않을 것이다. 우리는 카길의 이번 움직임에서 원료를 수출할 뿐 아니라 여기에서 가공하여 이윤을 얻고 나아가 한국의 소규모 기업들을 파산시켜 시장 전체를 장악하려는 무서운 계획을 엿볼 수 있다.[157]

카길이 허가를 얻는데 실패한 이유와 관련하여 막후에서는 조금 다른 이야기가 있었다. 1988년 2월 노태우가 대통령에 선출되었다. 그의 사돈이 동방유량(신 동방)의 사장이었는데 한국사료협회를 비롯한 여러 관계자들의 증언에 따르면 노 대통령은 카길 때문에 가족의 이익이 위태로워지게 내버려둘 수 없었다는 것이다. 당시 한국에 필수적이었던 대두 수입의 90퍼센트가 미국으로부터 들어오고 있었는데 주요 3대 기업들은 만일 카길의 진출이 허용되면 미국으로부터 대두를 일체 수입하지 않겠다는 입장을 표명했다. 이 이야기가 사실이 아닐 수도 있지만 카길이 즐기며 또한 항상 부딪치는 권력 관계의 실체를 분명히 보여주고 있다. 카길이 항상 성공하는 것은 아니라는 얘기다. 최소한 곧바로는 말이다. 한국 정부는 미국 정부로부터 지속적인 압력을 받다가 1992년 말경, 한국 대두 재배업자와 가공업자 그리고 농민 단체의 강력한 반대에도 불구하고 결국 카길에 항복했다.

한국대두가공업자협회의 말에 따르면 카길은 일단 시장 진출을 승인받자 한국 대두 가공업계가 이미 25퍼센트나 설비와 생산 과잉 상태이기 때문에 더 이상의 역량 증대는 현명하지 못한 투자라는 사실을 깨달았다. 한국을 확장의 여지가 없는 '성숙한' 시장으로 인식한 카길은 다른 지역을 탐색하기 시작했다.

미국 쇠고기 포장 출하업자들의 수출 촉진 기구로서 미국육류수출연합은 미국 쇠고기 수출을 위해 시장을 개방하도록 강요하는 일을 포함해서 세계 전역에서 미국 쇠고기 수출을 촉진할 책임을 지고 있다. 이 단체는 미국 의회 구성원들에게 압력을 가하고 의원들은 미국 정부에 압력을 가하며 미국 정부는 한국이나 다른 국가에 압력을 행사한다. 한국 전통 요리에서 쇠고기를 중시하는 경향이 있고 한국이 세계 다섯 번째 쇠고기 수입국이자 세 번째 미국산 쇠고기 수입국이라는 사실에 비추어볼 때 미국 육류업계의 중포重砲가 오랫동안 한국 시장을 겨냥해온 것은 놀라운 일이 아니다.

『코리아 타임즈Korea Times』는 1988년 미국 통상 대표인 클레이튼 유터가 '총선 후 한국 정부에게 관광호텔용뿐 아니라 일반 음식점용으로도 미국산 쇠고기를 수입하라고 요구했으며… 또한 맥도날드 체인점에서 사용하는 냉동 감자에 대한 수입금지 조치를 취소하도록 요구했다'고 보도했다.[158]

한국계 미국인인 브래드 박은 한국에 파견된 미국육류수출연합 대표였다. 그는 내게 식품 수입과 관련해 현재 한국에서 일고 있는 논쟁의 배경을 설명해주었는데 그의 설명에는 카길을 비롯한 다른 회사들의 정책에 대한 그의 입장이 반영되어 있었다.

한국은 대략 1960년까지만 해도 농업국가로 간주되었다. 모든 것을 파괴한 한국전쟁이 발발한 1950년부터 1960년 무렵까지 한국 국민은 먹을 것을 얻기 위해 일종의 투쟁을 벌이고 있었는데 당시 인구의 약 70~75퍼센트가 농민이거나 농촌 출신이었다. 그러다 1960년대 들어 산업화가 시작되어 1990년경에 이르자 농업 종사 인구가 11~12퍼센트로 감소했다. 이에 따라 대다수의 농민 자녀가 도시로 이동했지만 그래도 마음속으로는 여전히 농민이었다. 선거철이 되면 이들은 모두 농민이 된다.

현재 농가의 수입이 GNP의 약 5퍼센트를 차지하는데 따라서 정부가 농업 분야에 투자하는 것은 경제적으로 합리적인 선택이라 할 수 없다. 하지만 정치적으로는 고려해야 할 일인데 인구의 50퍼센트가 선거철이면 농민의 입장에서 투표하기 때문이다. 2000년 혹은 2010년, 농촌에 대한 오랜 추억이 사라질 때쯤이면 이러한 상황도 변하게 될 것이다. 농업보다 더 중요한 문제가 많으니까.[159]

쇠고기는 1981년에 처음으로 한국에 수입되었는데 쇠고기와 개량 품종 육우의 수입이 지나치게 급속도로 증가하여 1984년 말과 1985년 초 한국 정부는 가격하락 억제책으로 쇠고기 수입을 전면 중단해야 했다. 1988년 미국은 올림픽 경기를 관람하러 몰려든 미국 관광객들에게 공급한다는 명목으로 한국 정부에 시장을 다시 개방하도록 상당한 압력을 가했다. 그러나 한국 정부는 어차피 개방을 해야 한다면 합리적으로 하겠다는 입장이었다. 그리하여 가축상품판매기구LPMO를 설립하여 '일반' 음식점용 쇠고기를 수입하고 더불어 2001년 쇠고기 시장의 전면 개방 시기까지 이 기구를 통해 전체 시장을 관리했다. 한국 정부는 또한 1993년 업계간 자율거래 Simultaneous-Buy-Sell, SBS 제도를 시행하여 구입업자와 판매업자의 협의에 기초하여 점점 증가하는 수입시장 점유율을 통제하였다.

브래드 박은 육류수출연합이 미국 정부의 조언자로서 어떤 역할을 하는지 설명했는데 그러면서 그들이 어떤 입장을 취할 것인가는 전적으로 미국 정부에 달려있음을 강조했다.

우리는 처음부터 끝까지 업계의 대변자일 뿐이다. 우리, 즉 소맥협회나 사료용곡물위원회, 육류수출연합, 대두협회 등은 ATO의 협력자로 불린다. 우리가 여기에 있을 필요가 없는데도 불구하고 ATO는 우리가 이곳에 머물도록 권장하는데 그 이유는 우리가 하나의 그룹으로 활동하기 때문이다.

사실 지금 같은 상황(같은 사무실을 공유하는)이 더 편리하고 경제적이다. 현재 필요한 자금의 절반은 회원이 부담하고 나머지 절반은 정부가 부담하고 있다. 회원 수는 300명에 달하며 이 중 약 100명은 정육포장 출하업자이다. 우리는 무역 협상에 옵서버 자격으로 여러 번 초청받기도 했다. 우리의 주된 기능은 한국에서 사업하기를 원하는 회원들 그리고 구매를 원하는 한국인들 사이에서 중개 사무소의 역할을 하는 것이다.

브래드 박은 수입 식품을 '설명'하는 매우 상징적인 한자성어로 '신토불이身土不二' 즉, 몸과 땅은 하나라는 말이 있다고 했다. 풀어 설명하면, 내가 먹는 것과 내 몸이 다르지 않다는 뜻이다.

"바람직한 생각입니다"라고 그는 말한다.

우리가 이해해야 할 것은, 한국의 사료용 곡물이 모두 수입된 것이기 때문에 사실상 한국 토종 가축은 한 마리도 없다고 볼 수도 있다는 점이다. 나는 이를 다음과 같이 해석하고 싶다. 생산지를 막론하고 좋은 품질의 식품을 먹을 때 개인의 건강을 유지하는 한편, 식품 수급의 적절한 상황을 조성할 수 있는 것이다. 문제를 이런 시각에서 보아야 한다. 이 같은 더욱 개방적인 시장 체제 덕분에 이제 우리는 더 많은 선택권을 가지게 되었고 더 저렴한 비용을 지불하여 양질의 제품을 확보할 수 있게 되었다. 정부는 국민을 위해 더 가치 있고 더 경제적인 식품을 확보하기 위해 노력해야 할 것이다.

브래드 박의 사무실과 같은 층의 제일 구석에 자리한 사무실에서 근무하는 ATO의 이사 찰스 알렉산더는 '시장 개발'을 담당하고 있었다. 알렉산더를 '상관'이라고 부르는 데니스 보보릴은 미국 농무부 대사였다. 알렉산더는 그의 임무가 한국에 있는 미국 상품 수입업자와 미국 수출업자들을 돕는 것이라고 설명했다.

"우리는 업계가 봉착한 문제를 해결하기 위해 노력한다. 예를 들어 130만 달러 상당의 핫도그가 든 컨테이너 37대가 부두에서 억류되는 일이 발생하는 경우가 있는데 당국에서는 여태까지 적용하지 않았던 규제 조항을 찾아내 핫도그에 들어가는 냉동 조리된 소시지는 식품 코드의 어떤 카테고리에도 들어가지 않는다고 지적하면서 그렇기 때문에 유통기한을 30일로 정해야 한다고 주장한다. 유통기한만 30일로 정하면 수입을 허가하겠다면서 말이다. 제조일로부터 30일 말이다. 그런데 문제는 여기까지 도착하는 데에만 30일 정도가 걸린다는 점이다."

알렉산더에게서 그 이야기를 들은 지 두 달이 지나 미국 내 돈육가공업자협회와 전국목장주협회 그리고 미국육류협회는, 냉동 조리된 미국 소시지 거래를 중단한 데 대한 보복으로 한국에 무역제재를 가하도록 요구하는 청원서를 미국 정부에 제출했다. 이들 단체는 한국이 미국 육류업체의 국내 진출을 막기 위해 짧은 유통기한을 요구하며 장기간의 검열 절차를 적용한다고 불평했다.

공적 지원을 받는 미국육류수출연합과 미국 농무부 대사 그리고 일용품거래업자협회들 사이의 상업적 관계는 매우 친밀하다. 알렉산더는 이렇게 설명한다.

"우리가 이곳 현장에서 활동하면서 뒤에 물러나 정책 고찰만 하는 경우는 드물다. 우리는 일상적으로 발생하는 문제를 맡아 해결한다. 우리는 시장 접근을 원한다. 미국 거래업체들은 시장 접근을 원한다. 그러므로 우리는 반드시 시장에 접근할 수 있도록 만들어야 한다는 것이다. 한국은 자국의 모든 상품을 미국에 자유롭게 수출하므로 우리도 우리 상품을 한국에 수출할 수 있어야 한다. 결국 이것이 기본적인 명제가 되는 것이다."

한국과 일본, 유럽에는 그 지역에 일정 수의 사람을 두는 것이 필요하다는 정책이 적용된다. 미국에서 지난 50년간 적용해온 정책에서는 농작물 생산의 효율성을 증대시켜야 한다는 것이 주안점이었다. 모두 알다시피 미국의 농촌 인구는 1.9퍼센트로 감소했으며 이제 15만 명의 농민이 미국 농작물 생산의 50퍼센트를 담당하고 있다. 이보다 더 효율적일 수는 없다. 그렇기 때문에 한국 시장에 접근할 때 우리는 자연히 한국 시장이 더 커져야 한다는 것과 한국에 농민의 수가 너무 많다는 점을 지적하게 되는 것이다. 한국 시장은 더 효율적으로 변해야 한다. 아무리 훌륭한 농민이라도 1.2헥타르의 땅으로 생계를 이을 수는 없다. 그렇게 작은 땅에서 농산품을 팔아 생계를 유지하는 것은 불가능하다. 어떤 말로도 내가 한국에 동정심을 갖도록 만들 수는 없을 것이다! 세계 어떤 나라든 정부 공무원들은 월급을 주는 국민의 말을 경청하지만 한국과 일본만은 그렇지가 않다. 나는 한국인보다 더 주제넘게 나서는 사람들을 본 적이 없다. 한국인들은 똑똑하고 영리하지만 자신이 옳다는 확신에 차있다.[160]

1997년 한국 전역을 마비시킨 경제 위기가 발생하고 한국 통화가 40퍼센트 평가절하된 이후, 카길 아시아태평양 부문 사장 댄 휴버는 다른 이의 문제를 바라보는 전통적인 카길의 방식을 다음과 같은 말로 표현했다.

"위기 속에 카길을 위한 기회가 있다. 우리는 곡물과 식품 가공 사업에 대한 투자를 증대할 계획이다."

경제 혼란 속에서도 카길의 한국 사업체들은 예산을 초과 달성할 것으로 보인다. 그는 또한 이렇게 덧붙였다.

"나는 지난 6개월간 한국의 금융 위기를 헤쳐 나가기 위해 우리가 함께 일해 온 시간을 매우 자랑스럽게 생각한다."

남한의 금융 위기가 시작된 이래, 카길은 한국으로 향하는 모든 배의 위치와 모든 신용장의 상태를 추적해왔다. 신용장이 없으면 카길은 화물을 인도하지 않는다. 금융 위기 이전 카길의 한국 사료용 곡물시장 점유율은 40퍼센트였다. 200만 미터톤 이상의 곡물과 함께 카길은 소금과 가죽, 설탕, 커피 그리고 식물성 기름도 한국에 판매하고 있다.

"매우 어려운 시기이지만 우리는 이 힘든 시기를 이용하여 수익을 올릴 수 있다"라고 카길 한국 사료사업체의 이우영 사장은 말한다.[161]

일본, 끈질긴 공격에 속절없이 무너지다

1865년 윌리엄 월리스 카길이 아이오아의 작은 곡물창고를 인수했을 때는 이미 매튜 페리 제독이 일본이 미국 상선에 항구를 개방하도록 설득하는 데 성공한 뒤였다… 선진적인 서구 기술의 상징인 위협적인 검은 배를 이끌고 도쿄 만에 도착했을 때 페리 제독은 일본인에게 쇠고기를 먹는 식습관이 없다는 사실을 알게 되었다. 그들에겐 사료용 곡물이 필요하지 않았다.[162]

무역 잡지 『밀링&베이킹 뉴스』는 1994년에 사설을 통해 현대 일본의 음식 역사에 대한, 간략하지만 날카로운 통찰을 제시했다.

> 2차 세계대전 이전 그리고 전쟁 기간 동안, 일본은 쌀을 주식으로 하는 국가였다… 종전 후 미국 점령기에 내려진 결정에 의해 일본은 밀의 대규모 수입을 개시하고 빵을 비롯한 곡물 원료 식품의 수요를 권장하게 되었다. 학교 급식 프로그램이 실시되자 아이들에게 매일 빵과 롤 케이크가 제공되었다. 이러한 노력으로 거둔 성공은 현대 제분제빵 업계에서 대표적인 성공담으로 꼽힌다… 2차 세계대전이 남긴 또 다른 유산은 국내 쌀 지원 프로그램이었는데 이는 민주주의에 찬동하는 농민 기반을 조성할 의도로 일본 국민이 농촌에 잔류하도록 고무하기 위해 더글러스 맥아더 장군이 최초로 실시한 것이었다.[163]

일본 국민이 밀을 섭취하도록 강제적으로 변화시킨 것은 그로 인해 이익을 얻은 미국 밀 산업계의 엄청난 성공으로 보일 수 있지만 일본인은 이를 사뭇 다른 시각으로 보고 있다. 내가 도쿄를 방문하는 동안 안내를 맡은 일본 여성은 학창시절 학교 급식 프로그램에서 나온 지겨운 흰 빵을 억지로 먹어야만 했던 이야기를 들려주었다. 그들은 또한 미국이 관대하게 제공한 탈지유 가루로 만든 '우유'를 코를 쥐고서라도 마시도록 강요받았다. 우유를 다 마신 다음에야 밥을 먹을 수가 있었다.

일본은 정부가 연합군 최고사령관인 더글러스 맥아더 장군의 통치 하에 놓이면서 1952년까지 공식적으로 미국의 지배를 받았다. 미국 정부는 일본의 거대 기업 집단인 자이바츠財閥(한국의 재벌에 해당)를 해체시키라고 지시했지만 전쟁 후 냉전이 심화되자 미국은 일본의 경제 회복을 지원하는 차원에서 자이바츠의 재등장을 눈감아주는 쪽이 현명한 처사가 되리라는 것을 깨달았다. 일본 경제에 대한 이러한 우려는 반공주의라는 더욱 강력한 이념을 가리는 얄팍한 가면에 불과했다. 미국은 개혁된 사회보다 반공주의 동맹국을 선호했고 사회주의 경제보다는 자이바츠를 선택했다. 한 예로, 미츠이는 1945년에 해체된 것으로 보였으나 1960년경 세계 최대 규모의 무역 회사로 재등장했다. 1994년경에는 5대 자이바츠가 기업계를 장악했다.[164]

일본에서의 카길의 역사는 열강 관계를 둘러싼 흥미로운 스토리이다. 카길이 나아가고자 하는 길에서 자이바츠에게 공공연한 봉쇄는 아니더라도 방해를 받은 적이 있다면 그것은 카길의 진로를 위협한 주체가 기존 세력이 아니라 힘없는 농민들이었던 인도에서의 경험과 상당한 대조를 이룬다. 침략 기업에 대한 이러한 상이한 형태의 저항은 권력 스펙트럼의 양극단에 위치한다.

카길이 이미 경험한 바와 같이, 일본의 5대 거물 무역회사들은 일본 정부에는 아니더라도 국가 경제에 상당한 통제력을 행사하고 있다. 그들이 사회적 질서 내에서 카길의 존재를 간신히 허용해주거나 혹은 참아주는 상황에서 카길은 일본 시장이 기업과 미국 정부 그리고 WTO 삼자의 통합된 압력 하에 어쩔 수 없이 개방되기를 바라는 수밖에 없었다.

카길은 1950년 일본에서 해외 무역 및 거래에 관한 법률이 발효됨으로써 오리건 주 커-기포드 사를 통해 곡물을 공급하면서 일본의 대리자 혹은 구매자의 역할을 할 수 있게 된 이래 일본 '과' 거래를 해왔다. 카길은 1956년 몬트리올에 있는 자회사인 트라닥스가 전쟁 직후에 설립된 식료품 수입공급 업체인 앤드류 웨어(극동) 사를 인수했을 때 일본 '에서' 본격적으로 사업을 시작할 수 있었다.

퇴직한 카길의 직원이 일본에서의 카길 역사를 저술한 비공식 기록이 있는데, 1950년대 후반 사료용 곡물 수입은 '자제되었으나' 식용 곡물 수입이 급속도로 확대되면서 일본의 식생활 스타일이 전통적 식단에서 서구식 습관(흰 빵)으로 변하는 데에 카길이 어떤 식으로 기여했는지 자세히 설명하고 있다. 이 직원은 한 '우호적인 분쇄업자'가 어떤 과정을 거쳐 파나맥스를 수용할 수 있는 새로운 오일시드 분쇄공장을 세우게 됐는지 서술하였다. '우호적인 분쇄업자'는 이토츠(C. 이토의 후계 업체)의 계열사인 후지오일 사 Fuji Oil Co. Ltd인 것으로 드러났고 그들의 공급업자는 당시 유일하게 오일시드를 화물 선박 단위로 거래할 능력이 있었던 카길이었다. 카길은 보증된 바이어를 확보하는 대가로 공급을 보장할 수 있었다. 이는, 때로 카길이 경쟁 업체에서까지 오일시드를 구입해 상당한 이윤을 남기면서 '우호적인 분쇄업자'에 판매하는 것이 가능했다는 뜻이다(이토츠 역시 또 다른 오일시드 가공업체인 아지나모토와 '우호적인 관계'이며 아지나모토와 카길은 아이오와 주에서 제휴 사업을 하고 있다).[165]

카길이 구입 후 수로를 이용해 저렴하게 운송함으로써 1960년대 후반과 1970년대 초반에 낮은 가격을 형성할 수 있었던 또 다른 상품으로 오일시드 가루가 있는데 그럼으로써 카길은 가축용 사료의 주요 성분인 오일시드 가루의 일본 수입량 가운데 90퍼센트 이상을 통제할 수 있었다. 1973년 트라닥스는 대두 거래에서만 1억 달러의 세후 순이익을 얻었는데 이 가운데 10퍼센트 이상이 트라닥스 저팬에서 벌어들인 것이었다. 이후 트라닥스 저팬이 이토츠에 상품을 공급하기로 하고서 맺은 대규모 거래에서 거의 빈털터리가 되었을 때 일본무역회사JTC라는 이름의 어떤 회사가 트라닥스 저팬에게 '우호적인' 구원의 손길을 내밀었다. 이 회사는 1985년까지 트라닥스 저팬으로 사업 활동을 하다가 1985년에 회사명을 카길 북아시아 사CNAL로 바꾸었다. 그리고 1992년 이름이 다시 바뀌어 현재의 카길 저팬이 되었다.

카길 저팬의 일본에서의 사업은 1972년 카길 본사가 미국에 있는 C. 테넌트 선즈 사를 인수하면서 확장되었다. C. 테넌트 선즈는 자회사인 홍콩 소재의 테넌트 파 이스트 코퍼레이션을 통해 이미 1963년 도쿄 분사를 확보해둔 상태였다. 이 분사는 카길이 다른 라인으로 사업을 확장하는 동안에도, 그동안 지속해온 비非철금속 부문의 수출입사업을 계속 이어갔다.

"처음에 이 회사는 상품을 일본 항구로 수송하기만 했고 항구에서 상품은 일본 업체들에게 인계되어 국내에 유통되고 판매되었다. 카길은 일본을 '상대로' 사업하고 있었으며 달리 말하면 일본 '내에서' 사업한 것이 아니었다. 만일 카길이 1960년대 후반에 직접 시설을 지어 활동했다면 지금 상황은 더 나았을 테지만 당시 우리의 우선적인 관심은 곡물 거래에 있었다."

카길 저팬의 사장인 J. 노월 코킬라드의 설명이다.[166]

1980년대 중반 엔화 가치가 상승하기 시작하자 카길은 접근 방법을 바꾸어 실질적인 교두보 확립에 나섰다. 카길의 이러한 노력은 전통적인 관행, 즉 카길이 이미 전문성을 보유한 분야에서 기존의 사업체를 인수하는 방식을 따른 것이었다. 카길은 1983년에 혼다 모터스의 곡물 사업체를 인수했다.

1985년 카길은 회사의 '핵심 역량'에 기초하여 새로운 사업체를 확립한다는 대안적인 전략을 택했다. 카길의 종자사업체가 규슈 남부에 실험적인 농장을 세운 것이다. 1년 뒤 카길 종자회사는 홋카이도의 토카치 지역에 두 번째 실험 농장을 지었다. 삿포로에 있는 카길 저팬 종자사업체는 잡종 옥수수와 사탕수수 종자를 유통시켰는데 일본에 종자사업 라인이 없었으므로 종자의 95퍼센트가 미국과 프랑스에 있는 카길 자회사('주요 업체')에서 수입되었다.

카길이 혼다에게서 인수한 곡물 사업체가 그 후 어떻게 되었는지에 대한 기록은 전혀 없으나 이 업체는 일본에서 카길에게 실질적 교두보를 제공하지 못하고 카길의 다른 거대 곡물 사업체에 흡수되었을 것으로 추정된다. 두 번째 교두보인 종자 사업체는 1998년 카길이 모든 국제 종자 사업체를 몬산토에 매각할 때까지 소규모 사업체로 유지되었다.

그러나 일본 시장은 매우 풍족하며 성장 기로에 있었고 카길은 단순히 다른 회사에 거래업자나 공급업자가 된다든가 또는 카길이 선택한 사업 라인에서 주변적 역할에만 머무는 것에는 결코 만족할 수 없었다. 카길은 자체적 사업 운영이 가능하고 자체적으로 고객 기반을 확보해 성장할 수 있는, 가축용 사료와 같은 주요 산업에서 교두보를 확립하기를 원했다. 일본의 사료 원료 수입 규모가 연간 1600만 톤이나 됐으니 카길로서는 당연한 바람이었다.

그러나 2차 세계대전 후 일본의 기본적인 농업 정책은 자급자족이었고 1953년 이후로는 가축 생산 확대를 장려하면서 일본 회사들에게 유리한 정책을 시행하는 분위기가 지배적이었다. 그러므로 건축과 제분산업의 기준에 부합되기만 하면 누구라도 사료공장을 설립할 수 있었지만 무관세로 사료 원료를 수입하기 위해서는 세관의 허가를 얻어야했다. 이는 제분소 건설 예정 지역의 수요-공급 상황 평가에 기초해 처리하는 정부 행정 업무였다. 무관세로 사료 원료를 수입하지 않고서는 어떤 회사도 일본 시장에서 경쟁할 수 없었다. 그러나 동시에 일본의 수입 사료에 대한 의존도도 점차 높아지고 있었다.

1985년 카길은 제한적인 입장에서 탈피하기로 결정하고 홋카이도의 쇠고기 생산·포장 출하 사업에 주력하기로 발표했으나 다음 순간 이를 번복하고 규슈 가고시마 현 시부시에 교두보 역할을 할 사료공장을 짓기로 결정했다. 여기서 카길은 현縣 의회의 저항에 부딪혔다.

그러자 카길은 미국 정부에 도움을 청했다. 수입관세를 지불하지 않고 사료 원료를 수입할 수 있도록 일본 세관이 요구하는 규정에 따라 공장을 지을 수 있게 허가하라고 일본 정부에 강력히 항의해달라는 것이었다. 얼마 지나지 않아 1986년 가고시마 현 의회는,

카길 주도 하에 가축 일관생산 시스템으로 이어질 것을 우려하는 사료 가공업자들과 농민들의 반대를 무시하고서 사료공장에 필요한 토지를 카길에 매각하기로 결정했다.

공식적인 답변은, 규슈의 가축산업이 당시 확장 기로에 있었고 공장 하나 더 짓는다고 해서 기존의 사료업체들이 손해를 보진 않을 것이라 판단했기 때문에 카길의 요구를 승인해주었다는 것이었지만, 그보다는 한국사료협회 측의 답변이 보다 정확한 것으로 보인다. 카길이 일본 사료제분사업에 진출하려고 시도했을 때 일본 정부는 기존 공장의 인수만을 허용하고 새로운 공장 건설은 허가하지 않았다. 하지만 카길이 공장을 인수하려하자 일본에 있는 모든 공장들이 연합해 카길에 공장을 매각하지 않기로 합의했다. 그러자 미국 정부가 카길을 대신해 개입했고 일본 정부는 결국 양보하여 카길에게 새 공장을 짓도록 허가해주는 수밖에 없었다. 협상 조건은 타 사료 수입업자들과 달리 카길은 수입관세를 지불해야 한다는 것이었다. 카길이 실제로 관세를 지불했는지 안 했는지는 별개의 문제이다.

1992년에 카길 북아시아에서 1985~1990년까지 사장직을 맡았던 주얼스 칼슨에 관한 기사가 실린 것을 계기로, 이 모든 과정에 대한 내부자의 솔직한 진술이 공개되었다. 칼슨은 일본 정부와 농업계가 내부 경쟁을 막기 위해 조성한 투자 장벽을 극복하라는 임무를 띠고 도쿄에 파견된 것으로 보인다. 기사에 따르면 칼슨은 일본의 강력한 농업계의 반대를 무릅쓰고 카길이 사료공장 건설 허가를 받도록 하는 데 성공했다.

칼슨이 설명했다시피 카길에게는 권리와 정부 그리고 상식이라는 무기가 있었다. 칼슨의 전략은 한마디로 말해 거절을 용납하지 않는 것이었다. 일본에서는 승낙이 사실상 거절을 뜻할 때가 있는데 이마저도 받아들이지 않는 것이다… 카길의 부사장인 윌리엄 피어스는 칼슨이 지방 정부와 일본 의회의 핵심 정치인들에게서 지지를 얻는 데 성공했다고 했다. 얼마 후 일본에 있던 미국 통상 대표가 카길을 대신해 개입했고 결국 인가가 내려졌다. 이 과정에 약 5년이 소요되었고 칼슨은 도쿄 근무기간의 대부분을 여기에 소비했다.[167]

1989년 사료 원료 수입에 따르는 행정상의 허가 요건이 취소되었지만 카길은 사업을 확장하지 않고 다른 업체들에 원료를 판매하는 쪽을 택했다. 그러나 실상은 일본 내 사료 수입업계에서 어느 정도의 위치를 점유하고자 한 자이바츠가 카길에게 강력한 압력을 행사했기 때문에 그렇게 된 건지도 모른다. 카길이 일본 거래업체들과 활발하게 사업을 하고 있다고 믿는 업계의 핵심 인사들의 말에 따르면 카길 저팬의 사료사업체는 모회사를 위한 정보 단위로서의 기능을 제외하면 현재 하나의 사료회사로 존재하고 있을 뿐이다.

그러나 내가 농무부를 포함한 다른 소식통에게서 들은 바에 의하면, 카길은 일본 농민들이 북미 지역 농민들과는 근본적으로 다르다는 점을 깨달았다. 북미 지역에서는 사료는 사료일 뿐이고 개인 농민이 직접 보충 재료를 사료에 첨가하여 사용하는 반면 일본 농민들은 요구가 매우 까다롭고 게다가 사료 공급업자가 그들의 요구사항에 정확히 부합하기를 기대한다는 것이다. 나는 일본의 농민이 매우 신중하며 서로에게 신뢰만 있다면 공급업자를 바꾸는 것을 그다지 좋아하지 않는다는 이야기를 사료거래협회로부터 전해 들었다. 그리하여 사료를 대량 수입한 뒤 다른 제분업체에게 벌크 단위로 공급하는 편이 낫다는 사실을 알게 된 카길은 개개의 농민들과 상대하는 골치 아픈 문제는 다른 제분업자들이 맡도록 내버려두었다.

종자와 사료사업을 시도한 카길은 화학비료사업에도 진출했는데 여기서도 유사한 저항에 부딪힌 것은 전혀 놀랍지 않다. 카길이 구마모토 현에 비료공장을 건설할 뜻을 비치자 현 당국은 그 지역 비료업체에 끼칠지도 모를 타격을 고려하여 카길의 제안을 거절했다. 카길은 1998년 어쩔 수 없이 규슈 남부로 다시 이동해 미츠이 화학회사와 합작투자로 대규모 비료혼합공장을 건설하였다. 이곳의 모든 원료는 수입되고 있다.

농업원료사업에서 기대만큼의 성공을 거두지 못한 카길은 돈 많은 소비자를 상대로 하는(요즘 말로 하면 더 '부가가치적'인) 사업으로 전환하여 주요 제품라인 중 하나에서 보다 높은 수익을 확보하는 방향을 택했다. 카길은 상자에 포장한 쇠고기를 미국 공장에서 수입해 일본 가공업자와 유통업자들에게 판매하는 대신 일본에서 직접 가공과 유통을 하기로 했다.

카길은 첫 번째 단계로, 1990년 오사카에 사무소를 설립하여 일본의 대규모 슈퍼마켓 운영업체인 다이에이와 협정을 맺고 캔자스 비프 브랜드로 미국과 캐나다에서 수입되는 엑셀 쇠고기를 운송하기로 했다. 두 번째 단계로, 일본에 쇠고기 '심층 가공' 공장을 설립하기로 결정했다고 1991년 초 발표했다. 합작투자회사를 설립할 경우 언제나 회사에 대한 통제권을 쥘 수 있을 정도의 지분을 확보한다는 정책을 고수하여 카길 북아시아 사는 일본 최초의 외국인 소유 육류 가공공장인 이 신규 회사의 지분 가운데 3분의 2를 보유하고 쇼와 산교 사가 3분의 1을 갖기로 했다.

쇼와 산교가 이 제휴 사업에 기여한 것은 도쿄 동쪽의 후나바시에 새로 지은 7층 냉동 창고였다. 카길은 그 옆에 나란히 가공공장 한 구획을 건설하였다. 이들은 이 두 시설이 유통 네트워크를 한층 강화해주리라 기대했다. 카길은 일본의 수입 쇠고기 시장 규모가 꾸준히 증대되기를 기대했고 카길이 일본 시장의 30퍼센트 정도를 점유하길 원했다. 그러나 2년 반이 채 안 되어 카길은 일본 소재 자회사의 쇠고기 가공사업과 유통사업을 전면 중단하고 1천만 달러의 손해를 보면서 이 가공 시설을 일본 최대의 육류 출하업체인 닛폰 육류포장회사에 매각했다(카길은 1989년 이래 닛폰육류사와 합작 투자로 태국에서 생산한 브로일러를 일본에서 판매해 왔다. 카길이 공장을 운영하고 닛폰 사는 판매를 담당했다). 관계자들은 카길의 경영진이 일본식 시스템에 대한 이해가 전혀 없고 미국에서 통하던 방식이 일본에서도 먹힐 것이라고 생각한 것이 문제였다고 평가했다.

1995년 카길 저팬이 정부 산하 일본 식품청으로부터 밀과 보리, 쌀에 대한 직접 판매권을 허가받은 최초의 외국 업체가 되었을 때 카길의 장기적인 노력은 보상을 받았다. 카길이 마침내 '일본' 회사로 인정받은 것이다. 1년 뒤 카길은 일본에서 초기의 '교두보'가 되어온 가고시마 현의 동물사료 가공공장을 1150만 달러에 주부시료中部飼料 사에 판매하기로 결정했는데 이는 시장 점유율을 확대하는 것이 생각보다 어려웠기 때문이었다. 카길이 일반적인 가격보다 20퍼센트 저렴하게 제품 가격을 책정했음에도 불구하고 일본의 유통 시스템은 극복할 수 없는 장벽이었음이 입증되었다. 카길 아시아 사업의 초점은 중국과 동남아시아로 옮겨갔다.[168]

1998년에 카길 저팬은 50억 3천만 달러의 채무로 파산을 신청한 일본 농산품업체 도쇼쿠의 경영권을 손에 넣었다. 카길은 일본 법률에 따라 처음에는 '스폰서' 역할을 하기로 동의했으나 2000년 봄까지는 도쇼쿠의 완전소유권을 차지하려는 의도를 깔고 있었다. 일본 기업 재건법에 따라 파산한 업체는 업체의 재건 정비를 위해 스폰서를 두어야 했다. 일단 법정과 채권자들이 재건 계획을 승인하자 도쇼쿠는 카길의 '자회사'가 될 수 있었다. "우리는 일본에서 스폰서로 인정받은 최초의 외국 회사라는 사실이 자랑스럽다"라고 카길 저팬의 사장인 히데요 스즈끼가 말했다.

1940년대에 설립된 도쇼쿠는 일용품과 가공 일용품 거래업체이다. 도쇼쿠는 현재 약 20개의 제품 라인과 8개의 일본 사무소, 16개의 해외 사무소, 24개의 슈퍼마켓 체인을 소유하고 있으며 워싱턴 주에 사과 주스 가공공장, 일리노이 주에 양계농장 그리고 일본에 설탕 정제시설을 보유하고 있다. 카길의 한 대변인은 도쇼쿠가 카길 저팬과 매우 유사하다고 말했다. 카길의 웹사이트를 검색하자 일본의 도쇼쿠 사이트로 바로 연결되었는데 이를 보면 도쇼쿠가 현재 카길 제국에 통합 운영되고 있다는 사실을 알 수 있다.

중국, 최대의 기회를 창출하기 위한 프로젝트를 가동하다

중국과 카길의 거래는 1972년 중국의 시장 개방과 함께 시작되었다. 카길은 중국에 곡물이나 오일시드, 오일시드 제품, 면화, 비료, 맥아, 동물 사료, 코코아와 과일 주스, 레시틴과 콩단백질, 육류와 소금, 철강을 비롯한 다양한 일용품을 판매하며 면화나 철강, 옥수수 같은 일용품을 중국으로부터 구매하고 있다. 카길은 1988년 오일시드 분쇄공장을 설립하면서 중국에서의 사업을 시작했다.

홍콩에 있는 카길 곡물사업체의 매니저인 마이크 수는 1994년 내게, 카길이 중국 본토에 사무소를 열기 전까지는 홍콩 사무소가 이를 대신했다고 말해주었다. 수의 말에 따르면, 홍콩 사무소의 중요한 구성 멤버는 카길 투자 서비스 부문 CIS이었다고 한다. 그는 중국인이 서양인보다 투기를 좋아하므로 카길은 중국인들이 선물시장 거래방식을 일단 이해하고 나면 대규모 투기꾼 아니면 헤저가 될 것이라 예측했다고 했다. 카길은 그들의 브로커 중 하나가 될 수 있다는 희망을 가지고 준비를 시작했다.

"일단 중국이 부유해지면 그들은 대규모의 투기꾼이 될 것이다. 중국인들은 돈은 없지만 돈 버는 것과 모험하는 것을 좋아한다"는 것이 수의 해석이었다. 카길은 또한 홍콩에 자사의 중국 선물시장 프로젝트 계획을 담당할 투자 팀을 두었다.

"주안점은 중국에 제품을 판매하는 것이지 중국으로부터 제품을 구입하는 것이 아니다. 중국은 매우 거대한 시장이므로 결국 제품을 구매하게 될 것이다."

그러나 수는 중국에서 성공하려면 서구 국가들이 거래 전략을 바꿔야 하며 기업들은 중국에서 사업하는 데 방해가 되는 정치와 언어 장벽을 극복해야 한다고 지적했다. 500만 달러 혹은 1천만 달러가 들고 5년이 걸린다 한들 무슨 상관인가? 문제는 그러한 비용으로 무엇을 배울 수 있는가 하는 점이다. 수는 홍콩 사람들은 광둥어를 사용하는데 카길 홍콩 사무소 직원들 대부분이 중국의 공식 언어인 만다린 어(북경관화)를 사용하고 있다는 점도 지적했다.

수는 중국에 대한 논의에서 일반적이고도 아주 핵심적인 논지를 제시했다. 그것은 '중국은 너무 넓은데 철도 시설은 형편없으며 중국의 내륙 운송 시스템이 전반적으로 매우 빈약한 상태'라는 것이었다. 그 결과, 식품을 북동부 농업 지역에서 남부 산업 지역으로 육로를 통해 운송하기보다는 북부 지역에서 식품을 수출하고 남부 지역에서 식품을 수입하는 편이 비용이 적게 들었다. 물론 이것은 남부 지역으로 유입되는 식품이 세계 어디서든 올 수 있으며 북부 지역에서 수출되는 식품은 남부로 유입되는 식품과 경쟁해야 한다는 것을 의미한다. 달리 말하면, 중국은 현재의 국가 개발 형태 때문에 카길과 같은 기업의 글로벌 식품 시스템에 급속히 통합되고 있는 것이다.

미니애폴리스의 『스타 트리뷴』은 홍콩과 '지역' 사업체들의 미래에 관한 1996년도 기사에서 몇 명의 카길 간부와의 인터뷰를 실었다. 그 중 홍보부 부사장인 롭 존슨은 중국을 포함한 아시아 국가들이 자유시장에 개입하는 비중이 증가함에 따라 홍콩이 아시아 지역에서 가지는 자본주의 교두보로서의 중요성이 불가피하게 감소

할 것이라고 말했다. 카길 아시아태평양의 사장인 대니얼 휴버는, 중국이 언젠가 카길과 계약을 체결하여 현대적인 운송수단과 저장 방식을 도입하게 되기를 카길 측은 바라고 있다고 했다. 그렇게 되면 중국은 세계 각지에서 상품을 구매하기만 하는 입장을 탈피할 것이라고 그는 말했다. 중국은 자국이 생산하는 원료와 상품을 판매할 방법을 강구할 필요가 있으며, 카길은 이러한 교역이 성사될 때 그 중심에 있기를 원한다. 현재 아시아에서 많은 원료가 생산되고 있고 그 중 소금이 가장 큰 비중을 차지하지만 면화나 코코아, 쌀, 고무 역시 무시할 수 없다고 휴버는 강조했다.[169]

  1998년 카길은 중국 지역을 대표할 본부를 상하이로 이전했다. 1999년 말에는 중국 8개 지역에 650명의 직원을 둘 정도로 성장했고 중국과의 사업 규모는 연간 약 10억 달러에 달했는데 그 중 약 4분의 3이 수입輸入 형태로 이루어졌다.

  카길은 정보 관리를 사업 관리만큼 신중하게 한다. 카길은 오랫동안 중국 활동에 대하여 비밀스런 태도를 유지해왔는데 간혹 정보를 공개할 때에는 대답하는 것만큼 의문을 제기하는 것이 보통이다. 한 예로, 아래의 정보를 제공한 웹사이트 기사에 날짜 표시가 없었는데 카길의 1999년도 재정보고 그리고 1999년 5월 31일에 종료된 1999 회계연도를 언급한 점으로 미루어 1999년 후반이라는 것을 추정할 수 있다.

    카길 투자(차이나) 사는 상하이에 본부를 둔 전액출자회사이다… 카길은 앞으로 옥수수 제분과 오일시드 가공, 사료 생산을 비롯하여 기타 농업 관련 산업에 투자할 것을 고려하고 있다. 카길은 상하이에 기반을 둔 동링 무역회사라는 중국-외국 합작무역회사의 파트너이다. 동링을 통해 카길은 중국 최종소비자들에게 직접 상품과 서비스를 제공한다. 대표적인 예로, 동링 농업 부문은 오일시드와 대두 분말, 과일주스 농축액과 기타 식품 원료를 중국 전역의 소비자들을 위해 수입하고 유통하고 있다. 동링 무역은 또한 세계시장에 식용 콩 등의 상품을 수출하고 있다.[170]

카길은 1996년 최초로 중국에 대규모 비료 혼합시설을 건설했다. 새로운 계열사인 톈진 카길 비료사는 옥수수나 밀, 채소, 과일 등을 재배하는 농민에게 비료뿐 아니라 농업에 관련된 정보와 서비스를 제공하고 있다. 2000년 카길은 두 번째 비료업체인 옌타이 카길 비료를 중국 북동부 지역에 설립했다. 카길은 또한 윈난 인산비료공장과 합작으로 윈난성에 있는 DAP(디암모늄 인산염)생산시설 몇 곳에 각각 1500만 달러를 투자하고 이 합작투자회사의 판매 관리를 맡았다. 윈난성 뎬츠 호수 부근에는 중국 최대의 인광 광산이 있는데 확인된 매장량만 해도 42억 톤에 달한다. 카길은 현재 연간 120~150만 톤에 달하는 양질良質의 DAP를 중국에 공급하고 있다. 카길은 또한 랴오닝에 있는 하이 밸류 옥수수사료회사와 합작 투자사업을 벌이고 있지만 사업의 정체를 구체적으로 알게 해줄 정보는 더 이상 입수하지 못했다.

『피플 데일리People Daily』는 카길이 대만 최대의 식품회사인 프레지던트 그룹과 제휴하여 중국 남부 광동성에 1억 2천만 달러 규모의 대두공장을 건설 중이라고 보도했다. 대만을 포함한 기타 지역에서 다수의 사업체와 이미 제휴를 맺고 있는 두 회사는 동등한 권한을 가진 파트너 자격으로 프레지던트 카길 사료콩단백회사를 설립했다. 이 새로운 업체는 연간 100만 톤의 대두를 가공할 것으로 기대되며 중국에서 카길의 최대 규모 투자 프로젝트가 될 전망이다. 카길은 중국 옥수수 제품에 대한 최대 규모의 구입업자이며 중국 본토와의 연간 거래 규모는 최근 수년간 평균 10억 달러에 달했다. 대만 프레지던트 그룹은 1991년 '내륙' 시장에 진출한 이래 45개의 업체를 설립했다. 광동성은 편리한 위치 덕분에 대만 프레지던트 그룹의 주요 투자시장이 되어왔다.[171]

2001년 카길은 중국에서, 옥수수 가공과정에서 생산되는 감미료와 생물학적 발효제품의 생산과 판매에 대한 투자 수단으로 홍콩의 글로벌 바이오-켐 테크놀로지 그룹과 함께 새로운 회사를 설립했다. 최초 투자는 상하이에 세워질 50대 50의 HFCS 정제소가 될 것이다. 글로벌 바이오-켐은 상하이 정제소의 건설과 운영을 재정적으로 뒷받침하고 관리할 것이며 카길은 공장의 건설과 운영을 지원하기 위해 디자인과 엔지니어링, 품질보증 과정과 공정에 협력할 것이다. 카길은 글로벌 바이오-켐을 '중국의 핵심적인 옥수수 습제 분업체'라고 설명했다. 이 프로젝트를 발표한 직후, 글로벌 바이오-켐은 중국에 에탄올공장을 짓기 위해 약 9700만 달러를 투자하는 거래안을 협상 중이라고 밝혔다. 카길에 대한 언급은 없었지만 카길이 이 프로젝트에 연관되었을 가능성이 많다.

아시아태평양, 카길의 기업 이익에 맞도록 길들이다

카길의 경영 구조를 일정하게 유지하는 것은 일종의 도전이라고 할 수 있는데 그 이유는 그것이 매우 유동적이기 때문이다. 물론 이는 카길이 수년 동안 성공을 거둘 수 있었던 원인 중의 하나이다. 카길은 구조적으로나 사상적으로 경직되지 않았다. 카길은 홍콩이나 상하이, 싱가포르 등지에서도 상당한 역량을 갖추고 사업을 운영해왔다. 예전에는 홍콩이 카길의 중국 사무소였지만 현재는 상하이가 대신하고 있다. 싱가포르는 1974년 혹은 그 이전부터 카길 아시아태평양의 사무소가 되어왔다. 카길 아시아태평양은 태국이나 베트남, 인도네시아, 필리핀 같은 중국 남쪽의 여러 국가에 걸쳐 사업을 전개하고 있는 것으로 보인다. 1995년 카길 아시아태평양은 무려 16개국에 사업체를 운영하고 있었다.

당시 카길은 향후 10년 안에 약 15억 달러를 아시아에 투자할 계획이라고 밝혔는데 곡물과 오일시드를 중심으로 오일시드 가공과 가축용 사료, 가금 분야에 주안점을 두고 있다고 했다. 카길은 이미 스리랑카와 인도네시아 그리고 태국에서 가금사업을 하고 있었고 말레이시아에서는 야자유 정제사업을 해온 터였다. 카길은 인도네시아에 야자유 농원과 정제소를 건설하고 기존의 말레이시아 야자유 정제소를 확장할 계획이었다. 1997년 카길 시암은 태국 방콕에서 95km 남쪽에 위치한 심해항구 근처에 비료혼합공장을 설립했다.

다른 많은 지역에서와 마찬가지로 베트남에서 카길의 교두보는 역시 사료공장이었고 2년 후인 1998년에는 베트남에서 고품질 사료 사용을 증대시키고 돼지 생산을 향상시킬 목적으로 돼지 사육 기술 교육과 시설 확장 프로젝트를 추진했다. 미국곡물위원회가 주관하는 기술 훈련 기간은 52마리의 암퇘지 새끼가 다 자라는 기간에 맞춘 것이다. 그 이유는 이러한 크기의 양돈장이 현재 가내형 시설에서 2~5마리의 돼지를 키우는 것이 전부인 베트남 생산업자들에게 현실적인 목표라고 카길 측에서 판단했기 때문이다.

'카길에서 퇴직한 회장'으로 알려진 휘트니 맥밀런은 1997년 베트남의 사료공장 개관식에서 다음과 같은 정책 연설을 했다.

1996년 내가 비엔 호아 사료공장 기공식에 참석할 수 있었던 것은 행운이었다. 미국과 베트남 협력업체가 단기간에 얼마나 많은 것을 성취할 수 있었는지 직접 목격하게 된 것을 두 배의 행운으로 생각한다. 베트남의 많은 기업 리더들과 마찬가지로 카길은 자유롭고 개방된 무역의 강력한 주창자이다. 이러한 시설은… 전 세계 사람들의 생활수준을 향상시키는 데 일조하는 카길 기업 비전의 살아있는 실례이다… 전통적으로 카길은 투자를 할 때 신중하고 장기적인 접근을 해왔다. 우리는 항상 기존의 사업체에서 개발한 기본적 기술을 더욱 확대할 수 있는 지역과 그러한 기술을 필요로 하고 원하는 지역을 탐색한다. 우리는 이러한 기본적인 사업을 가지고 새로운 국가에 진출하는데 이 곳 베트남에서도 그랬듯 처음에는 소규모로 시작한다. 사업은 종자 연구나 종자 생산, 혹은 기본적인 가공사업이나 사료 생산 가운데 어떤 것이든 될 수 있다. 우리는 이러한 입증된 사업 기반을

이용해 새로운 무대가 될 국가의 시장과 사회적, 정치적, 경제적 환경에 차차 익숙해져가는 것이다.(172)

카길 필리핀 사는 1998년 불라칸 주 발리와과 사우스 코타바토 주 제너럴 산토스 시티에서 사료공장 건설에 착수했다. 이 두 공장은 연간 30만 미터톤의 동물 사료를 생산한다.

"우리는 우리가 가진 국제적 수준의 사료 가공 기술과 전문 지식을 이용해 필리핀 시장에 투자할 수 있는 기회를 얻었다는 것에 무척 고무되어 있다. 이로써 우리는 지역 생산업체에 고부가가치와 생산성을 전수할 수 있게 된 것이다."

카길 필리핀의 동물 사료 부문 총지배인인 랜디 시벨이 말했다. 두 공장의 동시 건설은 당시 카길이 필리핀에서 추진한 최대 규모의 자본 투자였다. 카길은 코프라(말린 야자열매) 가공과 잡종 종자 옥수수, 단백질 가루 유통사업을 포함하는 필리핀 사업체에 이미 320명의 직원을 고용하였다.

1995년, 필리핀 남부의 농촌 마을인 방가의 옥수수 재배 농민 6000명 가운데 대다수가 자신의 옥수수 밭에 '줄기가 썩는' 병이 휩쓸고 지나간 것을 발견했다. 수확한 노란 옥수수 대부분이 평소보다 훨씬 적은 수의 낟알을 달고 있었고 밭의 상태도 기대 이하였다. 농부들이 지목한 주범은 카길이 수확의 두 배 증가를 보장하면서 농민들에게 무상으로 공급한 잡종 종자였다. 현대 농업 기술 제품인 이 노란 옥수수 종자는 필리핀이 곡물 분야의 자급자족을 목적으로 5년에 걸쳐 28억 달러를 투자한 프로그램의 일부로 수입한 것이었다. 태국을 비롯한 여러 국가에서 카길 사의 주도로 개발한 이 종자를 필리핀 정부는 '곡물 생산증대 프로그램' 하에 구입했다 (여기서 곡물 생산증대 프로그램은 고수확 잡종 종자를 이용한 생산성 증대를 목적으로 농가에 인센티브로 제공한 농업 보조금, 인프라와 신용 대부가 모두 포함된 종합 패키지였다). 방가의 농민들은 카길의 종자가 사우스 코타바토의 습하고 눅눅한 기후를 견디지 못했으며 그렇기 때문에 결국 화학비료와 살충제를 사용해야 했다고 주장했다. 이 수입 제품의 사용으로 농민이 부담하는 생산비용이 증가했으며 더불어 초국적 기업들에 대한 의존성도 증가했다.[173]

제 17장 | 종자를 지배하는 자가
농업을 지배한다

> 인도가 아무리 지적소유권을 보호하려고 발버둥쳐도 소용없다.
> 우리는 인도에서 사업 활동을 하기로 이미 수년 전 결정을 내렸다.
>
> — 존 해밀턴(카길 종자 인도 사무소 상무)

카길의 종자사업은, 그에 대한 정보 자체가 턱없이 부족함에도 불구하고 다른 지역 활동을 상세하게 검토하는 것만큼이나 카길의 다른 일용품사업이나 카길의 기업 전략에 대하여 많은 것을 알게 해준다.

1994년 종자 산업계의 저널인 『시드 월드 Seed World』는 카길 잡종 종자 회사를 '업계 거물'의 범주에 포함시켰다. 6년 후 카길 잡종 종자는 종자 분야에서 발을 뺐는데 그렇다 해도 이 글로벌 종자

사업체를 인수한 회사는 다름 아닌 몬산토였고 두 회사는 르네센(이 회사에 대해서는 잠시 후 자세히 설명할 것이다)이라는 합작투자회사까지 만들었다. 종자사업은 대중의 관심을 사로잡는 분야가 아닌데 이는 카길이 새로운 지역에서 교두보를 확립하기 위해 트로이가 목마를 이용하듯 종자를 자주 이용해온 이유에 대하여 적절한 설명이 될 수 있다. 카길은 오직 신중하게 택한 소수의 지역 단골 농민들에게만 자사의 종자사업 활동에 대한 정보를 허용하고 있으며 종자 공급업자에 대한 농민들의 충성심은 카길에게 새로운 지역에 진출하기 위한 최전선 부대를 제공해줄 수도 있는 일이다.

농작물 생산에 이용되는 종자는 큰 부피를 차지하거나 대량으로 거래되는 일용품이 아니며 운송이나 저장사업으로 큰 돈을 벌 수 있는 것도 아니다. 또한 선물시장에서 거래되지도 않고(따라서 선물시장에 투기해 이익을 얻을 수도 없다) 특별한 공정도 없다. 그에 반해 잡종 종자는 충분히 이윤을 창출할 수 있으며 특히 최근에는 특허받은 유전자 변형 종자가 자연수분 종자에 비해 5배 이상의 가격에 거래되고 있다. 그러나 이익의 가장 큰 부분은 카길이 잡종 종자를 이용해 창출해내는 중독성과 의존성에서 발생한다.

구체적인 예를 들면, 카길의 전문생산 분야인 화학비료, 또는 카길이 판매하지만 생산하지는 않는 아그로톡신에 대한 중독, 매 시즌 새로운 종자를 확보해야 하는 종자회사의 카길에 대한 의존 등이 그것이다.*

월 카길은 이미 지난 세기에 종자 교배 실험을 시작한 것이 확실하며 그의 회사는 1907년 이래 계속 종자사업을 추진해왔다. '현대' 잡종 옥수수가 1930년대 중반 개발되었을 무렵, 카길은 크리스탈 브랜드 이름으로 잡종 종자를 시장에 내놓고 미네소타와 위스콘신에 있는 공립(토지 허가를 받은) 대학에서 개발된 교배 모주母株를 이용하면서 즉시 경쟁에 뛰어들었다.(174)

수년 후인 1953년 카길이 저질 종자를 공급한 혐의로 고발된 사건이 있었는데 상표에 표시된 것과 다른 종자를 판매했기 때문이었다. 열등 종자와 잡초 종자뿐 아니라 심지어 종자가 아닌 쓰레기까지도 섞어 판매한 것이다. 고발 항목 중 적어도 몇 개가 사실인 것으로 드러나자 카길은 법정 밖에서 타협을 모색했다. 또한 회사의 평판이 워낙 심하게 손상됐기에 종자사업이 한동안 난항을 겪으리라 판단한 카길은, 잡종 옥수수사업을 제외한 모든 종자사업을 처분해버렸다.(175)

잡종 종자는 실제로 자본 투자를 거의 필요로 하지 않기 때문에 새로운 지역의 교두보 확립 수단으로 상당히 가치가 있다. 사실상 업체 쪽에서 할 일이라고는 세일즈맨에게 종자 가방 몇 개와 항공권 그리고 오토바이 한 대를 구입할 정도의 돈을 쥐여 보내는 것이 고작이다.

카길의 전략가인 짐 윌슨은, 1960년대의 아르헨티나가 카길이

---

* 1930년대 이후로 종자사업계에서 사용하는 '잡종'이라는 용어는 2개의 근친교배 조상을 잡종 교배하여 만든 자손 종자를 말한다. 1세대 자손은 '잡종 (특유의) 활력'에서 오는 이점이 있지만 근친교배로 인해 자손은 '고정형'이 될 수 없다. 즉, 이 농작물에서 나온 종자는 유전자 구조 때문에 다음해 농작물 재배 종자로서는 아무 쓸모가 없게 되는 것이다. 종자 회사가 결정적으로 이익을 창출할 수 있는 이유는 농민이 매년 새로운 1세대 잡종 종자를 얻기 위해 판매업자를 찾아가 비용을 지불해야 하기 때문이다.

잡종 옥수수 종자라는 제품 라인을 이용해 '최초의 주요 교두보'로 삼은 지역이었다고 말한다. 탄자니아와 터키 역시 이러한 전략이 잘 들어맞은 나라다. 카길 탄자니아 사무소의 매니저는 직원 24명과 함께 일하는데 이들 직원 대부분이 종자생산업에 종사하고 있다. 그 중 4~5명은 '낡은 오토바이를 타고 농촌을 돌아다니면서 거래망을 만들고' 1~10kg 정도의 소량으로 종자를 판매하고 공급하는 일을 맡는다. 매니저들은 일반 고객보다 훨씬 큰 규모의 농장을 경영하는 종자 재배 계약업자들과 거래한다.[176]

1991년에 카길은 터키 남부 지역에 100만 달러를 투자해 종자개량 연구소를 건설함으로써 1987년 터키에 설립한 옥수수와 해바라기 종자사업체를 확장했다. 카길의 설명에 따르면 1980년대 중반까지 터키 농민들은 전통적인 자연수분 품종을 재배해왔다. 이후 정부 시책의 변화에 따라 카길 같은 회사들이 터키 국내에 잡종 종자를 도입하기 시작했다. 새로운 터키 공장 증축으로 카길은 27개의 잡종 종자 사업체를 보유하게 되었다.

카길은 1990년대 중반에 한동안 타 종자업체 인수를 추진하고 1994년 궤르첸 종자회사를 포함한 다수의 업체를, 그리고 다음 해에는 빈야드 종자를 인수함으로써 한편으로 수직적인 일관생산 시스템 수립을 계획 추진했다. 카길은 심지어 마이코젠 사의 네이처 가드 브랜드로 해충을 방지하는 Bt* 종자 옥수수를 유통시키기 시

━━ *Bt는 토양 박테리아인 바칠루스 서린지엔시스Bacillus thuringiensis에서 추출하여 옥수수와 면화의 게놈에 삽입한 독소이다.

작했다. 또한 네덜란드의 모건 인터내셔널이 추진하는 항균 캐놀라와 해바라기 신품종 연구 그리고 특허 받은 농작물 유전자 변형 기술인 바이너리 벡터 시스템 연구에 자금을 지원하기 시작했다. 카길은 모건의 항균 유전자 캐놀라와 해바라기 품종을 시장에 판매한다는 계획을 갖고 있었다.

그러다가 1998년에 돌연 카길은 중남미와 유럽, 아시아 그리고 아프리카 각지에 있는 글로벌 종자사업체들을 14억 달러를 받고 몬산토에 매각했다. 이 인수에는 24개국의 종자 연구, 생산과 실험 시설 그리고 51개국의 판매사업체와 유통사업체가 포함되어 있었으나 미국과 캐나다에 있는 카길 종자회사와 영국의 카길 농업상사는 포함되지 않았다. 당시 몬산토는 세계 전역에서 손에 넣을 수 있는 모든 종자회사를 인수하고 있었다. 그 결과로 몬산토는 2000년에 이르러서는 81억 달러의 빚을 지게 되었다.

몬산토와 거래한 3개월 후, 카길은 카길 잡종 종자 북아메리카사를 6억 5천만 달러에 독일의 획스트 셔링 아그레보에 매각한다고 발표했지만 거래는 1999년 초 무산되었다. 파이어니어 하이브레드 인터내셔널 사가 카길이 자체적인 종자 연구와 개발 프로그램에 사용할 목적으로 파이어니어가 개발한 유전자 소스를 부당한 방법으로 손에 넣었다고 소송을 제기했기 때문이다. 진상을 조사한 후 카길은 '전前 파이어니어 직원에 의해 우리 회사 품종 개량 프로그램에 도입된 유전자 소스에서 이제까지 밝혀지지 않았던 문제점을 우리가 발견했다'고 보고했다.[177]

2000년 5월 카길과 파이어니어는 소송을 타결했다고 발표했다.

타협 조건으로 카길은 자사의 옥수수 품종 개량 프로그램에 사용된 유전자 소스를 파기하고 앞으로 파이어니어가 행하는 잡종 종자 옥수수의 부모 종자 격리 실험에 참여하지 않으며 파이어니어에 손해배상액 1억 달러를 지급한다는 데 동의했다. 합의를 발표하면서 파이어니어의 사장인 제리 치코인은 최고의 경쟁상대로 간주되는 두 초국적 기업 사이의 협력 의지와 선의를 다시 한 번 강조했다.

우리는 종자 연구와 개발에 엄청난 투자를 해왔으며 우리의 지적재산권을 매우 중요하게 생각한다. 다행스럽게도 카길 역시 이러한 사안을 진지하게 받아들였고 카길답게 철저한 조사 작업을 진행해 자사의 종자사업에서 발견된 문제를 뿌리뽑았다. 사태를 수습하려는 의지가 있었기에 타결이 가능했던 것이다.[178]

카길의 부사장 프리츠 코리건은 올바른 도덕의식을 가지고 있는 회사라는 이미지를 선전할 수 있는 기회를 두 팔 벌려 환영하며 죄 없는 희생양 역을 맡았다.

이번 사건이 마무리되기까지는 카길에게 무척 고통스런 시기였다. 우리는 파이어니어의 주장에 따라 진행한 조사 결과 우리의 종자사업이 우리가 항상 기대하는 높은 윤리 기준을 만족시키지 못했다는 것을 알고 충격을 받았지만 이번 경험에서 많은 것을 배웠고 사태를 바로잡기 위해 최선을 다했으며 파이어니어 그리고 듀퐁과 서로 신뢰하는 친밀한 관계를 회복할 수 있었다.[179]

그리고 카길 종자사업체의 사장인 브라이언 힐은 1999년 6월, 아무런 설명 없이 31년 간 근무해온 회사를 갑자기 떠났다.

한편 몬산토로부터의 호가 매수를 외면한 파이어니어는 1997년 8월에 20퍼센트의 지분을 E. I. 듀퐁에 17억 달러에 매각했다. 1999년 3월 듀퐁은 파이어니어 하이브레드 인터내셔널을 77억 달러에 인수했다.

기업 간의 긴밀한 관계는 듀퐁이 파이어니어를 인수하면서 생긴 일을 계기로 한층 적나라하게 드러났다. 1994년 듀퐁이 인터마운틴 캐놀라를 카길에 매각하면서 조인한 '비경쟁' 조항 때문에 생겼다고 하는 두 회사 간의 갈등이 그것이었다. 기소를 피하기 위해 카길은 기술과 기타 비非금전상의 고려에 대한 대가로 듀퐁을 비경쟁 조항에 얽매이지 않도록 해주었다.

법적 분규가 마침내 해결되자 아그레보는 흥미를 잃었지만 카길은 2000년 9월 카길 잡종 종자의 나머지 자산을 다우 화학의 자회사인 마이코젠 종자회사에 미공개 가격으로 매각했다. 다우는 이를 마이코젠 종자에 통합시키고 다우 아그로사이언스 계열사 내에 새로운 종자사업 조직을 만들었다. 이 인수에는 미국과 캐나다에 있는 카길 잡종 종자 사업체의 모든 종자 연구, 생산과 유통 시설이 포함되었고 카길의 인터마운틴 캐놀라나 궤르첸 종자 연구 그리고 웨스턴 캐나다 종자유통사업체는 제외되었다. 이러한 제외에 대한 공식적인 설명은 전혀 없다.

카길은 1998년 몬산토에 글로벌 종자사업체를 매각하는 동시에 곡물 가공 시장과 동물 사료 시장을 겨냥하여 '생물공학을 통해 향상된' 신상품을 개발하고 판매할 목적으로 몬산토와 세계적인 합작투자회사를 설립했다. 이에 관한 카길의 언론 보도는 다음과 같다.

이번에 추진하는 50대 50의 합작투자사업은 몬산토가 보유하고 있는 유전학과 생물공학, 종자 분야에서의 경쟁력 그리고 카길이 보유한 농업 원료 공급과 가공, 판매에 있어서의 국제적인 인프라를 통해 주요 작물의 가공 효율성과 동물 사료 품질의 향상에 주력하여 신제품을 개발하고 판매하는 것을 목표로 삼고 있다.

새로운 합작투자회사의 이름은 르네센Renessen인데 '지식의 급속한 팽창으로 새로운 시대의 시작을 알린 시대', 곧 르네상스 Renaissance에서 따왔다는 것이 카길의 설명이다.[180] 카길 웹사이트에 접속해 2001년 말 즈음의 자료를 뒤져보면 '합작투자회사, 르네센'이라는 제목 아래 유전자 변형이 전통적 방식의 동식물 교배의 '더욱 통제된 형태'라는 식의, 전형적인 '단일유전자' 운운하는 설명을 발견할 수 있을 것이다.

농업생명공학은 가정과 사회를 위해 더욱 향상된 질과 양의 먹거리를 생산하기 위한 인류의 오랜 장정에서 이룩한 과학적 발견의 응용일 뿐이다… 현대의 농업생명공학 기술 덕분에 연구자들은 식물에 단일유전자를 삽입하여 특정 형질을 발현할 수 있게 되었다. 이는 특정하게 원하는 형질을 지닌 식물을 생산하는, 보다 통제된 방법이라고 할 수 있다.

르네센에 관한 더 이상의 정보는 나와 있지 않았지만 2001년 기능식품과 특수식품원료사업을 통합시킨 새로운 부문에 명명한 카길 헬스 앤드 푸드 테크놀로지라는 이름에서, 카길이 추진하고 있는 '하향' 움직임에 대한 또 다른 징후를 발견할 수 있다.

이 부문은 '세계 식량과 영양공급산업을 위한 과학에 기초한 건강증진원료 분야의 선도적 개발업체이자 가공업체, 판매업체'라고 설명되어 있다.[181]

카길 종자 인디아

1983년 카길은 종자사업을 통해 인도에 교두보를 확립하기로 결정했지만 1992년이 되어서야 잡종 옥수수와 해바라기를 선두부대 삼아 이러한 전략을 실행할 수 있었다. 같은 전략을 추구해온 다른 지역에서와 마찬가지로 카길의 장기적 목표는 단순히 종자 판매에 그치지 않는다. 아르헨티나 터키와 마찬가지로 인도는 카길의 글로벌 가공·판매 시스템을 위한 주요 곡물과 오일시드 재배 지역이 될 잠재적 가능성을 가졌다.

북부의 라자스탄 주와 펀자브 주가 관개 혜택으로 글로벌 곡물 공급지가 될 가능성을 가지고 있고 카르나타카와 마하라슈타라 같은 중남부 지역은 옥수수와 오일시드의 주요 공급지가 될 가능성을 가지고 있었다. 이들 지역은 현재 인도 국민을 위한 광범위한 종류의 식품을 생산하고 있으며 종자의 선별과 보존에서부터 작물 관리와 수확에 이르기까지 식품 생산 과정에서 여성이 매우 중요한 역할을 하고 있다. 여성의 역할이 변화한 것과 카길 지배 하에 사람들이 무엇을 먹게 될 것인가는 완전히 별개의 문제이다.

그러나 인도에서의 카길의 동향을 이해하려면 종자나 토지 혹은 사업 자체에 있어 외국 기업과 무역, 소유권에 대한 인도의 정책이 어떻게 변했는지 파악할 필요가 있다.

1991년 7월, 인도 정부는 세계은행, IMF의 관리 하에 놓였고 루피화의 폭락 사태를 계기로 새로운 경제 정책과 산업 정책을 서둘러 시행하였다. 당시 인도의 경제는 심각한 위기에 처해 있었는데 10년 이상 적자가 꾸준하게 증가하던 데다가 대외채무 불이행이라는 위기에까지 직면한 상태였다. 루피의 평가 절하는 엄청난 대외채무, 그리고 IMF 주도 하에 구조 조정을 통한 경제 정책 변화로 이어졌다. 1995년경 인도의 산업은 침체기에 접어든 듯 했다. 수입 자유화의 결과로 수많은 중소기업이 붕괴한 것에 일부 기인한 것이었다. 인도 기업의 거의 절반이 문제를 가지고 있는 것으로 드러났다.

인도 사회는 점차 소비지향적으로 변하고 있으며 부유층과 기득권층의 과시적인 소비를 부추기는 수입 자율화에 힘입어 점차 소비중심주의로 전환되고 있다… 다국적 금융기관들뿐 아니라 초국적 기업들까지 점점 우위를 차지하고 있는데 국내 금융기관이나 중앙 정부와 주 정부는 외국의 경제 침략을 순순히 받

아들이면서 순종적이고 비굴한 입장을 취하고 있다.[182]

새로운 경제 정책으로 인도 기업의 외국인 보유지분을 정부의 허가나 심지어 주주들의 사전 동의 없이 40~50퍼센트 이상까지 증대시키는 것이 가능했다. 자유화가 심화되면 인도 회사를 외국인이 100퍼센트 소유하는 것도 가능해져 이익과 로열티가 해외로 유출될 터였다. 실례로, 인도 소유 타타 오일 제조 회사Tomco는 힌두스탄 레버와 합병했고 고드레이 비누 제조회사는 프록터&갬블과 합병했다. 펩시콜라는 볼타스 사의 보유지분을 51퍼센트로 확대했다.

1988년, 인도의 '종자 개발에 관한 새로운 정책'은 '인도 농민에게 세계 최고의 종자와 식재植栽 원료를 제공하여 생산성을 향상시키는 것'을 목표로 기술과 유전자 소스 도입을 확대하고 개인 종자 생산업자들을 장려하기 위해 국내 업체와 외국 업체간의 협력을 증대시킬 것을 강조했다.[183]

새 정책으로 수입 종자에 대한 관세가 95퍼센트에서 15퍼센트로 줄었지만 동시에 수입업자들에게서 들여온 종자 가운데 충분한 양을 인도농업연구위원회ICAR에 제출하도록 규정했고 그 종자를 서로 다른 12~15개 지역에서 실험을 거치고 유전자은행에 저장하도록 규제를 강화했다. 1988년 인도 정부의 최종 승인을 받고 카길이 타타의 계열사인 테드코와 합작투자로(각각 지분의 51퍼센트와 49퍼센트를 소유) 종자사업에 진출한다는 1983년의 결정을 실행에 옮기기 시작한 것은 단순한 우연이 아니었다.

카길 종자 인도 사무소의 상무인 존 해밀턴이 방갈로르에 사무소를 설립하고 이듬해 '연구' 업체가 설립되어 1992년 말경에는 잡종 해바라기와 옥수수 종자가 판매되기 시작했다. 카길이 인도에서 시행한 '연구'는 비공개 종자 실험 그리고 수입 품종 가운데 적합한 생식질(생물체에 있어서 다음 대의 개체의 근원이 되는, 즉 생식세포에 전달되는 원형질적인 것)을 선별하는 작업이었다. 한 업계 언론 보도자료는 다음과 같이 대대적으로 선전했다.

> 인도에서 판매되는 모든 카길 잡종 종자는, 인도 농민들에게 유전적으로 세계 최고의 품종을 제공하겠다는 회사의 전략에 따라 외국에서 들여온 특수한 생식질에서 유래한 것이다.[184]

이러한 발언은 뿌리 깊은 식민사상과 더불어 유전학에 대한 매우 비과학적인 이해를 담고 있다. 생식질은 생명체와 환경의 상호작용이 표현된 것이다. 그러나 카길은 이러한 생명체가 환경과는 거의 연관성이 없이 별도로 존재한다는 듯 이야기하는데 이러한 태도는 생명공학계가 전반적으로 보이는 태도와도 일치한다. 이는 심각한 과학적 오류일 뿐 아니라 일반적이고 전통적인 육종育種이나 유전자 보존에 관한 토착적인 지식에 경멸을 표하는 태도라고도 볼 수 있다. 인도에서 종자회사를 앞세워 카길이 등장한 데다 GATT 협상에서는 우루과이라운드를 마무리 지으라는 압력(그것도 종자 특허를 포함하여 카길의 지적소유권을 강조하면서)이 한계 수준에 이르자 1992년 12월 인도에서는 GATT와 카길에 대항하는 캠페인에 불이 붙었다.

카르나타카의 농민운동 단체인 KRRS Karnataka Rajya Ryota Sangha에 소속된 500명이 넘는 농민들이 세인트마크 가街의 건물 3층에 있는 미국의 다국적기업 카길 종자 인도 사무소에 몰려와 모든 서류와 파일을 길에 집어 던지고 불태웠다… 이들은 사무소에 보관하고 있던 종자 샘플도 전부 내다 버렸다.[185]

위 사건과 관련하여 KRRS의 비폭력 방침과 일관되게 회사 관계자가 공격받지는 않았다고 보도되었고 사무소 직원들도 어떤 형태로든 피해를 입었다는 주장은 없었다. 하지만 해밀턴은 KRRS를 통제해야 한다는 뜻을 담은 발언을 했고 공식적으로 "법의 테두리 안에서 그들이 무엇을 하든 상관없지만 카길을 공격하는 것은 안 된다"라고 말했다.

이러한 사건에도 아랑곳없이 1993년 초 카길은 방갈로르에서 북쪽으로 300km 거리에 있는 벨라리의 13헥타르 부지에 종자 가공시설을 지었다. 해밀턴의 설명에 따르면 이 시설에는 '현대 농업을 발전시키기 위한' 운영관리 및 종자기술 교육센터도 딸려 있었다. 공장은 1993년 10월에 가공을 시작할 계획이었으나 7월 13일 아침 일찍 KRRS의 농민들이 몰려와 막대기며 맨손으로 일부 완공된 시설을 파괴해 버렸다.

1994년 1월 나는 카길이 시설을 재건축하고 있다는 사실을 직접 확인했는데 카길을 농민들로부터 보호하기 위해 먼저 건물 주변에 높은 화강암 벽과 감시탑으로 된 요새를 짓느라 정작 공장 건축은 지연되고 있었다. KRRS의 지도자들은 나를 여러 마을로 안내해서 농민 그리고 종자 거래업자들과 이야기하도록 했는데 어디를 가든 하는 이야기는 같았다. 재배 과정에서 아무리 엄격히 규정을 따랐더라도 상관없이, 그리고 비료와 화학약품에 높은 값을 지불했는데도 불구하고, 카길의 잡종 해바라기 종자는 선전된 수확량에 비해 적은 양을 생산했다는 것이다. 카길이 유통 계약한 랠리스 종자 거래업체는 카길의 해바라기 종자를 판매하지 않는 쪽이 좋겠다고 결정을 내렸다.

KRRS가 벨라리에 있는 카길 시설을 공격한 후로 경찰은 모든 카길 건물에 철저한 보안 조치를 시행했다. 그러나 청구 요금이 증가하자 카길은 비용 지불을 거부했다. "카길은 경찰에 부담을 주길 원하지 않는다"는 해밀턴의 발언이 무색할 정도였다.

그렇다 해도 해밀턴은 자신의 말을 번복했으며 안전 제공은 주 정부의 임무이므로 카길은 따로 보안 계약을 맺지 않을 것이다. 청구서는 되돌아왔으며 카길이 미국 대사관을 통해 압력을 가하고 있기 때문에 경찰은 이러지도 저러지도 못하고 있는 상태이다.[186]

당시 ICAR 소속이었던 망갈라 라이는 나와의 인터뷰에서 인도가 해바라기 종자 판매시장이 될 큰 잠재적 가능성을 가지고 있다고 했다. 비슷한 경우의 예를 들어보면 5년 전 펀자브에서는 해바라기가 전혀 재배되지 않았으나 1993년경에는 재배 지역이 10만 헥타르에 달했다. 라이는 카길이 인도에서 제공하는 품종이 시장 최고 품질은 아니라고 했다. 카길은 더 우수한 품종을 보유하고 있지만 인도가 품종 보호를 하지 않기 때문에 이곳에 우수한 품종을 제공하지 않으려 한다는 것이 그의 설명이었다. 그는 카길이 인도인들이 하는 말을 전혀 들으려 하지 않는다고 주장했다. 그들(카길)이 판매하려는 품종은 ICAR가 나름대로의 실험을 거친 결과에 기초하여 권장하는 품종이 아니라는 것이다.[187]

카르나타카 주 의원이자 KRRS의 리더인 M. D. 난준다스와미 M. D. Nanjundaswamy는 이렇게 말했다.

> 농민들에게 종자 문제에 관해 이 정도의 저항과 조직화를 가르치고 지적소유권과 둔켈(농산물 협정) 초안에 대해 교육하는 데 꼬박 1년이 걸렸다. 인도 농민은 대부분 문맹이지만 이들은 매일 식물과 종자와 씨름하며 살고 있기 때문에 이 문제를 충분히 이해할 수 있었다. 그것이 바로 인도의 농민이 문제를 바로 이해할 수 있었던 이유 중 하나이다. 그들이 식물과 종자와 관련이 있기 때문에 인도의 지식인들보다도 더 빨리 유전학을 이해할 수 있었던 것이다. 1960년대 중반 이래 25년이 넘는 기간 동안 녹색혁명과 혁명 문화를 직접 체험한 농민들은 GATT가 소위 녹색혁명이라는 농업 혁명에 따라 어떤 식으로 농민을 노예화하려 하는지 정확히 파악할 수 있었다.[188]

해밀턴은 카길이 인도에 대해 가지고 있는 의도를 매우 구체적으로 설명해주었다.

"인도의 현 생산 체계는 상당히 큰 변화 가능성을 가지고 있다. 먼저 인도 농민 가운데 개발에 특히 관심을 가지고 있는 이들을 확보하여 우수한 유전자 소스를 제공하고 교육시킨 다음 재배 과정에서 이들과 제휴하면 2년만 지나도 생산성이 100퍼센트 증가하리라는 것을 우리는 알고 있다."

카길 그리고 해밀턴이 가지고 있는 인도에 대한 비전에는 인도 남부에서는 옥수수와 오일시드(해바라기, 평지 씨와 캐놀라)를 대규모로 생산하고 이미 남부보다 기계화에 한참 앞선 북부 지역에는 소규모 곡물을 생산한다는 계획이 들어 있었다.

"나는 인도가 충분히 밀 수출국으로 성장할 수 있다고 본다. 인도의 인구증가율을 이용하면 밀 수출은 정말로 실현 가능성이 있다. 옥수수의 공업용 사용 비율이 증가 추세에 있는데 우리가 이곳에서 더 많은 옥수수를 재배한다면 이는 더욱 증가할 것이다."

해밀턴은 지적소유권이라는 매우 민감한 문제를 논의하면서 카길의 전략을 분명하게 피력했다. 보호할 지적소유권이 없더라도 일단 로비 활동은 강력하게 밀고나가라는 것이었다. 해밀턴은 처음에 이렇게 말했다.

"인도가 아무리 지적소유권을 보호하려고 발버둥쳐도 소용없다. 우리는 인도에서 사업 활동을 하기로 이미 수년 전 결정을 내렸다." 그런데 얼마 후에는 이런 식으로 말을 바꾸었다.

"우리는 인도종자재배협회를 통해 정부를 상대로 로비 활동을 벌이고 있다… 내가 이곳에 온지 6년이 됐으니까, 6년간 로비 활동을 해온 셈이다."

다른 농업벤처사업에 대해서는 카길이 이미 상당량의 비료를 인도에 들여오고 있다는 사실만 언급했다.

해밀턴은 원맨쇼와 크게 다르지 않은 일종의 PR을 시도했다. 그는 내게 '인도의 카길 종자 사를 대변하여 비공개 회원용으로 존 해밀턴이 발행'이라고 쓰여 있는 『아우어 링크Our Link』 1993년 10월호 한 부를 주었다. 여기에는 카길을 비난하는 농민의 신뢰성에 흠집을 내려는 의도가 적나라하게 담겨 있었다.

> KRRS와 연결된 한 무리가 카길에 대한 잘못된 정보를 퍼뜨린 사건과 그 외에도 두 건의 폭력사건에 개입되어 있다. 당사자 무리는 잘못을 인정했고 집단의 리더도 이미 지식인층과 농민, 언론매체 그리고 카길 측의 고소로 혐의를 시인하였다.

몇몇 신문 기사 그리고 해밀턴이 자신의 지지자들의 정체를 분명히 밝히지 못한 점으로 판단하건대 카길에게 조력자가 거의 없었던 것이 분명하다.

중국의 카길 종자

종자와 관련된 카길과 중국 정부 간의 상업적인 관계에 대한 짤막한 두 기사는 카길 같은 회사들이 유전학을 비롯하여 모든 종류의 정보에 대한 보안과 소유권을 얼마나 중요시하는지에 대해 조금이나마

단서를 제공해준다. 나는 주체할 수 없는 호기심에도 불구하고 여기에 요약된 두 건의 보도 이외 다른 정보는 전혀 찾아낼 수 없었다.

몇 년 전 중국은 수확을 25퍼센트까지 증대시킬 수 있는 상업적 가치가 뛰어난 잡종 쌀을 개발했다. 1981년 중국은 카길 종자와 옥시덴탈 페트롤륨의 자회사인 링 어라운드 프로덕트 사에게 특정 국가에서 이 종자를 개발, 생산, 판매할 수 있는 독점적 권한을 부여했다. 1980년대 중반에 이르러 이 잡종 품종은 중국의 총 3300만 헥타르의 논 중에 3분의 1 이상을 점유한 것으로 보이는데 이 품종은 스스로는 종자를 만들 수 없고 따라서 다른 품종과의 교배가 쉬운 '웅성불임male-sterile' 계열이었다. 그러나 중국 정부 당국과 두 업체의 합의로 다른 정부 기관이나 록펠러 가家와 포드가 자본을 지원하는 국제쌀연구기관IRRI과 잡종 쌀에 관련된 정보나 유전자 소스를 공유하는 것이 금지되어 있는 상태이다. IRRI은 1987년, 어떤 연유에선지 몰라도 다른 국가나 IRRI가 잡종 쌀에 대한 정보와 유전자 소스를 공유하는 것이 금지되어 있다는 것을 발견하고서야 이러한 합의가 있었다는 사실을 알게 되었다.[189]

제 18 장

'소금' 제국주의 건설에 열을 올리다

Invisible Giant
누가 우리의 밥상을 지배하는가

카길은 프로듀살의 시설이 자리잡은 해안 지대의 환경과 이에 영향을 받는 주민 공동체에 대해서는 웹사이트에서 한 마디도 언급하지 않고 단지 이 프로젝트가 건설 단계에서 3000개의 일자리를 창출했다는 내용만 강조하고 있다.

소금은 어디서나

흔히 볼 수 있는 것이기에 그다지 관심을 끌지 못한다. 너무 값이 싸게 느껴지기 때문에 가격을 확인하거나 상표를 읽지 않으며 그 몇 푼이 어디로 흘러 들어가는지 궁금해 하지도 않는다. 하지만 모든 벌크 일용품이 그렇듯, 중요한 것은 양이다. 충분히 많은 양을 취급할 수 있다면 파운드나 킬로그램 단위의 소량은 문제되지 않는다. 그러나 어쨌든 곡물이나 오일시드와 마찬가지로 소금은 필수품에 해당된다. 바로 이것이 카길에게 익숙하고 카길이 선호하는 사업이며 그렇기 때문에 카길이 오랫동안 소금 교역사업에 개입해온 것은 당연한 일이라고도 할 수 있다. 실제로 카길은 식용과 공업, 도로용 소금을 합쳐서 전 세계 소금시장의 10퍼센트 가량을 점유하고 있는 것으로 추정된다.

카길은 1955년 비어 있는 곡물 바지선을 채우기 위해 제퍼슨 아일랜드 제염회사로부터 750톤의 암염을 구입하면서 소금산업에 진출했다. 카길 제염은 1960년 루이지애나의 벨 아일 암염 광산의 채굴권을 확보했다. 1962년 12월경 채굴이 시작되었고 1967년에는 생산량이 80만 톤에 달했다. 이후 카길은 전 세계 모든 주요 소금시장으로 사업을 확대했다.[190]

샌프란시스코 주변의 소금 생산의 역사는 오래전 인디언이 사우스 베이에 약 800헥타르의 땅을 관리하던 당시로 거슬러 올라간다. 1850년대까지만 해도 소규모 작업으로도 금광에 사용할 소금 생산량을 채울 수 있었다. 레슬리 제염회사가 1930년대에 사우스 베이로 진출했고 1977년에는 미국 연방정부가 5년 전 설립된 국립 수용소를 위해 4800헥타르의 염전을 포함하여 6140헥타르에 이르는 레슬리 제염의 토지를 공적으로 접수했다. 760만 달러 규모의 접수 선고에 대한 협상 조건의 일부로서 레슬리는 염전에서 영구적으로 소금을 추출할 권리를 그대로 보유하기로 했다. 1978년 카길은 수용소 내 염전에서 소금을 생산할 권리까지 포함하여 레슬리 제염의 자산을 인수했다.[191] 동시에 카길은 호주 허들랜드 항구에 있는 레슬리의 천일염 생산시설도 인수했다. 1991년에는 레슬리 제염의 나머지 지분을 인수했다.

1995년 카길 데 베네수엘라는 줄리아 주의 마라카이보 호수 부근에서 천일염 생산시설을 건설하기 시작한 베네수엘라 업체 프로덕토라 델 살의 지분 70퍼센트를 인수했다. 이 시설은 1999년 생산을 개시했고 2003년에 완전 가동되면 연간 80만 톤의 공업용 소금을 생산하고 그 가운데 30만 톤을 수출하게 될 것으로 기대된다(주요 시장은 유럽이 될 것으로 본다). 베네수엘라는 연간 50만 톤의 공업용 소금을 소비하며 카길이 소유한 시설에서 소금을 생산함으로써 더 이상 폴리비닐 클로라이드PVC 플라스틱 생산에 주로 사용되는 염소를 생산하기 위해 소금을 수입할 필요가 없게 되는 것이다(자세한 내용은 곧 다룰 것이다).[192]

1990년대 중반 무렵, 모튼과 네델란드의 악조 노벨, 북아메리카 제염 회사 그리고 카길, 단 네 기업이 북미 지역 소금사업을 완전히 장악했다. 캔자스의 해리스 케미컬 그룹의 자회사인 북아메리카 제염은 1990년 시프토 제염과 캐리 제염, 아메리칸 제염, 그레이트 솔트레이크 미네랄, 이렇게 네 회사가 인수·합병되면서 창립된 회사이다(캐리 제염은 1989년 몬트리올의 돔타르 사에게서 시프토를 인수했다). 북아메리카 제염은 코트 블랑쉬와 루이지애나, 고드리치 그리고 온타리오 지역에 광산을 보유하고 있었다. 고드리치 광산은 미국 최대의 암염 광산일 것으로 추정된다.

모튼과 카길은 경쟁 관계일 것으로 생각되지만 그럼에도 모튼은 샌프란시스코 만의 카길 소금 생산시설 바로 옆에 모튼 상표로 카길의 소금을 포장하는 포장시설을 가지고 있다(모튼은 1999년에 특수 화학 회사인 롬&하스에게 현금과 주식 46억 달러에 매각되었다). 악조 노벨은 루이지애나와 오하이오, 뉴욕 주에 암염(도로 제빙용) 광산을 그리고 유타 주와 네덜란드 앤틸리스에 천일염공장을 운영하였다. 또한 뉴욕의 왓킨스 글렌 부근의 세네카 호수에 식용 소금뿐 아니라 화학 및 제약산업용 소금까지 생산하는 대규모 정제소를 운영했다. 이 광산에서는 지하 약 600m의 암염 광상鑛床 안으로 구멍을 뚫고 호수에서 담수를 퍼 올려 소금을 추출한다. 용해된 소금이 지표면에 도달하면 증발 건조 과정을 거쳐 정제된다.

악조 공장에서 수 킬로미터 떨어진 왓킨스 글렌 마을 한가운데 카길이 소유한 비슷한 형태의 정제시설이 하나 있는데 이는 카길이 1978년에 인수하여 1994년에 확장한 것이다. 뉴욕 주 랜싱의 왓킨스 글렌에서 동쪽으로 그리 멀지 않은 이시카의 북쪽에 있는 케이유가 호수에서 카길은 1969년 인수하여 유일하게 미국에 보유하고 있는 지하 암염 광산을 운영하고 있다. 이 곳에서는 암염이 석탄처럼 600~700m 깊이에서 채굴된다. 이 광산에서 연간 100만 톤의 암염을 생산하는데 이는 미국 북동부 전역의 도로 제빙에 쓰인다. 이들 세 광산의 소금 광상은 약 3억 년 전 해수 증발로 인해 형성되었고 펜실베이니아 지역 거의 대부분과 오하이오, 뉴욕 그리고 온타리오의 지하에 대규모 반층盤層을 형성하고 있다.

1997년에 카길은 악조 노벨의 북미 소금사업체를 인수했다. 인수 조건의 상세 내역은 공개되지 않았다. 이 계약에는 뉴욕 레트소프의 암염 광산과 유통 센터를 제외하고 북미 지역과 카리브 섬 보네르의 모든 악조 노벨 지점이 포함되었다. 뉴저지 주 뉴어크 항구와 플로리다 주 케이프커내버럴의 천일염 처리시설과 더불어 악조 노벨의 다이아몬드 크리스털Diamond Crystal을 비롯한 기타 브랜드들의 인수도 이 계약에 포함되었다. 카길은 얼마 후 자사가 세계적으로 보유하고 있는 소금 생산시설의 생산량이 미국과 베네수엘라, 호주, 카리브 제도에 걸쳐 분산되어 있는 30개의 생산시설에서 720만 톤의 암염과 180만 톤의 증발 소금, 570만 톤의 천일염을 포함해서 연간 총 1470만 톤에 달한다고 발표했다.

카길은 1998년 액상 염화칼슘사업체를 테트라 테크놀로지에 매각했다. 이 계약에는 뉴저지에 있는 320헥타르 규모의 천일염 생산 지역과 미국 토지관리국에 대한 460건의 광상 불하 청구지, 차용 가능한 모든 채굴권 그리고 브라인(바닷물을 농축하여 식염농도를 높인 불포화 용액)을 얻기 위해 분리 채굴을 이용하는 천일염공장이 포함된다. 이곳 시설에서 생산되는 액상 염화칼슘 생산물은 다양한 종류의 식품 가공용으로 그리고 공업 용도로 이용된다.

카길 소금 부문은 뉴욕과 미시건, 오하이오에 있는 공장에서 생산되는 증발 소금의 저장과 판매 시설 그리고 작은 입자나 다른 포장 상품으로 가공될 수입 천일염을 함선에서 하역하는 시설을 결합하여 새로운 시설을 2000년 탬파 항구에 건설했다. 2001년에 카길은 호주 허들랜드 항구의 천일염공장을 9500만 달러에 리오 틴토 그룹에 매각했는데 공장의 생산량에 따라 대가를 추가로 받는다는 조항이 붙어 있었다.[193]

카길은 소금사업 부문에서 일관성 있는 전개를 하지 못했고 때로는 난항을 겪기도 했다. 그렇다 해도 일단 소금은 필수 일용품인 데다가 카길이 소금사업을 하면서 얼마나 많은 장애물과 혼란을 감수하고 극복했는지를 보면 투자 가치를 확신할 정도로 수익성 있는 시장이라는 사실만큼은 확실히 알 수 있다. 천일염 산지인 인도와 캘리포니아 그리고 베네수엘라에 관한 이야기는 다음과 같이 전개된다.

인도, 글로벌 소금 공급지로 삼다

카길 종자 인디아가 인도 남부에 교두보를 확립하기 위해 노력하고 있을 무렵, 카길 제염은 인도 북서쪽 해안 지역에 침략을 시도하고 있었다. 카길은 실제로 인도의 한 주요 항구 지역을 잠재적인 글로벌 소금 공급지로 눈독들이고 있었는데 인도에 소금 시장이 형성된다 하더라도 결국 항구 자체라는 최종 목표물로 노린 카길의 포괄적인 전략에 따라 그렇게 될 것이 뻔했다. 항구의 매력은 카길로 하여금 공격적인 행동을 취하게 했다. 다음 일화는 카길이 원하는 것을 얻기 위해서는 어떤 노력도 불사한다는 점을 잘 보여준다.

'인도의 신 경제자유주의에 고무된 카길 동남아시아는 인도 정부 기관인 해외투자촉진위원회의 허가를 얻어(구자라트 주의 칸들라 항에) 100퍼센트 수출 목적의 시설을 지어 연간 100만 톤의 고품질 천일 건조 소금과 천일 공업용 소금을 생산하게 되었다'고 1993년 중반 『파이낸셜 타임즈』가 보도했다.[194]

카길은 이미 호주 서부 지역과 캘리포니아에 있는 공장에서 연간 500만 톤의 소금을 생산하고 있었는데도 이들 공급지만으로 향후 수요에 부합하지 못할 것이라고 판단했기 때문에 새로운 생산부지를 물색했던 것이다.

『파이낸셜 타임즈』는 '샛사이다 베트 섬은 서로 연결된 지류계로 형성되었기 때문에 제염소製鹽所를 만들기에는 완벽한 장소지만 그곳의 침니沈泥는 상당한 기술적 그리고 생태학적 문제를 야기할 수 있다'고 언급했다. 샛사이다 베트 섬은 인도 북서쪽 외곽에 있는 쿠치만 어귀의 칸들라 항만 지구에 위치한다. 소금 생산시설과 더불어 카길은 2500만 달러를 투자하여 하루 1만 톤의 소금을 적재할 수 있는 부두를 건설해도 좋다는 허가를 받았는데 이는 구자라트 부두의 하루 1000~2000톤의 적재량에 비하면 엄청나게 큰 규모였다.

카길은 원래 인도 기업인 아메다바드의 아다니 수출회사와 파트너를 맺고 소금을 생산할 계획이었으며 그러한 계획에 따라 칸들라에서 약 50km 떨어진 만드비와 문드라 쌍둥이 항구 근처에 고속 적재 부두를 건설하기 위한 허가 신청을 냈었다. 그러나 이 협정은 '실패로 끝났다'고 당시 보도되었는데 결정적 원인은 경제를 자유화하고 항구를 민영화하려는 인도연방정부의 정책 덕분에 카길 쪽에서는 더 이상 인도 회사와 협력할 필요가 없어졌기 때문이었다. 이후 카길은 칸들라 항구에 단독 프로젝트를 추진했다.

연방정부의 허가를 받은 카길은 칸들라 항을 관리하는 칸들라 항구 트러스트KPT에게 샛사이다 섬의 4000헥타르의 토지를 양도할 것을 요구했다. 이러한 요청은 거부되었고 중앙 정부의 압력으로

KPT 이사들이 다시 만났으나 참석자들은 만장일치로 카길의 요청을 수락해서는 안 된다는 데 합의했다. 국방부 대표들 역시 문제의 섬이 파키스탄 국경에 매우 근접한 전략 요충지로 간주되므로 허가하지 않는다는 데 동의했다. KPT의 거부 배경은 다음과 같다.

첫째, 인도 정부는 인도 전역에 걸쳐 총 30만 헥타르의 토지를 소금 생산부지로 할당했지만 이 가운데 절반만이 실제 소금 생산에 이용되었다. 국제시장에 인도산 소금에 대한 일정 수요가 있었으나 이러한 수요는 적절한 인프라, 특히 운송 함선과 적재 시설의 결여로 충족되지 못했다. 인프라를 개선할 필요성은 인식하게 됐지만 소금을 보다 대량으로 생산할 필요는 없었다.

둘째, 많은 연구단체들이 생태학적 이유를 들어 카길이 노린 토지를 사용하면 안 된다고 KPT에 조언했다. 소금이 생산되는 토지는 최소한 해발 7m여야 하지만 삿사이다 섬은 해발 6.5m이하이다. 만일 카길이 허가를 받아 그 땅에서 소금을 생산하게 된다면 카길은 수십만 루피의 수익을 벌어들이게 되겠지만 칸들라 항은 조수에 따라 작용하도록 설계되었기 때문에 항구에 적재된 침니를 제거하는 데 드는 공적 비용만 해도 수백만 루피가 될 것이다.

셋째 카길의 제안을 수락한다면 국내 홍수림紅樹林에 악영향을 끼쳐 결국 생태학적 불균형을 초래할 것이다.

넷째 현재 항만 지구에서 소금 생산과 기타 활동에 종사하는 2만 5000명의 인구가 이 프로젝트로 인해 생계 수단을 잃게 될 것이다.

이러한 생태학적 그리고 사회적 우려를 가뿐하게 묵살할 정치적 힘을 가지고 있다고 확신한 카길은 다시 중앙정부에 허가 신청을 냈고 그러자 주변에서는 다시 KPT에 다른 누군가가 카길의 신청을 막기 위한 소송을 제기하지 못하도록 민사 법정에 소송정지 신청을 낼 것을 권유했다. 그러나 쿠치의 소규모 소금 생산업자 협회 가운데 하나에서 그 전에 이미 법원으로부터 KPT의 임시 총회가 내리는 결정과 관련해 효력정지 판결을 확보해둔 상태였다. 이는 중앙 정부의 제소권을 선점하는 조치였다. 결국 총회는 아무런 결정도 내리지 못하고 종결되었다.

카길의 프로젝트에 대한 국내의 반대 여론은 항의 시위의 형태로 발전하여 항구 부근 마을에서 출발한 시위대는 1993년 5월 17일, 곧 50여 년 전 마하트마 간디가 같은 주에서 바다까지 '소금 행진'을 한 기념일에 맞춰 칸들라 항에 도착하였다. 간디의 행진은 영국의 지배로부터 인도가 독립할 수 있었던 결정적인 계기 중의 하나가 되었는데 오늘날에는 인도의 정치적인 이미지에 강력한 색깔을 더해주고 있다. 항의 행진은 사티아그라하satyagraha라는 간디주의 전통에 의해 조직되었다. 이는 간디가 인도 문화와 종교에 뿌리를 두고 시창한 정치 운동으로서 '사티아그라하'라는 말은 사랑의 힘 그리고 그것을 통해 악을 극복하는 행위를 가리킨다. 사티아그라하에는 악에 의한 폭력과 고통에 정면 대결하려는 의지와 이를 통해 악을 종식시킨다는 사상이 담겨 있다. 그러므로 카길에 항의하는 행진은 산업화된 서구에서 '항의 행진'이라는 단어가 가지는 의미를 초월하는 것이었다.

그 해 9월, 카길은 인도 소금 부문에서 전술적 후퇴를 감행하면서 KPT 관할 지구에 수출 목적의 소금공장을 건설하는 데 더 이상

관심이 없다고 발표하고 이를 사업적 결정이라고 주장하였다. 카길은 세계적인 경기 침체, 그리고 특히 일본의 경기 후퇴로 인해 아시아태평양 지역에 세계적 규모의 소금공장을 건설할 필요가 더 이상 없어졌다고 했다. 또한 정치적인 반대는 소금 프로젝트를 철수하는 데 아무런 영향도 미치지 않았다고 덧붙였다.

이 지역의 노동조합을 조직한 인물인 아심 로이는 카길이 부두와 항구 자체를 노리고 있다고 판단했다.

"물론 그들은 수출용 소금의 독점을 원했지만 그들이 실제로 원한 것은 벌크 일용품 화물을 취급할 수 있는 항구였다. 칸들라는 인도의 곡물 핵심 지역에서 봄베이보다 500km나 가까이 위치해 있다."

로이는 인도 곡물 생산량의 80퍼센트를 생산하는 펀자브의 바틴다에서 칸들라까지 광궤廣軌 철도를 건설한다는, 일부 방위상의 목적을 띤 대규모 프로젝트가 이미 진행된 적이 있었다고 지적했다. 카길에 섬 하나를 완전히 넘겨줬더라면 가장 중요한 수로를 넘겨준 꼴이 됐을 것이며 그와 함께 인도의 가장 중요한 항구 한 곳에 대한 통제권이 완전히 넘어갔을 터였다. 카길이 관심을 둔 것이 소금 생산이었다면 그에 훨씬 더 적합한 지역이 칸들라 항 말고도 여럿 있었다. 로이는 마지막으로 이렇게 덧붙였다.

"나는 지금도 카길이 어떤 식으로 재시도할지 무척 궁금하다."[195]

로이는 카길이 칸들라 항구를 곡물 수출용으로 노린 것이라 생각했지만 항구를 차지하려는 카길의 의도에는 다른 이유가 있었다. 인도의 비료 소비량은 1994년 17퍼센트 성장하여 1500만 톤까지 증가할 것으로 기대됐다. 비록 국내 생산이 15퍼센트 증가하여 1050만 톤에 이른다 해도 약 700만 톤을 수입해야 했다.[196]

카길은 이 분량의 비료에 대한 공급을 맡으려는 의도를 가지고 있었던 것이다.

카길은 인내심이 많으며 무엇이든 성급하게 추진하는 경우가 거의 없다. 목표 지역 점유에 실패하여 전술적 후퇴를 감행해야 했다면 카길은 무기와 전략을 재정비하여 다른 전술을 시도할 것이다. 만일 목표한 지역에 진출하기 위해 전략적 제휴나 합작투자가 필요하다면 카길은 자존심을 버리고 당장 그렇게 할 것이다. 그러므로 완전히 철수한 뒤 1년이 채 안 지나 카길이 칸들라 지역에 돌아와 새로이 교두보 확립을 시도한 것은 놀랄 일이 아니었다. 1993년 말 『인디언 익스프레스 Indian Express』의 아메다바드 판은 구자라트 정부 당국이 공업용 소금 생산을 위해 문드라 지역 토지 4200헥타르를 아다니 수출회사와 아다니 화학에 제공했다고 보도했다. 그러나 사람들이 이 대형 프로젝트 소식을 듣고 그에 반대하는 공식 탄원서를 구자라트 고등법원에 제출했다는 사실은 언급하지 않았다. 정부는 탄원서에 대한 답변으로, 아디나스 폴리필스라는 업체에 제공된 880헥타르의 땅을 제외하고는 어떤 업체에게 어떤 토지도 할당되지 않았다고 주장했다.[197]

탄원을 제출한 사람들은 정부 당국의 해명에 만족하지 못했다. 그들은 아다니에게 할당된 부지에 이미 건설 작업이 진행 중이라는 사실과 두 업체가 이미 도로 건설 작업에 들어갔다는 것 그리고 구자라트 해운위원회가 할당한 100헥타르의 토지에 대규모 민간 항구를 건설하도록 정부 당국이 계약을 승인했다는 사실을 지적하고 나섰다. 『프론트라인Frontline』 저널에 의하면 진상은 이러했다.

아다니는 원래 6400헥타르의 땅을 요구했는데 연안 홍수림紅樹林 습지 가운데 1800헥타르가 주요 보안림으로 지정되어 있었기 때문에 그것을 제외하고 4200헥타르만 이들에게 허용되었다. 그들이 '연안 함염含鹽 황무지'라고 부르는 그 지대의 대부분이 500년이나 된 홍수림 습지였는데도 불구하고 말이다. 부두와 도로 건설은 약 4000명의 어부들이 오래전부터 이용해온 쿠치 만에 이르는 통로용 수로를 이용할 수 없게 만들었다. 이미 해안의 토지가 아다니 계열사들에 인수되었으므로 1994년 초 수산부는 그 지역 어부들이 바다에서 조업할 수 있는 자유권을 취소했다. 아다니 프로젝트에는 소금 생산용 집하시설도 포함되어 있다.

1994년 4월, 카길은 호주 소금 전문가인 리치 헨리를 포함한 3명의 팀을 내세워 다시 등장했다. 이 팀은 가성소다 생산용 소금을 구입하는 데 관심이 있다고 말하면서 세계 각지를 돌아다닌 결과 칸들라가 '세계적인 소금 중심지'이고 카길의 이익에 이상적으로 부합한다는 결론에 도달했다고 밝혔다.[198]

카길 팀이 칸들라에 가성소다공장을 건설할 계획이 있는지는 밝히지 않았지만 국내 소식통은 인도 산 소금이 가성소다 생산에 적합한 품질이 아니므로 카길은 결국 가성소다만 생산하는 것이 아니라 소금 가공 처리까지 하도록 시설을 지어야 할 것이라고 지적했다. 그러면서 카길은 KPT 관할 지역 내에서 토지나 운송 시설을 인수하는 데 전혀 관심이 없으며 국내 생산업자들에게서 소금을 구입할 계획을 검토 중이라는 것을 강조했다고 『인디언 익스프레스』가 보도했다. 그러나 간디주의 단체를 조직하고 활동한 경험이 많은 어떤 사람은 이 지역을 방문하고 나서 이렇게 보고했다. 카길 팀이 칸들라에 다녀간 후로 주민들이 서먹해 하고 심지어 적대적인 태도를 보였으며 주민들이 카길의 제안에 흥미를 보이지 않았기 때문에 카길 팀은 아무 결정도 못 내리고 이 지역을 떠났다는 것이다.

그럼에도 불구하고 카길은 인내심을 발휘했고 1998년에는 다음과 같은 사항을 공식 발표했다.

> 카길은 국내 협력업체들과 함께 인도 북서 해안의 쿠치 만에 있는 로지 항에서 파나맥스의 짐을 하역하고 적재할 수 있는 정박(거룻배) 운반시설* 개발을 추진해왔다. 이 시설은 연간 80만 미터톤의 대형 건조 상품을 처리할 수 있을 것으로 기대된다. 카길은 이곳 시설을 이용하여 비료와 밀을 수입하고 콩단백 분말과 기타 상품을 수출할 계획이다… 국내 협력업체들은 로지 항에 100미터의 바지선 부두를 건설할 예정이다.[199]

그로부터 3년 후인 2001년 카길은, 최초의 파나맥스가 플로리다 탬파에서 카길 DAP를 5만 5000미터톤 이상 적재 운항해 로지 항구

■■■ * '정박(거룻배) 운반' 시설은 배들이 먼저 가까운 곳에 정박하여 다시 해안의 집하시설로 수송하기 위해 크레인 바지선으로 바지선단에 화물을 적재하거나 하역하는 곳을 말한다. 카길의 경우, 이는 인도의 합작 파트너들이 육지에 있는 동안 카길은 항구 집하시설로부터 안전한 거리에 떨어져 있을 수 있음을 의미한다.

에 하역했으며 두 번째 파나맥스가 수개월 후 이곳 시설에서 다시 화물을 하역할 것이라고 보고했다. 카길은 로지 프로젝트를 '비료와 밀을 파나맥스에서 하역하면서 동시에 콩단백 분말과 기타 상품을 파나맥스에 적재할 수 있는, 함선 하역 및 적재 일관시설'이라고 묘사했다.

카길은 쌀과 밀을 직접 조달할 목적으로 펀자브 주 정부와 3년 협정을 체결하고 현재 펀자브 주에 집하시설을 건설 중이다. 카길은 또한 농민들과 직접 농작물 공급 계약을 체결할 것을 고려하고 있으나 카길 IP 농작물로 출하하기 위해 최고 품질의 농작물만을 제공받길 원하고 있다. 카길은 또한 노이다에 있는 '상태가 좋지 못한' 압연식 제분시설을 인수하여 시설을 개선하면서 동시에 펀자브 지방에 동일 규모의 밀가루 일관생산 공장을 건설하는 일과 관련하여 펀자브농업관련수출기업과 협상을 진행 중이다. 만일 카길이 이 협상에 성공한다면 '펀자브의 밀가루공장들은 생산력이 떨어져 새로이 등장한 카길과 경쟁할 수 없게 될 것이므로 거의 전부가 문을 닫게 될 것'이라고 『이코노믹 타임즈 Economic Times』는 보도했다.[200]

샌프란시스코 만, 대규모 염전을 운영하다

비행기가 사우스 베이 상공을 지나며 샌프란시스코 공항을 향해 북쪽으로 날아갈 때, 나는 사우스 베이의 거의 전부를 차지하고 있는 11600헥타르의 카길 염전을 한눈에 내려다볼 수 있었다. 비행기에서 내린 후 나는 (카길과 관계없는 사람에게) 안내를 받으며 거대한 염전 시설을 견학했다. 원래는 습지대였는데 19세기 중반부터 점차 제방을 쌓아서 소금을 농축시켜 결정체로 만드는 염지鹽池가 된 것이다. 이 염전은 현재 연간 약 100만 톤의 소금을 생산하고 있으며 정제되지 않은 소금은 1톤당 약 20달러의 가격에 판매되고 있다.

왜 슈퍼마켓에서 '카길 소금'이 안 보이는지 궁금하다면 그 이유는 카길이 생산하는 소금이 '모튼 소금'이라는 이름으로 판매되기 때문이다.

나는 카길의 샌프란시스코 소금 시설을 구경하고 얼마 지나지 않아 무역박람회에 가게되었는데 거기서 '모튼 소금' 부스를 발견했다. 부스를 지키고 있는 여성에게 모튼과 카길이 어떤 관계인지 묻자 그 여성은 "아무 관계없다"고 대답했다. 나는 다시, 모튼이 사우스 베이에서 카길의 소금 포장을 담당하고 있지 않느냐고 물었다. 여자는 "아니에요. 모튼은 다른 곳에 자체 시설이 있습니다"라고 대답했다. "하지만 카길 소금 시설 바로 옆에 모튼 공장이 있던데요" 하고 내가 말하자 여자는 상냥하게 웃으면서 "그 문제에 관해서는 말씀드리기 곤란합니다"라고 대답하고는 입을 다물어버렸다.

소금 생산 공정은 조수간만이 있는 만灣에서 해수를 끌어올리는 것에서 시작하여 농축을 위해 염지 여러 개를 거치는 단계로 마무리된다. 해수가 각 염지에 일정 시간 머무는 동안 태양 에너지가 수분을 증발시키고 소금물을 농축시킨다. 마침내 해수가 '절임 염지 pickle pond'로 흘러 들어가면 거기서 완전히 포화되어 결정화한다. 여기서부터는 사실상 다른 형태의 염전이 된다. 포화된 소금물은 소금으로 단단한 바닥에 침전되어 보관된다. 이 침전지에서 소금이 결정체가 되면 소금물은 배수시킨다. 이 소금 결정체를 '수확'하는 데 그 과정은 마치 도로를 재포장하기 전에 아스팔트 한 겹을 벗겨 내는 것과 매우 유사하다. 소금의 경우 이러한 과정을 '경작'이라고 표현한다. 이후 소금을 '세척'하여 불순물을 제거한 다음, 건조시켜 벌크 운송을 위해 비축해둔다.

수많은 개인과 단체들이 카길이 이용은 하나 소유하지는 않는 최소 6800헥타르의 염전을 다시 습지대로 복원하기 위해 애쓰고 있다(나머지 4800헥타르는 카길의 소유이다). 사우스 베이 지역 환경 보호주의자들은 11600헥타르의 염전이 전부 자연 습지대로 복원되기를 진심으로 바라고 있다. 그들은 한때 습지이자 공유지였던 그렇게 넓은 땅을 사유 업체 하나가 주무르는 것이 매우 부당한 일이라고 생각한다.

카길은 거대한 소금 더미가 있어 수십 년 동안 그 지역의 볼거리로 꼽혔던 레드우드 시티의 샌프란시스코 만에 있는 6헥타르의 땅덩이를 2000년에 제약업계의 거물 애보트 제약에 매각했다. 그에 앞서 같은 해 초에는 128헥타르가 넘는 크기의 염전을 산타클라라 밸리워터 자치구에 매각했다. 2000년 말에는 카길이 복원을 위해 주와 연방기관에 약 7600헥타르의 땅을 매각하려 한다는 기사가 보도되었다. 그래도 카길에게는 여전히 리스한 염전 약 4800헥타르가 남는다.[201]

카길 쪽에서는 최대한 높은 가격을 받으려 하고 주와 환경단체들은 그 지역 전체를 복원하기 위해 압력을 행사해서 거래가 계속 지연되는 바람에 문제는 여전히 미해결 상태로 남아있다(이외에도 만의 일부를 메워 공항을 확장한다는 복잡한 문제가 또 있는데 이는 카길이 관할하던 염소鹽沼를 매립하는 것과 같은 형질완화 조치를 거친 다음에야 가능할 것으로 보인다).*

염전은 어떻게 되었을까? 1994년 카길은 샌프란시스코의 3분의 1에 해당하는 크기의 구역을 1천만 달러에 캘리포니아야생보존위원회에 매각했는데 이는 감정가격인 3400만 달러의 3분의 1에 겨우 미치는 수준이었다. 2500만 달러의 차액은 주 정부에 '기부'할 예정이라고 했는데 이는 카길 역사상 최대 규모의 환경 기부금이 될 것이다(세금 감면 액수가 어느 정도나 됐을지 무척 궁금하다). 생태학적 관점에서 볼 때 이 지역은 거대한 습지대 혹은 염소鹽沼로 간주된다. 샌프란시스코 북쪽 지대 4000헥타르는, 1950년대부터 1990년에 카길이 그곳 공장의 가동을 중지해 주 고객이었던 다우화학을 잃을 때까지 천일염 생산에 이용되었다.

베네수엘라, 환경오염 규제를 회피하는 수단으로 삼다

주: 나는 베네수엘라를 방문하지는 않았으며 다음의 내용은 앞으로 논의할 줄리아 주 지역의 주민들과 수년 간 함께 일한 지역 조사원들이

---

* 2002년 5월 말, 카길이 샌프란시스코 만 남쪽 끝에 위치한 염전 6600헥타르를 매각하기로 합의했다는 발표가 있었다. 합의된 금액 1억 달러는 연방, 주 그리고 개인 기부단체에서 제공할 것이다.

제공한 정보에 기초한 것이다.

카길은 카길 베네수엘라 웹사이트에서 다음과 같이 설명하고 있다.

> 80년대 말경 베네수엘라에서 공업용 소금 부족 현상이 사기업과 베네수엘라 정부로 하여금 합작해서 천일염 프로젝트를 개발하도록 촉진했고 이 프로젝트가 구체화되어 1989년 프로덕토라 데 살(프로듀살)이 창립되었다. 오늘날 이 회사의 지분은 페트로퀘미카 데 베네수엘라가 30퍼센트를, 카길 데 베네수엘라가 70퍼센트를 보유하고 있다.*(202)

프로듀살은 로스 올리비토스 습지의 야생 및 어장 보호구역 내에서 50년 동안 천일(증발)염을 생산할 수 있는 허가를 얻었다(1993년 3월 『줄리아 주 신문Gazette of Zulia State』에 발표). 공사는 1994년에 시작해 1998년 끝났고 1999년 1월부터 사업을 개시하여 로스 올리비토스 습지에 건설한 5000헥타르의 염전에서 연간 80만 톤의 소금을 생산하게 되었다. 카길의 설명에 따르면 이 공장은 베네수엘라에서 공업용과 식용으로 소비되거나 동물 사료에 쓰이는 소금의 주 공급원이 되어왔다. 페키벤Pequiven은 베네수엘라에서 공업용 소금을 이용하는 주요 국내 업체로써 염소와 가성소다를 생산하

---

 * 카길은 프로듀살의 시설이 자리 잡은 해안 지대의 환경과 이에 영향을 받는 주민 공동체에 대해서는 웹사이트에서 한 마디도 언급하지 않고 단지 이 프로젝트가 건설 단계에서 3000개의 일자리를 내용만 강조하고 있다.

기 위한 원료로 사용하고 있다. 석유산업시설에서도 역시 석유와 가스 시추용 용액의 성분으로 소금을 첨가한다. 염소의 주 용도는 PVC 생산이다. 염소는 또한 식수 처리에도 사용된다.

로스 올리비토스 습지는 베네수엘라 만(카리브 해 남부)과 마라카이보 호수 사이에 위치한 마라카이보 강의 어귀에 있는 홍수림紅樹林 습지와 염소鹽沼, 모래 해안, 모래 언덕으로 이루어진 33000헥타르 규모의 해안 습지대이다. 올리비토스 강 어귀의 15000헥타르는 베네수엘라 법에 의해 야생 피난처 및 어업 지정 보호구역으로 공표되었고 1996년 이 습지는 UN의 람사협약Ramsar Treaty에 의해 세계 주요 습지대 명단에 올랐다.

로스 올리비토스 습지는 서쪽으로 엘 타블라조 만의 해수를, 북쪽으로는 카리브 해의 해수를 유입한다. 또한 이 습지로 2개의 깨끗한 강물이 흘러드는데 수많은 종의 조류에게 주요 휴식처이자 먹이 공급처 그리고 둥지 역할을 할 뿐 아니라 몇몇 공업용 어류와 갑각류 그리고 기타 수중 생물을 위한 양식 지대가 되고 있다. 로스 올리비토스와 산 카를로스의 홍수림 지대는 줄리아 주 어획고의 50퍼센트를 공급하며 이 어획고의 대부분은 소규모 어로 작업에서 나오는 것이다. 줄리아 주는 흰새우와 푸른게를 미국에 수출하고 있다.

엘 타블라조 만은 마라카이보 시 북동쪽에 있으며 현재는 마라카이보 호수의 일부로 간주되고 있다. 원래 마라카이보 호수는 호수에 들어오는 대형 유조선들에게 장애가 됐던 모래톱에 의해 바다와 거의 완전히 단절되어 있었지만 이 장애는 모래톱을 준설함으로써 극복되었다. 그러나 지속적인 준설작업은 그로 인한 퇴적물의 이동과 호수 자체의 염도 증가 때문에 이 지역에서 가장 심각한 오염원이 되고 있다. 과거에 마라카이보 호수는 강들이 풍부한 담수를 유입하여 해수를 방출했기 때문에 염분을 포함하지 않았다. 자연 상태 그대로였다면 호수는 공업용 소금 생산에 적합하지 않았을 것이다.

카길은 프로듀살을 통해 엘 타블라조 석유화학 단지에 소금을 공급할 계획을 가지고 있다. 그곳에서 페트로키미카 데 베네수엘라가 소금을 주 원료로 하여 염소와 PVC를 생산하고 있다. 마라카이보 호수와 그 근방에 위치한 유전油田 시설에서도 역시 대량의 소금을 사용한다. 카길의 설명과는 달리 국내 수질 정화용의 염소를 생산하는 데 사용되는 소금은 전체 소금 사용 가운데 매우 작은 부분을 차지한다.

1995년 이래 안콘 데 이투레의 주민 1700명은 그들의 고향에서 소금 생산사업을 추진하려는 카길의 계획에 반대의 뜻을 표명해왔다. 프로듀살이 진출하기 전, 마을은 어업이나 소규모 소금생산 같은 전통적 노동으로 특징지어지는 생활 방식 덕분에 최저의 실업률을 자랑하는 이상적인 생산 공동체였다. 반대에도 불구하고 노동비용을 절감하는 염전鹽田이 들어서자 이 지역에서 소규모 소금 생산에 따르는 고용 형태가 사라졌고 이로 인해 약 300명의 주민이 실업자가 되었다. 안콘 데 이투레의 거의 전체 노동 인구가 일자리를 잃었을 뿐 아니라 보카 델 팔마르와 퀴시로 마을에서 온 1500~1700명의 노동자들이 생계수단을 상실했다. 더불어 소규모 어로 활동도 현저하게 감소했다.

그러나 1999년 더 심각하고 위협적인 사태가 발생했다. 프로듀살이 파이프라인을 설치하여 소금 생산의 부산물인 고 알칼리성 독소인 고염苦鹽(스페인 어로는 '아마라고스amaragos')을 마라카이보 호수로 직접 방출하겠다는 계획을 세운 것이다. 카길은 이로 인해 환경이 얼마나 파괴될 지 잘 알고 있었다. 카길이 샌프란시스코와 호주에 있는 레슬리 제염회사의 천일염 시설을 1978년에 인수하기 6년 전, 레슬리 제염은 고염을 샌프란시스코 만으로 방출하는 제안에 대한 과학적인 보고서를 의뢰했었다.

보고서는 고염의 독성을 설명하면서 태양 증발에 의한 소금 생산은 1톤당 1미터톤의 고염을 생성하는데 고염을 방출하기 전에 최소한 100대 1의 비율로 희석해야 한다고 결론지었다. 현재 샌프란시스코 만의 환경 규약은 카길 제염사가 고염을 최소한 300대 1의 비율로 희석한 뒤 매우 강력한 썰물이 있을 때만 방출하며 해수가 강하게 섞이고 조수에 의해 분산되는 장소에만 유출하도록 규정하고 있다. 이렇듯 규제 조건들이 너무나 엄격하기 때문에 고염은 현재 방출되지 않고 제방으로 막힌 고염 연못에 저장되고 있다.

1999년 프로듀살이 고염 파이프라인 설치를 시도했을 때 로스 올리비토스 어촌의 모든 가정은 남녀노소 할 거 없이 전부 밖으로 나와 공사용 설비를 몸으로 막으며 설치를 저지했다. 다행히 부상자는 한 명도 없었고 파이프라인 건설은 중단되었다. 프로듀살은 물러났고 환경부는 프로듀살에게 승인한 허가를 취소했으며 앞으로는 새로이 인가를 내리기 전에 공청회를 열 계획이라고 주민들을 안심시켰다.

약속된 공청회는 열리지 않았으나 큰 문제없이 소동은 가라앉았다. 그러다가 1999년 크리스마스, 프로듀살 직원들이 새로이 파이프라인 건설 허가를 받고 다시 나타나 배관 공사를 재개했다. 배신감에 분노한 안콘 데 이투레 주민은 인근 마을의 주민과 합세하여 1000명이 넘는 강력한 항의 조직을 결성했고 프로듀살 대표단과의 면담과 파이프 철수를 요구했다. 다수의 주민이 모여 파이프라인 해체를 요구했을 때에도 프로듀살 관리자들은 비웃음으로 대꾸했고 한 무리의 무장한 직원들이 군중을 향해 총을 난사하자 평화로운 시위는 폭력 양상을 띠기 시작했다. 군중은 이에 대응해 프로듀살의 트럭과 파이프를 불태웠다. 프로듀살은 일부 어민과 지역 지도자들을 회사 자산을 파기했다는 명목으로 고소했고 먼저 나서서 법적 절차를 밟기 시작했다.

거대 초국적 기업과 그 기업의 국내 협력업체에 관하여 다루고 있는 만큼 뭔가 이야기가 더 있을 거라 기대했겠지만 실제로는 고염 방출이 문자 그대로 이 길고 긴 '파이프라인'의 마지막이었다.

베네수엘라 차베스 대통령의 개발 정부는 엘 타블라조 석유화학단지가 PVC의 글로벌 생산을 위한 중심지가 되기를 희망하고 있다. PVC 생산은 막대한 양의 염소를 필요로 하는데 염소는 소금에서 나오며 엘 타블라조의 경우 그 소금은 로스 올리비토스 습지에서 프로듀살이 생산하는 것을 공급받는 것이다.

PVC 생산 원료이자 석유 시추용 진흙의 첨가물이라는 소금의 전략적 입지 때문에 베네수엘라는 1968년 소금의 국가 독점권을 개편하여 엠프레사 나쇼날 데 살리나스에게 양도했다. 1995년 시장 자유화 정책과 민영화에 힘입어 카길은 줄리아노 그룹이 가지고 있던 프로듀살 지분을 사들였다.

로스킬 컨설팅 그룹은 2000년 실시한 연구에서 PVC 생산에 따른 환경오염 때문에 선진국에서는 PVC 생산을 금지하고 제3세계 국가들로 생산 시설을 이전하고 있으며 우리가 앞서 살펴보았듯이 역시 환경적 이유로 북미 지역에서 밀려나고 있는 대규모 천일염 시장이 이들 제3세계 국가로 옮겨와 거대 시장을 형성하고 있는 추세라고 지적했다. 그러나 우리가 서로 매우 유사한 인도와 베네수엘라의 경우를 본보기로 살펴보았듯 카길의 소금 제국주의는 그것이 침투하는 지역의 주민들에게 반드시 환영받지는 못한다.

제 19 장

카길의 미래는 마냥 장밋빛일 것인가?

> 카길을 중심으로 돌아가는 세계화된 곡물 산업 시스템은 최근에 고안된 것으로서 카길 등의 소수 엘리트들을 부유하게 만드는 데는 뛰어난 기능을 발휘했지만 그 대가로 시간이 흐르면서 지구나 지구의 생명체 그리고 세계 인구의 대다수는 엄청난 희생을 치르게 했음을 상기해야 한다.

지난 5~7년간 진행된 카길의 신속한 리포지셔닝repositioning을 급진적이라고 표현할 사람도 있겠으나 이는 카길의 진면목을 모르고 하는 소리이다. 카길에게는 오랜 역사가 있으며 카길이 추구해온 변화는 분명 일관된 논리를 바탕으로 한 것이기 때문이다. 이러한 카길의 변화는 기업의 영속을 위한 선택이었다.

지금까지 이 책에서 다루어온 주인공을 되돌아보면, 나는 카길이 리포지셔닝을 추진하는 과정에서 그동안 인고해온 세월에 비하여 어느 때보다 유연한 자세를 보이고 있다고 생각한다. 오랜 경험이라는 강점에 의지하되 이에 구속되지는 않고 그와 동시에 한 수 아래인 경쟁자와 공급업자, 고객들의 실수와 잘못된 판단, 제한적인 비전, 근거 없는 기대, 자만심 등을 잘 이용하고 있다는 얘기다.

최근 수년간 카길은 신선한 과일과 고무, 커피 무역, 잡종 종자 그리고 장비 리스, 운송 서비스 등 몇몇 부문의 사업을 포기하고 한편으로 대두와 옥수수 제분 같은 전통적인 사업체의 제품 라인을 확장하기 위한 새로운 길을 탐색해왔다.

그러나 카길에게는 항상 금융 서비스와 금융 시장 활동을 지탱해주는, 복잡하지만 견고한 기반이 존재해왔다. 전통적인 교역 활동과 투기 및 '리스크 관리'가 그것이다. 마치 하나의 건강한 생명체처럼 카길의 오래된 세포는 계속해서 죽어 떨어져나가고 새로운 세포가 그 자리를 대신해온 것이다.

내게 가장 흥미로운 부분은, 카길이 과연 무슨 목적으로 가장 익숙한 사업 분야에서 합작 벤처와 제휴 업체를 설립했을까 하는 점이다. 이 협력 관계라는 것에는 상당히 석연찮은 구석이 있다. 카길의 새로운 합작 벤처 중 상당수는 단일 시설만 보유한 소규모 곡물 조합에서 CHS같은 대규모 복합 기업에 이르기까지, 주로 농민협동조합을 상대로 제휴한 것들이다. 카길이 CHS와 손잡고 새로운 밀가루제분 합작투자회사를 설립한 것에 대해서는 이미 설명한 바 있다. 최근에는 비교적 작은 규모의 합작회사 설립도 추진했는데 다음이 그 대표적인 예이다.

1997년 카길이 진행한 구조물(곡물창고나 집하시설 등) 거래에는 미국 중부 지역의 대형 곡물창고 20개의 인수와 적어도 1개 이상의 새 곡물창고 건설, 그리고 곡물창고의 개선 작업이 포함되어 있다. 카길은 노스다코타 주 요크에 있는 대형 곡물창고를 BTR 농업협동조합에 리스했고 BTR은 카길에게 곡물과 오일시드 품목의 '우선적 공급업자'가 되었다. 카길은 캔자스의 가든 시티 협동조합과 합작으로 유한책임회사를 설립하여 직접 확장 공사를 진행 중이던 가든 시티에 있는 곡물 처리시설의 소유권과 운영권을 인수하였다. 가든 시티 협동조합은 80년 역사의 1500명의 회원을 보유한 곡물 판매·농업용품 공급 협동조합이다.

 카길은 아이오와 주에 있는 농민 소유의 협동조합 알세코와 또 다른 합작투자회사를 설립하여 두 회사의 곡물 처리, 비료, 아그로 톡신, 종자와 사료사업을 합병하였다. 또한 인디애나 소재 프릭 서비스의 곡물 처리시설 4개, 그리고 그곳에서 일리노이 동부에 있는 하트랜드 협동조합의 곡물창고뿐 아니라 인디애나와 오하이오에 있는 AGP 곡물AGP Grain이 소유하고 있는 9개의 대형 곡물창고에까지 연결되는 단선 철도 2개를 인수하였다. 캔자스에서는 카길과 산타나 협동조합 두 업체가 협정을 체결하여 산타나가 카길의 곡물창고 5개를 인수하고 카길은 산타나가 창고에 저장하는 곡물의 판매를 맡기로 합의했다.

 1997년에 카길은 노스다코타 주 와페튼 소재 프로골드 유한책임회사 소유의 옥수수 습식제분공장의 운영권도 인수했다. 3개의 농민협동조합(골든재배업자조합, 아메리칸 크리스털 설탕제조회사, 민-닥 농민협동조합)의 컨소시엄이 건설한 이 공장은 1996년에는 제대로 가동했으나 카길이 10년 리스 계약으로 운영을 시작했을 당시에는 열악한 시장 상황으로 도산 위기에 처해 있었다. 2001년 초 카길은 에너지 비용 증가와 열악한 시장 상황을 이유로 내세우며 프로골드 사업체를 폐업하겠다고 발표했다. 그러나 리스 비용은 협동조합 측에 계속 지불할 것이라고 덧붙였다. 얼마 후 카길은 공장을 다시 가동시켰다.

이는 모두 1년 안에 일어난 일이었는데 이외에도 보이지 않는 곳에서 더 많은 일이 진행되었을 것이 분명하다. 모든 합작 벤처가 농민 소유의 소규모 협동조합에게 유리한 판매 기회처럼 보였지만, 실제로는 카길에게 투자 확대 없이도 신뢰할 만한 곡물 오일시드 공급업자를 확보하는 협정이었던 셈이다. 카길이 이에 대해 어떤 식으로 포장을 하든 농민은 카길에게 구속된 공급업자가 되었다.

산타나에서 CHS에 이르기까지 이들 협동조합은 여전히 건재한 것처럼 보이지만 사실상 카길에 흡수된 것이나 다름없다. 더불어 자신을 위해 열심히 삶과 사업을 가꾼 농부들의 수세대에 걸친 헌신과 수고의 수혜자는 다름 아닌 카길이 되고 말았다.

캐나다에서도 역시, 거대 프레리 곡물재배업자연합(협동조합)이 (이제는 대부분 농가를 떠난) 농민 회원의 이익을 위하는 것이 아니라 주주들의 이익을 위해 일하는 자본주의 기업으로 변모한 서글픈 예가 있다. 앨버타 연합과 매니토바 연합이 합병하여 아그리코어를 만들었는데 이를 유나이티드 곡물재배업체UGG가 인수하여(그들은 '합병'이라고 표현했다) 아그리코어 유나이티드를 만들었다. UGG는 몇 년 전 주식 공모를 통해 자본화한 최초의 프레리 협동조합인데 그러면서 ADM에 42퍼센트 정도의 지분이 넘어갔다. 아그리코어와 UGG의 '합병'은, 앨버타와 매니토바 두 협동조합 역시 UGG의 지분 구조에 흡수됨으로써 자본화되었음을 의미했다. 얼마 후 ADM은 자사의 최고위 간부 2명을 아그리코어 유나이티드의 이사회 멤버로 임명했는데 이는 ADM이 앞으로 영향력을 행사하겠다는 뜻을 표명한 것이다.

그때까지 대규모 협동조합으로 남아있던 서스캐처원소맥연합SWP 역시 초국적 거대 기업이 되려는 비전을 품고 이런 저런 기업에 대한 경영권 인수에 들어갔지만 그러한 인수 활동과 함께 빚더미에 올라앉고 말았다. SWP는 약 2년 전부터(2002년 현재 기준) 채무를 줄이기 위해 그리고 일반 주주들이 눈치 채고 동요하지 않도록 하기 위해 자산을 조금씩 헐값에 팔아치우고 있다(그렇다. SWP는 인수 비용을 마련하기 위해 UGG를 따라 이미 일반 자본시장에 들어가 있었다).

자신들이 몸담은 연합Pool이 조각조각 해체돼 죽어가는 것을 지켜보는 프레리 농민들은 상반된 감정에 휩싸일 것이다. 그들이 주로 느끼는 것은 분노겠지만 한편으로 슬픔과 후회의 감정도 들 것이다. '곡물상인'을 통제함으로써 자신들의 경제적 미래를 통제하려던 꿈을 포기할 수밖에 없는 것에 대한 후회, 자신들의 아버지와 할아버지가 만들고 그토록 정성들여 가꾸어온 조합이 한 순간의 어리석음으로 파멸에 이르는 것에 대한 안타까움, 사태를 뻔히 지켜보면서도 이를 막기에는 힘과 의지가 너무나 부족한 것에 대한 자책, 수많은 농민들이 어떻게 조합이 이 지경

에 이르도록 엉터리로 운영될 수 있었는지 의아해할 것이다.[203]

전략적 제휴가 전통적인 형태의 사업에서만 일어나는 것은 아니다. 최근 점점 기업적 특성을 띠는 몇몇 대학이 이에 가세하고 있다. 한 예로, 미국의 단과대학과 종합대학들과의 전략적 제휴를 활성화하려는 목적으로 고안한 프로그램 가운데 하나인 카길의 고등교육 지원계획Higher Education Initiative은 오하이오의 켄트 주립대학을 '핵심 대학'으로 지정하였다. 켄트 주립대학의 경우(농과 대학 학장의 표현에 따르면) 학생과 교수들이 오늘날의 농업 관련사업(즉 카길)을 더 잘 이해할 수 있도록 그리고 농업산업에 기여할 수 있도록 하기 위해 농과에 3년 동안 30만 달러의 지원금을 지급받기로 결정되었다.[204]

명목상으로는 제휴가 아니었지만 1999년 미생물과 식물의 게놈을 해독하는 연구소가 들어설 새 건물의 신축 비용 중 절반에 해당하는 1천만 달러(카길 역사상 최고 기부액)를 미네소타 주립대학에 기부한 것 또한, 카길 경영진이 단기적 이득은 몰라도 장기적인 수익 가능성 그리고 대학과 기업의 합동 연구라는 개념을 염두에 두고 실현한 조처임이 분명하다.

카길을 불멸의 조직으로 여기는 사람은 지난 5~7년 동안 카길이 돌연 인수와 매각, 합작투자, 제휴를 추진하는 것을 지켜보면서 카길이 드디어 생물학적 변화의 중요성을 인식한 것으로 생각할 수도 있다.

앞에서 카길이 생태학적 마인드를 가지고 있으며 환경보존에 민감한 것도 사실이라고 이미 언급한 바 있지만 카길이 저지른 사건이나 과오를 보면 카길 사업 자체의 성질에 대해 의구심을 가지게 된다. 예를 들면 이러하다. 카길 돈육회사는 돼지 가공 과정에서 나온 쓰레기를 불법적으로 유기해 8km에 달하는 미주리 강 중부를 오염시킨 혐의로 벌금 100만 달러와 보상금 51000달러 그리고 복구비용으로 50만 달러를 지급하라는 판결을 받은 뒤 이렇게 말했다.

문제가 해결되어 기쁘고 이러한 조건으로 해결할 수 있었던 것에 만족한다… 이번 사건은 분명 우리에게도 큰 충격이었고 이 일로 카길 돈육 회사가 환경을 중요시하지 않는다고 단정짓지 않기를 바란다. 이제 이 문제를 뒤로 하고 앞으로 나아갈 수 있을 것이라 믿는다.[205]

그러나 그런 정도의 조치로는 부족하다. '이 문제를 뒤로 한다'고 말하는 것으로는 부족하다는 얘기다. 문제는, 왜 애초에 그토록 심각한 오염 가능성을 지닌 시설을 건설했느냐 혹은 그에 대한 건설 허가를 내주었느냐 하는 점이다.

그러나 카길은 플로리다의 인광燐鑛 광산 부지를 복구하고 앨버타 육류공장의 오수汚水 처리 문제를 깔끔하게 해결한 것에 대해서는 자부심을 가질 만도 하다. 그렇다 해도 이러한 몇몇 경우에 기초하여 카길이 마치 생태계를 적극 보호하려는 훌륭한 시민인양 묘사하는 것은 보다 중요한 문제를 간과하는 행태이다. 특정 지역에서 비료 생산용 인광을 엄청난 양으로 채굴해 세계 각지로 수송하는 행태는 생태학적으로 바람직하지 못하다. 정해진 한 장소에서 날마다 수천 마리 가축을 도살하기 위해 한 지역에 엄청난 수의 가축을 집중시키는 것 또한 환경학적으로나 생태학적으로 결코 좋은 방법이 아니다. 보통의 해바라기 종자와는 완전히 이질적인 생식질로 구성된 잡종 해바라기 종자를 제공하는 것 역시 바람직한 생태학에 역행하는 것이다(그러면서도 카길은 자신들이 마치 인도의 농민들에게 혜택을 제공하기라도 하는 양 거들먹거린다).

'의존성을 키우는 것'은 식민 지배자가 식민지 주민의 희생을 대가로 이익을 얻고자 사용한 아주 오래된 식민주의적 관행이다. 나는 잡종 종자를, 그것의 생산과 관련된 모든 관계를 내부에 담고 있는 주머니에 비유한 적이 있다(저자의 『The Rape of Canola』 참고). 카길이 인도에서 추진한 활동을 살펴보면, 카길이라는 식민화 군대에서 종자가 어떤 역할을 했는지 떠올려보기란 어렵지 않다. 식민지 점령군이 되어 지배자의 권력을 뒷받침하기 위해 그곳 농민에게 일용 농산품을 생산하도록 지시한 다음, 생산된 일용품을 거두어(혹은 다른 지역으로 이동시켜) 가공한 후 그것을 구입할 능력이 있는 식민지 주민에게 다시 판매하는 것이다.

이것은 영국인이 인도의 섬유 산업을 지배하는 과정에서 보여준 것과 똑같은 방식이다. 이것은 또한 간디가 저항했던 것이며 카길이 잡종 해바라기와 옥수수 종자 부문에 진출했다면 똑같이 반복했을 행동 양식이기도 하다. 그러면서 카길은 동시에 자사의 비료 구매자 또한 창출했을 것이다. 하지만 카길은 직접 적의 포탄을 감수할 전위부대는 되지 않는 편이 유리하다고 판단한 듯 하다. 카길은 종자사업체를 몬산토에 매각했다. 최초의 교전을 새로운 전위부대인 몬산토에 떠넘기는 방식을 택한 셈이다. 몬산토가 거기서 승리한 뒤 점령군 지위를 획득하면 카길은 핵심 공급업자의 역할에만 주력하겠다는 의도였다.

카길이 개입되어 있는 모든 글로벌 생산 과정은 봉건제의 재현으로도 볼 수 있다. 인클로저 운동이나 다를 것 없는 방식으로 사람들을 토지에서 몰아내어 이들을 임금 노동자로 전락시키고 나아가 자급자족을 위해 생산하던 일용품의 고객이 되도록 만들려는 카길의 의도를 알고 나면 분명 그렇게 말할 수 있다. 이것이 바로 '개발'이라는 미명 하에 현재에도 벌어지고 있는 상황이다.

오늘날의 (상당히 대중화된) 기업 이념은, 기업이야말로 지혜의 원천이며 시장의 지시 또는 이념에 따라 글로벌 생산과 유통을 결정 짓는 최고의 경쟁력 있는 주체라는 것이다. 이러한 이념에 편승해 카길은 현재 전 세계 후진국(즉 산업화되지 않은 국가) 국민의 발전을 돕는 가장 경쟁력 있는 기관이라고 자처하고 있다. 이와 동시에 이러한 기업들은 공적 수입원의 약탈자로서, 자신들은 입안 가득 음식물을 물고는 공적 부채와 사회복지제도를 비난한다. 결국 이들의 성공은 때로 사업적 통찰력보다는 공적 보조를 활용할 줄 아는 능력과 더 관련이 있는 셈이다. 카길도 예외는 아니다.

한때 카길은 기업 목표가 5~7년마다 사업 규모를 2배로 늘리는 것이라고 공언한 바 있다. 카길은 이제는 그러한 선언을 천명하지는 않는다. 그에 따르는 부담을 벗고자 하는 의도로 볼 수 있다. 어쨌든 그러한 목표의 성취는 곧 끊임없이 영토를 확보하고 더불어 각각의 사회에서 주거지와 식량을 뺏어야 함을 의미한다. 그러나 카길은 사람들이 더 저렴한 가격에 더욱 다양한 종류의 식품을 구입할 수 있게 되어 결과적으로 생활수준이 향상될 것이기 때문에 장기적인 측면에서는 자사의 기업 목표가 다수에게 이익을 가져다준다고 주장한다. 카길은 모든 사람이 어떤 방식으로든 자기들이 필요로 하는 것과 카길이 기꺼이 제공하는 것을 구매할 능력을 갖추게 될 것이라고 전제하며 어떠한 생계형 농업 시스템도 이러한 이득을 가져다주진 못할 것이라고 장담한다.

물론 카길의 주장은 논리에 기초한 것이 아니다. 그저 관념 혹은 신념의 문제일 뿐이다. 카길이 예상하는 결과가 나올 것이라는 확실한 증거는 물론이고 심지어 일화적逸話的인 증거조차 없기 때문이다. 따라서 우리는 이 책의 주제로 다시 되돌아갈 수밖에 없다. 카길은 사실 식품사업을 하는 것이 아니다. 카길은 기업 이익 창출을 위해 부가가치 상품으로 재탄생시켜 시장에 판매하는 것이 가능한, 다시 말해 그러한 목적을 위해 해체하고 재구성하는 것이 가능한 원료로서의 일용 농산품을 취급하는 사업을 하고 있는 것이다. 카길은 그러한 사업에 매우 노련한 솜씨를 발휘하고 있다.

카길과 더불어 과학과 기술 혹은 진보와 자본주의의 대변자들은, 그들이 제시하는 길만이 급속히 증가하는 세계 인구를 먹여 살릴 수 있는 유일한 희망이라고 주장한다. 그러나 우리는 카길을 중심으로 돌아가는 세계화된 산업 시스템이 매우 최근(1945년 이후)에 고안된 것으로서 카길과 세계 소수 엘리트들을 부유하게 만드는 데는 뛰어난 기능을 발휘했지만 그 대가로, 시간이 흐르면서 지구나 지구의 생명체 그리고 세계 인구의 대다수는 엄청난 희생을 치르게 했음을 상기해야 한다. 이 같은 산업 시스템에서는 대량 식량 생산은 가능할지 몰라도 모든 사람이 적절하게 영양을 섭취하도록 보장하는 데 필요한 정의는 실현할 수 없다.

내게는 일본의 자이바츠처럼 카길을 견제하거나 통제할 힘이 없으며 내가 세계은행이나 WTO에 행사할 수 있는 영향력은 한마디로 말해서 카길의 그것과는 비교조차 되지 않는다. 그러나 카길이 할 수 없으며 하기를 원치 않는 일도 많다. 카길의 구조와 업무는 지역 분사로의 '분권'이나 그들의 '자급'에 반하는 형태를 취하고 있다. 카길은 상품을 대량으로 취급하는데 구매와 판매 양쪽에서 상품을 대량 취급하기 위해서는 초국가적 그리고 산업화된 형태로 거래해야 한다. 달리 말하자면 이는 규모와 운영 방식의 문제로서 카길 같은 기업조차도 넘어설 수 없는 명확한 한계가 있다는 것이다. 바로 여기에 저항의 수단과 대안을 찾을 수 있는 열쇠가 있다.

일본의 자이바츠 그리고 (그 보다는 정도가 조금 약하지만) 한국의 재벌은, 자신의 영역을 방어하기 위해 군벌의 형태로 연합하여 카길에 대한 일종의 저항을 시도했다. 인도 농민은 머리수를 무기로 카길이 의도한 침략에 대하여 타국과 매우 차별적인 형태의 저항을 천명했으며 수적으로 열세인 일본이나 쿠바를 비롯한 많은 나라의 소규모 농민 집단 역시 이와 유사한 저항 전략을 실행에 옮기고 있다. 소규모 농경의 다각화와 국내 식량자급체제 개발이 바로 그것으로, 이는 곧 자국의 먹거리를 재창조함을 의미한다.

우리 앞에 놓인 선택은 인위적 '잡종' 조직, '자연수분' 조직, 단일 '경작' 시스템과 다양한 '경작' 시스템 사이의 간격을 넓히고 심화시키는 것이라고 표현해볼 수 있겠다. 물론 이 은유는 일반 종자와 잡종 종자의 특성과 번식 방법의 근본적인 차이 그리고 그것들의 생산과 재생산을 위한 경작의 근본적인 차이를 언급하는 것이다.

현대의 잡종 종자는 산업화된 농업의 기초로서 의도적으로 획일적인 일용품을 생산하는 데 이용된다. 이들은 다음 세대를 위한 자기번식을 할 수 없으며 번식을 하려면 외부 산업 공정에 의존해야 한다. 이와 대조적으로 재래 종자는 자연의 필요에 따라 자연수분되고 자기번식하며(태양이나 바람, 새, 벌을 포함시키지 않는다면) 외부의 힘에 의존하는 일 없이 돌연변이와 이종 교배를 통해 다양성을 창조해낸다.

유전자 변형 종자(제초제에 내성을 가지는 대두나 옥수수, 캐놀라, Bt 옥수수, Bt 면화 등)역시 번식을 위해 자연의 고유 본능을 따르기는 하지만 그 과정에서 농촌과 재래 종자를 오염시키기도 한다. 이러한 오염은 몬산토 같은 업체가 자연의 다양성을 의도적으로 파괴하기 위해 자행하는 경우도 있는데 자연은 돌연변이나 환경 적응 등 생물학적 메커니즘으로 그러한 공격에 대응한다. 바로 여기에 희망이 있는 것이다.

카길과 다른 TNC들은 실제로 어떠한 정면 공격대라도 포위하여 제압할 수 있는 부와 기술 그리고 정치적 파워가 있다. 그리고 자기들에게 유리한 게임을 만들어놓고 사람들을 유혹하고 있다. 그러나 이들은 그 게임에 참여하도록 사람들(농민 혹은 대중)에게 강요할 수는 없다.

잡종 혹은 특허 받은 종자(혹은 특정한 집중 생산시설에서 출발해 여러 과정을 거치며 고도로 가공되는 식품)의 사용을 거부하는 것과 산업적 단일경작물(프랜차이즈로 운영되는 패스트푸드의 식품)을 거부하는 것이 바로 저항의 시작이다. 전통적인 자연수분 종자(상징적으로 또한 글자 그대로)의 적극적인 이용과 다양성과 자급자족의 추구는 생태학적으로 건전하고 사회적으로 공정한 대안을 확립할 수 있는 기초가 된다.

다행인 것은 이러한 오래된 확신과 새로운 출발 속에서 새로운 종류의 '자연수분' 사회 조직이 떠오르고 있다는 점이다. 바로 다양성과 포괄성을 무기로 번영하며 결과적으로 이 두 가지 개념을 창출하고 있는 지역공동체들이 그것이다. 이들 공동체는 하나같이 모든 유기 조직의 상호의존이 중요하다는 사실을 인식하고 있으며 또한 개인의 장기적 웰빙well-being을 공동체와 사회 전체의 안녕과 동일시하고 있다.

이러한 공동체에 과연 카길과 같은 곡물 메이저가 들어설 자리가 있을까?

한국판
보론

한국의 밥상을 그들이 지배하도록 놔둘 것인가

장경호

서울대 농경제학과를 졸업하고 중앙대 산업경제학과에서 경제학박사 학위를 받았다. 2004~2005년에 민주노동당 농업담당 정책연구원을 지냈고, 2005년부터 통일농수산사업단 정책실장을 맡고 있다. 2006년부터는 '새로운사회를여는연구원' 농업모임에서도 활동하고 있다.

Invisible Giant 누가 우리의 밥상을 지배하는가 식량위기로부터, 먹을거리 지배자의 지배로부터 벗어나 우리 국민이 안전한 먹을거리를 안정적으로 확보하는 데 필요하다면 시장논리에 어긋나더라도 정부가 개입하여 정책과 제도를 시행할 수 있는 것이다.

광우병 위험 쇠고기도 수입하는 먹을거리 식민지

일본의 저널리스트 아오누마 요이치로青沼陽一郎는 최근 발간된 〈식료食料식민지 일본〉(2008년 3월)에서 일본을 먹을거리* 식민지로

---

* '먹거리'라는 말을 쓰기도 한다. 일본에서는 식료食料, 한국에서는 식량食糧으로 표현하는 경우가 있는데, 이는 가공되기 이전의 곡물, 육류, 채소, 과일 등을 가리키는 말이다. '먹을거리'는 사람이 먹을 수 있는 가공품까지도 포함하며, 사람이 먹는 모든 식품을 가리킨다. 그런데 한국에서는 종종 먹을거리와 식량이 같은 뜻으로 사용되기도 한다.

표현했다. 일본의 먹을거리 자급률이 약 22.3퍼센트 수준에 불과하고, 미국이나 중국으로부터 먹을거리를 수입하지 않으면 살아가기 힘든 일본의 처지를 식민지라는 말로 나타낸 것이다.

아오누마의 표현을 빌리자면 한국도 먹을거리 식민지다. 오히려 일본보다 더 심각한 처지에 놓여 있다고 볼 수 있다. 식량자급률이 2006년 기준으로 25.3퍼센트에 불과할 뿐 아니라 1인당 국민소득도 3만 5000달러를 넘는 일본의 60퍼센트 수준인 2만 달러를 조금 넘고 있어서 부족한 식량을 수입할 수 있는 능력도 훨씬 부족하다. 게다가 일본은 이미 30년 전부터 브라질 등 남아메리카에 식량기지 용도의 농장을 대규모로 개발해왔지만 한국의 해외 식량기지는 없는 것이나 마찬가지다.

아오누마는 단순히 먹을거리의 양만 갖고서 식민지를 말한 것은 아니다. 미국으로부터 광우병 위험이 있는 쇠고기를 수입하도록 위협받고 있을 뿐 아니라 GMO(유전자조작 농산물)나 잔류농약 등 수입되는 먹을거리의 안전성 문제로부터 자국민을 온전하게 지킬 수 없는 상황에 놓이게 된 서글픈 현실도 식민지라는 말에 담아내고 있다.

아오누마가 탄식하는 일본의 현실은 한국에도 그대로 적용된다. 아니 오히려 상황이 더 나쁘다. 그나마 일본은 광우병 위험 미국산 쇠고기에 대해 20개월령 미만의 소에게서 나온 살코기만 수입을 허용하고 있지만, 한국은 이명박 대통령이 미국 부시 대통령의 별장인 캠프 데이비드에서 하루 숙박한 대가로 소의 연령과 부위에 상관없이 모든 미국산 광우병 위험 쇠고기를 수입하도록 허용해버렸다. 마치 종주국에게 조공을 바치듯 해버렸으니 일본보다 더한 식민지라 해도 지나친 말이 아니다.

아마도 신자유주의 세계화를 맹목적으로 신봉하는 한국의 대다수 상위계층에 속하는 사람들은 먹을거리 식민지라는 말 자체를 인정하지 않을 것이다. 반도체나 자동차를 수출하여 번 돈으로 외국의 값싼 먹을거리를 수입하는 것이 국민들에게 더 큰 이익을 가져다 줄 뿐 아니라 세계화 시대에 돈만 있으면 외국에서 얼마든지 먹을거리를 수입할 수 있는데 무슨 식민지 타령이냐고 목소리를 높일 것이다.

그동안 우리가 식량위기를 말하면 이들은 과장된 위협이라고 국민들에게 말했고, 우리가 식량무기화를 말하면 이들은 세계화 시대에 식량무기화는 없다고 단언했으며, 우리가 식량주권을 말하면 쓸데없는 소리라고 일축해왔다. 그러나 세계적인 식량위기는 이미 현실로 드러나고 있으며, 많은 식량수출국들이 수출제한조치를 취하면서 식량무기화의 우려가 현실화되고 있다. 이제 식량주권은 쓸데없는 것이 아니라 우리 국민의 생존에 필요한 것이라는 생각이 확산되고 있다.

식량위기가 현실로 나타나다

2007년부터 수면위로 떠오른 세계적인 식량위기 때문에 전세계가 몸살을 앓고 있다. 식량부족 문제가 현실로 드러나자 2007년 중반 이후 중국, 러시아, 인도, 브라질, 아르헨티나, 우크라이나 등 세계의 주요 식량수출국들이 수출을 통제하는 다양한 조치를 취했다.

가뜩이나 식량이 부족한데 주요 수출국들이 식량수출을 통제하자 먹을거리 부족 사태는 더욱 심각한 상황으로 치닫게 되었고, 급기야 2008년 벽두부터 아프리카, 중남미, 동남아시아, 중앙아시아 등 개발도상국이나 극빈국 가운데 37개국에서 식량문제로 폭동과 소요가 잇따르고 있다. UN 산하 국제농업기구FAO는 2008년 4월 세계식량상황 보고서를 통해 향후 식량위기가 더욱 심각해질 것이라 경고하면서 2008년 6월 로마에서 식량위기 정상회담을 개최할 것을 촉구했다.

사실 지금 벌어지고 있는 식량위기는 이미 오래 전부터 예견되어왔던 것이다. 1992년 브라질에서 열린 리우환경회의가 동구 사회주의권 붕괴 이후 처음으로 열린 세계정상회담이었으며, 1996년 로마식량회의는 두 번째로 열린 세계정상회담이었다. 21세기 세계가 가장 최우선적으로 해결해야 할 과제로 환경문제와 식량문제가 선정된 것이다.

그러나 환경문제에서는 기후변화협약과 교토의정서 등을 통해 이산화탄소 배출을 줄이고 지구온난화를 예방하는 데 협력하기로 한 것과 같은 일정한 진전이 이루어진 것에 비해 식량문제에서는 별다른 진전을 보지 못하고 있다. 뒤에서 언급하겠지만 그 이유는 미국을 중심으로 한 식량수출국과 전세계 먹을거리 무역을 주무르면서 돈을 버는 곡물 메이저 때문이다.

1990년대까지 세계 식량문제라고 하면 보통 상대적인 식량위기를 말했다. 당시만 하더라도 세계 전체로 볼 때 식량생산량이 소비

[표 1] 세계 곡물생산량 및 소비량 변화
(단위 : 만 톤, 퍼센트)

곡물연도	생산량	소비량	재고량	재고율
1985/86	162,284	159,257	51,900	32.6
1990/91	181,009	175,502	49,663	28.3
1995/96	171,225	175,315	43,727	24.9
1999/00	187,217	186,542	58,732	31.5
2000/01	184,276	186,326	56,682	30.4
2001/02	187,411	190,226	53,868	28.3
2002/03	182,085	191,293	44,660	23.3
2003/04	186,219	194,990	35,890	18.4
2004/05	204,447	199,470	40,814	20.5
2005/06	201,644	203,154	38,857	19.1
2006/07(E)	199,167	204,434	33,530	16.4
2007/08(P)	208,409	210,543	30,774	14.9

※ 주 : E(추정치), P(전망치)
※ 자료 : USDA, Foreign Agricultural Service(http://fas.usda.gov/psd)

량보다 많았기 때문에 돈이 없어서 식량을 충분하게 수입할 수 없는 극빈국의 취약계층이 굶주림으로 고생하는 경우가 많았다. 그러나 식량생산량 증가속도에 비해 소비량 증가속도가 훨씬 더 빨라지면서 2000년대에 들어서면 소비량이 생산량을 앞서게 되어 절대적인 식량위기 국면에 접어들게 되었다. 이렇게 몇 년간 쌓이고 쌓인 식량부족 때문에 2007/08년*에 식량위기가 발생한 것이다.

2000/01년에 세계 곡물생산량이 약 18억 4000만 톤, 곡물소비량

---

*곡물연도를 표시하는 방법이다. 지구 북반구와 남반구의 계절이 서로 반대여서 곡물을 수확하는 시기가 서로 다르기 때문에 보통 한 해의 후반기에서 다음 해의 상반기까지를 곡물연도로 정한다. 곡물연도가 시작하는 달과 끝나는 달은 곡물의 종류에 따라 조금씩 다르다. 쌀은 8월에서 다음 해 7월까지로 정하고 있다.

이 약 18억 6000만 톤으로 소비가 생산을 넘어서게 되었고, 2004/05년을 제외하고는 해마다 생산이 소비를 따라가지 못해 곡물부족이 누적되었다. 이렇게 누적되는 생산부족 때문에 2007/08년 곡물 재고량은 약 14.9퍼센트로 전망되고 있다. 이는 식량무기화가 극심하게 기승을 부렸던 1970년 이후로 가장 낮은 수준이다.

식량위기, 만성적인 생산부족 구조

식량위기가 왜 일어났는가? 겉으로 드러난 것만 놓고 보면 최근 몇 년 동안 생산부족이 쌓이고 쌓여 곡물가격 폭등으로 이어진 것이라 할 수 있다. 그러나 우리가 중요하게 살펴보고 관심을 가져야 할 것은 겉으로 드러난 것보다는 그 이면에 숨어 있는 본질적이고 구조적인 것이다.

세계 식량소비가 빠르게 증가하는 첫 번째 이유는 곡물 대신 육류소비가 늘어나기 때문이며, 두 번째 이유는 중국과 인도의 소비가 빠르게 늘어나기 때문이며, 세 번째 이유는 바이오에너지 생산을 위해 사용되는 곡물의 양이 급격히 증가하기 때문이다.

사람이 쇠고기 1킬로그램만큼의 에너지를 섭취하기 위해서는 약 12~14킬로그램의 곡물을 소에게 사료로 먹여야 하며, 돼지고기는 약 6~7킬로그램, 닭고기는 약 2~3킬로그램 정도를 먹여야 한다. 고기를 많이 소비할수록 식량소비가 기하급수적으로 늘어나는 것이다.

약 23억의 인구대국인 중국과 인도의 경제성장도 식량소비 증대에 한 몫 단단히 했다. 게다가 중국 사람들의 육류소비가 증가하면서 식량소비는 빠른 속도로 늘어났다. 육류소비가 크게 늘어나면서 과거에는 식량수출국이었던 중국은 몇 년 전부터는 식량수입국으로 바뀌었다.

또 하나의 이유는 바이오에너지 생산이 급증한 거다. 미국이 이라크를 침략한 이후 국제 석유가격이 크게 오르기 시작했고, 석유 연료를 대체할 에너지의 하나로 바이오디젤이나 바이오에탄올에 대한 수요가 최근 급격하게 늘어났다. 식량으로 사용해야 할 곡물이 자동차 연료 등으로 사용되면서 곡물소비가 크게 늘어난 것이다. 이처럼 빠르게 늘어나는 식량소비를 생산이 감당하지 못하고 생산·공급의 부족이 쌓이면서 자꾸만 재고량이 줄어들고 있다.

그렇다면 농업기술의 비약적인 발전에도 불구하고 식량생산이 소비를 감당하지 못하는 이유는 무엇일까? 지금보다 농업기술이 덜 발전했고 단위면적당 생산성이 낮았던 1990년대까지는 식량생산량이 소비량보다 더 높았는데, 오히려 생산성이 더욱 높아진 지금은 왜 생산량이 소비량보다 낮은 것일까?

그 대답은 기후변화와 신자유주의 세계화에서 찾을 수 있다. 기상이변과 세계화에 따른 식량생산 감소효과가 단위면적당 생산성 증대효과를 상쇄시키고 있기 때문이다. 기후변화로 인해 사막화가 확산되고 물이 부족해지고 경지면적이 줄어들고 있다. 여기에 잦은 기상이변으로 태풍, 홍수, 가뭄 등이 빈발하는 등 자연재해가 식량생산을 감소시키면서 매년 수확량을 들쭉날쭉하게 만들고 있다.

[표 2] 세계 주요 곡물가격 변화 (단위 : 달러/톤)

곡물연도	쌀(미국산)	쌀(태국산)	소맥(밀)	옥수수	대두(콩)
2000/01	304	184	114	82	174
2006/07	538	320	181	140	267
증가율(퍼센트)	77.0	74.0	58.8	70.7	53.4

※ 주 : 쌀은 FOB 기준, 소맥(밀), 옥수수, 대두(콩)는 선물가격 기준
※ 자료 : UDSA ERS(http://www.ers.usda.gov)

또 1993년 UR(우르과이라운드) 농산물협상 타결과 1995년 WTO(세계무역기구)의 출범으로 농산물시장이 개방되면서 전통적인 소규모 가족농이 빠르게 붕괴됨에 따라 이들이 크게 담당했던 식량생산이 급격하게 줄어들고 있다. 멀리 갈 것도 없이 세계화로 인해 가족농이 해체되고 식량생산량이 크게 줄어들고 있는 우리나라의 현실에서 바로 알 수 있듯이 나라별로 농업보호의 수준에 따라 약간의 차이는 있지만 세계 모든 나라에서 소규모 가족농이 붕괴되는 공통적인 현상이 나타나고 있다.

지금까지 살펴본 것처럼 현재의 식량위기는 만성적인 생산부족에서 발생한 것이다. 식량부족은 어느 날 갑자기 발생한 일시적 위기가 아니라 기후변화와 세계화에 바탕을 두고 있는 구조적인 위기다. 먹을거리에 대한 수요(소비)구조와 공급(생산)구조에 근본적인 변화가 발생하지 않는 이상 현재의 식량위기 문제는 해결되지 않을 것이다.

2000년대 이후로 식량부족이 누적되면서 식량가격도 가파른 상승세를 보여왔다. 2000/01년과 2006/07년을 비교해봤을 때, 쌀의 국제시장 가격은 약 74~77퍼센트 올랐으며, 소맥(밀)은 58.8퍼센트,

옥수수는 70.7퍼센트, 대두(콩)는 53.4퍼센트 올랐다. 불과 6년이라는 비교적 짧은 기간에 이토록 곡물가격이 급등한 것은 1970년대 이후 처음이다. 곡물가격이 많이 오르면 오를수록 돈이 있어도 먹을거리를 사는 것이 어렵게 되는 것이다.

식량의 무기화, 식량의 투기화

만성적인 식량생산 부족과 식량가격의 급격한 상승으로부터 발생한 식량위기는 여기서 그치지 않는다. 앞에서 말한 국제 식량가격의 상승은 2006/07년까지의 상황만 나타낸 것이다. 가격폭등이라는 말로도 표현하기 어려울 정도로 고삐 풀린 망아지처럼 질주하는 국제 식량가격 때문에 전 세계 37개국에서 크고 작은 식량폭동이나 소요가 발생한 것은 2007/08년의 상황이다. 2007/08년에 우리는 하루가 멀다 하고 세계식량이 심각할 정도로 부족하다느니, 어느 나라에서 식량폭동이 일어났다느니, 국제 곡물가격이 또 사상 최고치를 기록했다느니 하는 뉴스를 듣고 있다.

도대체 2006/07년과 2007/08년의 식량위기 상황이 이처럼 큰 차이를 보이는 것은 무엇 때문일까? 2000/01년부터 2006/07년까지의 식량위기도 심각하게 우려스러운 상황인 것은 맞다. 하지만 최근 1년 사이에 벌어진 광란에 비할 바는 아니었다. 도대체 무슨 일이 생겼기에 UN 산하 세계식량농업기구FAO와 세계식량계획WFP 등이 나서서 대규모 기아사태를 경고하고 식량위기 해결을 위한 세계정상회담을 촉구하고 있는 것일까?

바로 '식량의 무기화'에 첫 번째 해답이 숨어 있다. 식량부족 상황이 누적되고 식량위기가 현실로 나타날 징조를 보이자 2007/08년에 주요 식량수출국인 러시아, 중국, 아르헨티나, 인도, 우크라이나, 브라질 등의 국가들이 식량수출을 통제하는 조치를 취하기 시작했다. 곡물을 수출할 경우에 수출세를 부과하는 것에서 출발하여, 곡물별로 일정하게 정해진 물량만 수출하도록 허용하는 수출할당으로 나아가거나 아예 특정 곡물에 대해서는 수출 자체를 금지하는 조치까지 취하고 있다. [표 3]에는 나와 있지 않지만 최근에는 주요 쌀수출국인 이집트, 필리핀, 베트남까지 수출통제 조치를 하고 있는 것으로 알려졌다.

우려했던 식량의 무기화가 현실로 나타난 것이다. 이처럼 식량의 무기화가 세계적으로 확산되는 것은 1970년대 이후 처음이다. 식량수출국들의 수출통제로 국제시장에서 식량공급이 축소되자 식량을 확보하려는 수입국들의 경쟁에 불이 붙으면서 가뜩이나 상승일로에 있던 식량가격의 고삐가 완전히 풀리게 되었다.

두 번째 해답은 '식량의 투기화'에 숨어 있다. 2006/07년 발생한 서브프라임 모기지론 사태의 후폭풍으로 미국의 금융시장이 위기로 빠져들었다. 이때 금융시장에서 빠져 나온 투기자본이 새로운 먹잇감으로 사냥에 나선 것이 석유, 곡물, 금, 철강 등이다. 가뜩이나 생산·공급 부족으로 가파르게 가격이 오르고 있던 이들 품목들을 국제 투기자본이 그냥 놓아두지 않았다. 투기자본이 물밀듯이 몰려간 곳에는 예외 없이 하루가 다르게 가격이 폭등했다. 석유값

[표 3] 주요 국가의 식량수출 통제 사례(2008년 3월 현재)

국가	종류	통제 내용	적용기간
러시아	보리, 밀	수출세(밀 40%, 보리 30%)	07.11.12~08.4.30
	곡물	카자흐스탄, 벨로루시 수출 금지	08.2.18~08.4.30
중국	곡물, 제분(84품목)	수출세 환급 취소	07.12.20~
	곡물, 제분(57품목)	수출세	08.1.1~12.31
	곡물, 제분	수출할당	08.1.1~
아르헨티나	밀, 옥수수, 대두	수출세	07.11.8~
인도	밀, 밀 제품	수출금지	07.2.9~(무기한)
	밀	최저생산자가격 인상	08/09년도의 밀
	밀	민간수입분 관세철폐	무기한
우크라이나	밀, 보리, 옥수수	수출할당	07.11.1~08.3.31
카자흐스탄	밀	수출량의 20%를 국내 판매	07.10. 상순~
	밀	수출세 부과(110만 부셀)	08.2.25~
세르비아	밀, 옥수수	수출금지	07.8.4~08.3.5
	소맥분, 분쇄옥수수	수출할당	07.11.4~08.3.5
브라질	밀	100만 톤까지 관세	08.2.6 공표
파키스탄	밀, 소맥분	수출세	07.9~

※ 자료 : 일본 농축산수급안정기구, 축산의 정보(해외편), 2008년 2월호

이 그러했고, 금이나 철강도 가격이 치솟았다. 곡물도 예외가 아니었다. 식량에 대한 투기는 한창 타오르고 있던 식량가격 폭등에 기름을 부은 꼴이 되고 말았다.

만성적인 공급부족 때문에 식량위기가 현실로 나타났는데, 여기에 식량의 무기화, 식량의 투기화가 새로 첨가되면서 지금 세계는 걷잡을 수 없는 식량위기로 내몰리게 된 것이다. 불과 최근 1년 사이에 미국산 쌀값은 57.8퍼센트, 태국산 쌀값은 59.0퍼센트, 베트남산 쌀값은 65.0퍼센트가 올랐고, 옥수수는 36.9퍼센트, 대두(콩)는

[표 4] 2007/08년 주요 곡물가격 변화 (단위 : 달러/톤)

곡 물		2007년 3월 가격	2008년 3월 가격	증가율(%)
쌀	미국산	405	639	57.8
	태국산	327	520	59.0
	베트남산	303	500	65.0
옥수수		160	219	36.9
대두(콩)		279	507	81.7
소맥(밀)		179	483	169.8

※ 주 : 쌀은 FOB 기준, 옥수수, 대두(콩), 소맥(밀)은 선물가격 기준
※ 자료 : USDA, Rice Outlook / USDA, AMS and ERS

81.7퍼센트, 소맥(밀)은 169.8퍼센트나 올랐다. 광란이라고 표현해도 부족할 정도다.

식량위기, 어둠 속에서 웃는 자

식량이 부족하고 가격이 폭등하면서 식량수입국들이 먹을거리를 확보하지 못해 발을 동동 구르고 있고, 식량을 구하기 어려운 개발도상국과 극빈국에서는 크고 작은 폭동과 소요가 일어나고 있고, 약 10억 명 이상의 절대빈곤층이나 취약계층이 굶주림으로 고통 받고 있는 가운데 어둠 속에서 웃는 자가 있다.

국제 곡물시장의 지배자, 먹을거리의 지배자인 곡물 메이저들이다. 2008년 4월 30일자 《월스트리트저널》의 보도에 따르면 최대 곡물 메이저인 카길은 2007년 12월에서 2008년 2월까지 단 3개월 만에 무려 10억 3000만 달러의 순이익을 올린 것으로 알려졌다. 이는

지난해 같은 기간의 순이익에 비해 86퍼센트 증가라는 엄청난 기록이다. 세계 최대의 GMO(유전자조작농산물) 종자 생산업체면서 카길과 전략적 제휴를 맺고 있는 몬산토 역시 같은 기간에 11억 3000만 달러의 순이익을 올려 전년 같은 기간에 비해 두 배 이상의 증가율을 기록했다. 또 다른 곡물 메이저인 아처 대니얼스 미들랜드AMD는 2008년 1월부터 3월까지 3개월간 5억 1700만 달러의 순이익을 기록했는데, 전년의 같은 기간에 비해 42퍼센트나 증가한 기록적인 수치다.

곡물 메이저Major Grain Companies란 곡물의 저장, 수송, 수출입 등을 취급하는 초국적 곡물기업 가운데 독점적인 지배력을 갖고 있는 기업들을 묶어서 표현하는 말이다. 석유시장을 주무르는 석유메이저와 같은 의미를 갖고 있는데, 압도적인 시장지배력을 바탕으로 국제곡물시장을 쥐락펴락하기 때문에 곡물 마피아로 불리기도 한다.

1990년대까지는 미국계 기업인 카길Cargill, 아처 대니얼스 미들랜드ADM, 콘아그라ConAgra, 콘티넨탈 그레인Continental Grain과 프랑스의 루이드레퓌스LDC, 아르헨티나의 벙기Bunge, 스위스의 앙드레Andre 등이 7대 곡물 메이저로 꼽혔다. 이 가운데 콘티넨탈 그레인은 1998년에 곡물사업 부문을 카길에 매각하고 식품가공 분야에 집중하고 있고, 콘아그라 역시 미국 내 1위의 식품가공회사로서 2000년대부터는 식품가공에 더욱 집중하고 곡물유통은 자회사인 피비Peavey에서 취급하면서 그 비중이 매우 낮아졌다. 그래서 현재는 카길, 아처 대니얼스 미들랜드, 루이드레퓌스, 벙기, 앙드레를 5대 곡물 메이저라 부르고 있다.

곡물 메이저가 국제곡물시장에 행사하는 지배력은 가히 절대적이다. 세계 식량 총생산량 가운데 약 12~13퍼센트에 해당하는 약 2억 5000만 톤 정도가 국제곡물시장을 통해 거래되는데, 이 거래량의 약 80퍼센트 정도를 5대 곡물 메이저가 취급하고 있다. 5대 곡물 메이저 중에서도 카길의 시장지배력은 단연 압도적이다. 국제 곡물거래의 약 40퍼센트를 카길이 장악하고 있으며, 아처 대니얼스 미들랜드가 약 16퍼센트, 루이드레퓌스가 약 12퍼센트, 벙기가 약 7퍼센트, 앙드레가 약 5퍼센트를 각각 차지하고 있다.

세계 곡물거래의 80퍼센트를 장악하고 있음에도 불구하고 의외로 이들 곡물 메이저의 기업경영에 대해서는 알려진 바가 그다지 많지 않다. 이들은 대부분 가족중심의 경영체제를 유지하면서 기업공개를 하지 않고 있기 때문이다. 카길은 스코틀랜드 계인 카길가家 중심으로 하여 세계 60여 개국 800개 도시에 지사를 두고 연간 600억 달러 이상의 매출을 올리고 있지만 기업공개를 하지 않고 개인기업 형식을 유지하고 있다.

루이드레퓌스나 벙기는 각각 프랑스와 아르헨티나에 본사를 두고 있지만 유대계로서 가족경영체제로 운영되고 있다. 이들은 세계 각국에 있는 지사를 경유하는 방식으로 거래를 하기 때문에 발주지와 도착지를 투명하게 추적하는 것이 거의 불가능하도록 운영한다. 게다가 법인세율이 낮고 외환거래가 자유로우며 비밀거래계좌 설치가 가능한 스위스에 현지법인을 세우고 자금거래를 하기 때문에 그 내막을 파악하기가 매우 어렵다.

곡물 메이저는 인공위성과 전세계 지사망을 통해 수집되는 식량의 생산과 소비에 관한 정보력에서 타의추종을 불허한다. 게다가 국제 곡물거래의 약 80퍼센트를 장악하고 있는 압도적인 시장지배력 때문에 국제시장에서 벌어지는 식량가격의 폭등이나 식량투기는 곡물 메이저와 불가분의 관계를 맺고 있다. 그렇기 때문에 최근 벌어지고 있는 식량의 투기화 그리고 식량가격의 폭등 배후에는 곡물 메이저가 있다는 의혹이 제기되고 있는 것이다.

곡물 메이저, 종자에서 슈퍼마켓까지

미국이 주도하는 신자유주의 세계화는 전세계 농산물시장에 대해서도 완전한 개방을 요구하고 있는데, 그 중심에는 곡물 메이저가 있다. 카길의 부회장을 지낸 대니얼 암스투츠는 1987년 '관세및무역에 관한 일반협정GATT' 농산물협상에 미국이 제출했던 '예외없는 관세화'*의 초안을 작성하였으며, 당시 미국 협상대표단에서 농업분야의 대표를 맡아 활동했다. 그가 제출한 '예외 없는 관세화'는 1993년 우르과이라운드 농산물협상과 1995년 세계무역기구 농업협정의 기초가 되었다.

카길의 사장을 지낸 휘트니 맥밀런은 우르과이라운드 협상의 심사단으로 활동하면서 이러한 입장들이 제대로 반영되는지를 감독

---

*농산물 수입에 있어서 관세를 제외한 모든 장벽을 없애는 것을 말한다. 즉 관세만 내면 자유롭게 수입할 수 있도록 하는 것으로 농산물시장의 완전개방을 의미한다.

했다. 역시 카길 사장을 역임한 어니스트 미섹은 빌 클린턴 대통령의 수출자문단으로 활동하였다. 그는 2003년 멕시코 칸쿤에서 열렸던 세계무역기구 농업협상*에 깊숙이 개입했다는 의혹을 받았는데, 당시 칸쿤에 모인 비정부기구NGO 대표들은 "WTO 협상은 카길 협상"이라고 비판의 목소리를 높였다.

농산물시장 개방에 따라 세계 곳곳에서 소규모 가족농이 몰락하면서 식량생산이 점점 더 대규모 기업농에게 집중되고 있다. 한국을 비롯하여 소규모 가족농이 식량생산의 중심을 이루었던 대부분의 나라들에서 식량자급률이 급격하게 떨어지고 있다. 대부분의 나라에서 기업농의 지배력이 높아지고, 국제 거래에서는 식량수출국의 발언권이 커지고 있다. 그리고 그 중심에 곡물 메이저들이 자리잡고 있다.

곡물 메이저들은 신자유주의 세계화와 농산물시장 개방을 등에 업고 세계 곳곳에 식량생산 및 유통, 식품가공에 관련된 네트워크를 거미줄처럼 구축해왔다. 국제 곡물거래의 절대지배력을 바탕으

---

* 세계무역기구WTO는 1993년 타결된 우르과이라운드UR에 따라 만들어져 1995년부터 공식 활동을 개시하였다. 그런데 UR은 1995~2004년까지 10년간의 시장개방 이행요구만 규정하고 있기 때문에 그 이후의 시장개방 사항에 대해서는 새로운 라운드를 개최하여 협정문을 만들어야 했다. 이를 위해 WTO가 설치한 새로운 라운드가 2001년에 출발한 도하개발 아젠다DDA다. 그래서 현재 진행되고 있는 새로운 라운드를 보통 WTO/DDA 협상이라고 말한다. 원래 WTO/DDA는 2004년 이전에 새로운 협정문을 타결하는 목표를 갖고 시작되었으나 각국의 이해관계와 입장이 팽팽하게 대립하면서 현재까지도 협상 진행이 지지부진한 상태로 표류하고 있다. 이에 따라 현재 한국을 비롯한 회원국들은 2004년 12월 31일 당시의 시장개방 의무수준을 유지하고 있다.
한편 미국은 다자간 협상으로 진행되는 WTO/DDA 협상이 지지부진하자 양자간 협상인 자유무역협정FTA를 체결하는 데 통상정책의 중점을 두고 있다. 현재 국회비준 절차를 남겨놓고 있는 한미FTA가 2006년 초에 전격적으로 시작된 데에는 이러한 미국 통상전략의 변화가 그 배경인 것으로 해석되고 있다.

로 하여 세계 곳곳의 주요 생산자들과 계약생산이나 수직계열화의 방법으로, 마치 하청과 같은 관계를 만들어왔다. 경우에 따라서는 직접투자 방식으로 아예 현지에 대규모 농장을 운영하기도 한다. 종전에 이미 장악하고 있던 저장, 운송, 하역 등 식량의 유통과 무역분야에 이어 생산분야에서도 장악력을 높여가고 있다.

끝날 줄 모르는 곡물 메이저의 확장 욕망은 여기에서 그치지 않는다. 식량생산에 필요한 종자, 농약, 비료는 물론 식품가공 분야까지 지배력을 확장해가고 있다. 전략적 제휴, 인수합병M&A, 직접투자 등 가능한 모든 방법을 동원하고 있다.

카길은 종자와 비료생산, 축산물가공과 사료생산, 식품원료 등에 이르기까지 사업영역을 확장하면서 축산물가공 분야에서는 미국 내 4대 메이저로 자리 잡고 있다. 아처 대니얼스 미들랜드는 사료, 감미료, 포도당을 비롯하여 곡물가공까지 취급하고 있으며, 콘아그라는 미국 내 1위의 식품가공회사로 성장하여 80개 이상의 가공식품 브랜드를 보유하고 있고, 이 가운데 25개 브랜드가 연 1억 달러 이상 매출을 기록했으며 비료와 종자 그리고 농약까지 생산하고 있다.

이렇게 직접 사업을 운영하는 것 외에도 곡물 메이저들은 초국적 거대 농기업과 전략적 제휴나 조인트벤처의 방식으로 네트워크를 구축하고 있다. 식량생산에 필요한 종자, 비료, 농약 등의 분야에서 국제시장을 지배하고 있는 몬산토Monsanto, 노바티스Novartis, 듀퐁DuPont, 다우Dow 등이 바로 그들이다.

종자에서 슈퍼마켓까지. 곡물 메이저들이 내세우는 슬로건이다.

이들의 말대로 종자, 비료, 농약에서 식량생산을 거쳐 유통과 가공 그리고 식품가공에 이르기까지 전세계를 대상으로 촘촘한 그물망과 같은 체계가 만들어지고 있다. 혹자는 이것을 세계식량체계 global food system라고 부르기도 한다. 농자재—식량생산—유통—식품가공에 이르는 전체 과정에서 개별 국가의 경계가 무너지고 세계적 차원에서 지배적인 시스템이 형성되고 있는 것이다. 그리고 세계식량체계를 주도하고 있는 다양한 초국적 기업을 하나로 묶어 초국적 농식품복합체agrifood complex로 부르기도 한다. 마치 죽음의 상인으로 불리는 무기판매업자와 군대 그리고 다양한 군수자본을 통틀어 군산복합체라고 부르는 것과 같은 의미다.

세계식량체계와 초국적 농식품복합체를 만들고 유지하면서 확장시켜가는 데 있어서 곡물 메이저의 역할은 절대적이다. 가히 곡물 메이저를 먹을거리의 지배자라고 불러도 지나친 표현이 아닐 것이다.

곡물 메이저, 먹을거리 지배자

최근 벌어지고 있는 식량위기는 일시적인 것이 아니다. 만성적인 공급부족에서 오는 구조적인 문제이기 때문에 환경문제와 더불어 21세기를 관통하는 핵심 이슈다. 구조적인 문제를 해결할 수 있는 근본적인 변화를 필요로 한다는 뜻이다.

어쩌면 단기적으로는 식량위기가 조금은 나아질 수도 있을 것이다. 미국의 금융위기가 해소되든지 아니면 또 다른 먹잇감이 나타나든지 해서 국제투기자본이 곡물시장에서 빠져 나간다면 식량가격의 폭등세가 꺾일 수도 있을 것이다. 하지만 근본적으로 해결되지는 않을 것이다. 국제투기자본이 들어오기 이전에 이미 식량위기가 현실로 나타났기 때문이다. 따라서 기껏해야 국제투기자본이 본격적으로 들어오기 이전인 2006/07년의 상황 정도가 최고 기대치일 것이다.

기상조건이 아주 좋아서 식량생산이 늘어나거나 식량수출국들의 수출통제조치가 완화된다면 식량위기 상황은 그나마 조금 나아질 수 있을 것이다. 그렇다고 해도 식량위기가 벌어지기 이전의 상황으로 돌아갈 수는 없다. 일시적인 생산·공급의 증가가 만성적인 공급부족 구조를 근본적으로 바꾸지는 못할 것이기 때문이다. 만성적인 공급부족 구조 때문에 언제든지 식량의 무기화, 식량의 투기화가 나타날 수 있고, 2007/08년과 같은 광란이 재현될 수 있다. 만약 기상조건이 아주 나빠서 최근 몇 년간의 평균생산량보다도 더 낮은 생산량을 기록한다면 오히려 2007/08년을 능가하는 식량대란이 벌어질 수도 있다.

세계식량 가운데 87~88퍼센트는 자국 내에서 소비되고, 12~13퍼센트 정도만 국제시장에서 거래된다. 그렇기 때문에 생산이나 소비에서 조금만 변화가 발생해도 가격이 크게 요동을 치는 것이다. 이른바 '얇은 시장thin market'이라는 것이다. 식량 중에서도 쌀이 가장 얇은 시장에 해당하는데, 전체 생산량 가운데 국제시장에서 거래되는 물량은 5퍼센트를 넘지 않는다. 그렇기 때문에 세계식량이 만성적인 공급부족 구조라는 근본적인 문제점을 안고 있는 한 언제든지 식량의 무기화, 식량의 투기화가 발생할 수 있다.

식량의 국제 거래물량 가운데 약 80퍼센트를 곡물 메이저가 장악하고 있기 때문에 식량위기는 곡물 메이저에게 황금알을 낳는 거위와 같다. 《월스트리트저널》은 최근 기록적인 순이익 증가율을 기록한 곡물 메이저 아처 대니얼스 미들랜드AMD의 CEO인 패트리셔 워어츠가 "취약한 곡물시장으로 인해 사상 유래 없는 기회를 맞았다"고 말한 것으로 보도했는데, 현재의 식량위기를 대하는 곡물 메이저의 시각이 그대로 드러나 있다.

인류의 절대다수에게는 먹을거리가 생존을 위한 필수품이지만 먹을거리의 지배자에게 식량은 더 많은 이윤을 추구하는 욕망의 도구에 불과하다. 신자유주의 세계화를 통해서 세계식량체계를 구축하는 데 성공한 먹을거리의 지배자에게 만성적인 공급부족 구조는 해결해야 할 문제가 아니라 황금알을 보장해주는 사상 유래 없는 기회다. 먹을거리 지배자에게 식량위기에 빠진 세계는 더 많은 권력과 이윤을 가져다주는 엘도라도와 같다.

먹을거리 지배자와 위험한 밥상

현재의 식량위기는 먹을거리의 양이 절대적으로 부족하다는 것이다. 그런데 앞으로 다가올 식량위기는 양도 절대적으로 부족할 뿐 아니라 질도 위험하다는 점에서 더욱 심각한 위기가 될 것이다.

먹을거리 안전은 종자단계에서부터 위협을 받고 있다. 유전자조작농산물GMO로 널리 알려진 GMO 종자가 바로 그것이다. 세계 최대의 GMO 종자 생산업체는 몬산토이며, 몬산토는 카길과 조인트 벤처를 통해 GMO 종자를 공급하고 있다. 현재 미국에서 생산되고 있는 콩의 50퍼센트, 옥수수의 27퍼센트가 GMO인 것으로 추정되고 있다. 이것이 축산물의 사료로, 가공식품의 원료로 사용되어 우리의 밥상에 오르고 있다.

식량생산 단계에서는 농약과 화학비료 그리고 동물성 사료와 화학약품이 먹을거리의 안전을 위협하고 있다. 곡물 메이저와 초국적 농식품복합체가 주도하는 세계식량체계는 생산성의 극대화를 위해 대량의 화학농법과 공장식 축산을 더욱 확대시키고 있다. 대량의 화학농법은 먹을거리 안전을 위협할 뿐 아니라 석유 등 화석연료의 고갈, 땅과 물의 오염, 생태계의 파괴 등과 같은 환경파괴를 일으키는 원인이 되기도 한다.

세계식량체계는 식량을 장기간 저장하거나 장거리 운송하는 것이 불가피하기 때문에 유통이나 가공 과정에서 다양한 종류의 화학물질을 사용할 수밖에 없다. 상품성의 유지를 위해 이른바 '수확후 처리post harvest' 과정에서 다량의 화학물질을 사용하거나 식품가공 과정에서 다양한 화학물질을 첨가하는 것이다.

종자에서 슈퍼마켓까지, 곡물 메이저와 초국적 농식품복합체의 지배력이 높아진다는 것은 그만큼 먹을거리가 더욱 위험해진다는 것을 의미한다. 먹을거리의 지배자가 세계식량체계를 통해 우리의 밥상을 장악하는 것이 확대되면 될수록 우리의 밥상은 더욱 더 많은 위험에 노출되는 것이다.

물론 세계식량체계에서 벗어나 자국 내에서 생산되고 소비되는 먹을거리도 안전성 문제에서 완전히 자유롭지는 못하다. 자국 내의 식량생산 단계에서 이루어지는 화학농법이나 공장식 축산, 유통·가공단계에서 이루어지는 화학물질의 사용은 먹을거리의 안전을 위협하는 요소다. 그러나 그 위험의 수준은 세계식량체계로부터 비롯되는 위험에 비해 상대적으로 나은 편이다. 그리고 자국 내에서 생산되고 소비되는 먹을거리에 대해서는 개별 국가가 정책과 제도를 통해 안전성에 관한 규제를 적극적으로 시행할 수 있으며, 국민이 동의하고 정부가 마음먹기에 따라서는 친환경농업으로 바꾸어 나갈 수도 있다.

그러나 세계식량체계로부터 공급되는 먹을거리에 대해서는 개별 국가의 안전성 규제가 제대로 효과를 발휘하기 어렵다. 오히려 먹을거리 지배자는 갖은 방법을 통해 개별 국가의 안전성 규제조치를 약화시키거나 아예 없애려고 시도할 것이다. 미국이 다른 나라로 수출하는 농산물에 대해서는 '수확후처리'를 법으로 보장하면서 수입국에 대해서도 그러한 조치를 인정하도록 압력을 행사하는 배후에는 먹을거리 지배자가 있다. GMO의 생산과 재배면적이 늘어나고 국제거래가 증가하는 배경에도 이들이 있다. 광우병 위험 쇠고기에 대해 한국이 완전 개방하도록 만든 데에도 이들이 손길이 작용하고 있다. 카길은 쇠고기 생산에서 미국 내 4대 메이저 기업에 들어간다.

자국민의 건강을 위해 먹을거리 안전을 강화하려는 개별 국가의 정책과 제도 그리고 검역주권을 무력화하는 이들 먹을거리 지배자들이 먹을거리 안전을 위협하는 최대의 적이다. 그리고 이들이 주도하는 세계식량체계가 확대되고 지배력이 강해질수록 인류는 그만큼 위험한 밥상에 점점 더 심각하게 노출될 것이다.

미래의 식량위기는 먹을거리의 양이 절대적으로 부족하여 지금보다도 훨씬 더 비싼 가격을 지불해야 하는 문제와 아울러 지금보다도 훨씬 더 위험한 먹을거리가 우리들의 밥상에 오르는 문제가 동시에 나타날 것이다. 그리고 그것은 먹을거리 지배자들에게 지금보다 훨씬 더 강한 권력과 많은 이윤을 안겨주고, 그것은 다시 우리의 밥상을 보다 더 위험하게 만드는 부메랑이 되어 돌아오는 악순환으로 이어질 것이다.

이러한 식량위기 상황에서 가장 고통받는 것은 절대빈곤층이며, 소수의 상위계층을 제외한 대다수 국민들 역시 비싼 식량가격과 위험한 밥상으로 어려움을 겪을 것이다. 어쩌면 부자일수록 값비싼 친환경농산물을 소비하고, 가난하면 가난할수록 GMO나 광우병 위험 쇠고기와 같은 위험한 먹을거리를 먹지 않으면 안 되는 상황이 올 수도 있을 것이다. 경우에 따라서는 위험한 밥상인 줄 알면서도 혹은 여론조작에 의해 안전하다고 믿고 있지만 실상은 위험한 밥상을 먹어야 할지도 모른다.

지금도 일부에서는 식량위기의 대책으로 GMO의 생산과 공급을 확대해야 한다는 주장이 나오고 있고, 가공식품의 원료를 GMO로 바꾸는 사례도 벌어지고 있다. 여기에 대통령까지 나서서 광우병 위험 쇠고기 전면 수입개방을 두고 국민이 값싸고 질 좋은 미국산 쇠고기를 먹을 수 있는 기회를 제공한 것으로 호도하는 일이 벌어지고 있다. 식량위기가 더욱 심각해지거나 먹을거리 지배자들의 세계식량체계가 더욱 강력해지는 상황이 올 경우 어떤 일이 벌어질지 예상하는 것은 그리 어려운 일이 아닐 것 같다.

한국은 식량위기의 안전지대인가

2006년 한국의 식량자급률은 25.3퍼센트다. 한국의 식량자급률은 경제협력개발기구OECD 국가 가운데 포르투갈, 일본, 네덜란드와 함께 최하위그룹에 속한다. 이 가운데 포르투갈과 네덜란드는 유럽연합EU 회원국으로서 공동농업정책에 따라 다른 국가들로부터 식량을 안정적으로 공급받고 있기 때문에 한국과는 상황이 다르다. 일본의 경우 일찍부터 남아메리카 등에 해외 식량기지를 조성하는 데 노력해왔기 때문에 한국에 비해서는 식량의 안정적 확보가 나은 상황이라고 할 수 있다.

대체로 한국이 연간 필요한 식량 소비량은 약 2000만 톤에 조금 못 미치는데, 이 가운데 약 500만 톤은 국내에서 자급하고 나머지 1500만 톤은 외국에서 수입하고 있다. 주요 식량 가운데 쌀은 자급이 가능한 수준이며, 쌀을 제외한 옥수수, 대두(콩), 소맥(밀) 등을 포함한 나머지는 모두 합쳐서 자급률이 5퍼센트에도 미치지 못할 정도로 대부분 수입에 의존하고 있다.

한국이 수입하는 식량의 약 60~70퍼센트 정도가 곡물 메이저를 통해 수입되는 것으로 추정되고 있다. 1980년대 중반까지는 약 50퍼

[표 5] OECD 국가별 식량자급률

(단위 : 퍼센트)

순위	국가	자급률	순위	국가	자급률
1	프랑스	329.0	15	터키	89.0
2	체코	198.6	16	스페인	81.7
3	헝가리	153.7	17	이탈리아	77.8
4	독일	147.8	18	그리스	73.3
5	슬로바키아	140.6	19	뉴질랜드	68.9
6	스웨덴	139.9	20	아일랜드	65.2
7	오스트리아	137.4	21	노르웨이	64.8
8	영국	125.3	22	멕시코	63.3
9	미국	125.0	23	스위스	50.5
10	캐나다	113.7	24	벨기에	48.4
11	핀란드	113.2	25	포르투갈	27.7
12	덴마크	112.6	26	한국	25.3
13	폴란드	105.8	27	일본	22.4
14	호주	94.5	28	네덜란드	21.2

※ 자료 : 쿠키뉴스(2008년 4월 6일) / 한국농촌경제연구원(KREI)

센트 수준의 식량자급률을 기록했으나 농산물시장 개방이 확대되면서 식량자급률이 지속적으로 떨어져 현재에 이르고 있다.

   국내 식량자급률이 약 4분의 1 정도에 불과할 정도로 한국의 식량자급률은 매우 취약한 기반 위에 놓여 있다. 그런데 2007/08년 세계를 휩쓸고 있는 식량위기 상황에서 식품가격이 빠르게 상승하고 있다는 정도를 제외하고는 별다른 소요사태나 사재기 등과 같은 극심한 사회적 혼란은 벌어지지 않고 있다. 소맥(밀), 옥수수, 대두(콩)와 이를 원료로 하는 가공식품의 가격이 오르면서 물가가 상승하고, 옥수수와 대두를 사료로 사용하는 축산농가의 수익이 크게 악화되는 타격을 받고 있지만 심각한 식량위기 상황으로 치닫지는 않고 있다.

왜 그럴까? 정답은 쌀에 있다. 우리 식량의 대표 품목인 쌀은 충분한 국내 자급기반을 유지하고 있기 때문에 세계적인 가격폭등에도 불구하고 국내 쌀값은 비교적 안정적인 수준을 유지하고 있는 것이다. 이 때문에 당장의 식량가격 폭등과 같은 상황으로는 이어지지 않고 있다. 적어도 이 정도 수준이라도 식량위기 상황이 안정적으로 관리되고 있는 것에 대해서는 우리 농민들에게 고마움을 느껴야 한다. 쌀마저도 완전히 개방하려는 것에 맞서 우리 농민들이 쌀이라도 지키기 위해 싸우지 않았다면 지금 어떤 일이 벌어지고 있을지 쉽게 상상할 수 있을 것이다.

그렇다면 한국은 식량위기로부터 안전한가? 최소한 현재 수준 정도의 관리상황을 앞으로도 계속 유지할 수 있을까? 전혀 그렇지 않다. 한국은 결코 식량위기로부터 안전한 지대가 아니다. 2004년 미국, 중국 등과 쌀협상을 타결할 때 2014년까지 국내 소비량의 8퍼센트에 해당하는 쌀을 의무적으로 수입하기로 약속했으며, 10년의 협상시한이 끝나는 2014년까지는 쌀시장도 사실상 완전개방하기로 했다. 우리가 최후의 보루로 여기고 있는 쌀의 운명도 그다지 많이 남지 않았다. 게다가 한미FTA가 국회비준을 통과하고 나면 쌀농업이 무너지는 시기가 훨씬 더 앞당겨질 수도 있다.

우리 국민의 절대주식인 쌀마저 무너지고 나면 한국은 세계적인 식량위기의 충격을 고스란히 받아들여야 할 것이다. 지금 세계 곳곳에서 식량부족과 가격폭등으로 인해 벌어지고 있는 상황이 우리

사회에서도 벌어지게 될 것이다. 이 와중에 가장 고통을 받는 것은 절대빈곤층이며, 농민과 서민은 물론 소수의 상위계층을 제외한 국민 대부분이 식량위기의 고통을 겪게 될 것이다.

식량주권, 아직 늦지 않았다

식량위기 대비책은 없는가? 먹을거리 지배자에게 지배당하지 않을 방법은 없는가? 당연히 있다. 비록 때 늦은 감이 없지는 않지만 아직도 기회가 사라진 것은 아니다.

무엇보다도 식량주권에 대한 국민협약(혹은 사회협약)이 있어야 할 것이다. 세계화의 대안을 모색하는 국제적인 진영에서 빠르게 확산되고 있는 '식량주권food sovereignty'이란 과거의 식량안보food security에 인권으로서의 식량권food right을 새롭게 결합한 개념이다. 전통적인 식량안보 개념이 충분한 식량을 안정적으로 확보하는 양적인 개념에 그치고 있는 반면에 식량주권은 식량의 양과 질을 모두 포괄하는 개념이다. 요약하자면 국민의 안전한 먹을거리를 안정적으로 확보하는 것이라 할 수 있다.

식량주권에 대한 국민적 합의의 형식으로서 국민협약에는 식량주권을 실현하는 데 따르는 생산자 농민의 의무와 권리, 국민을 대신하여 국가가 수행해야 할 의무와 역할을 담을 수 있다. 국민협약을 제도로 정착시키려면 헌법 개정시에 그 내용을 반영하는 것이 좋으며, 그 이전에는 농업·농촌·식품기본법에 명문화하는 것도

한 방법이다.

  식량주권을 실현하는 데 가장 핵심적인 과제는 식량자급률 목표를 법제화하는 것과 국내 농업을 친환경농업으로 전환하는 것이다. 현행 식량자급률에서 출발하여 중장기적으로 달성해야 할 식량자급률 목표수준을 단계별로 30퍼센트, 40퍼센트, 50퍼센트와 같은 식으로 정하여 법에 명시함으로써 적어도 먹을거리의 국내 자급을 안정적인 수준으로 확보해야 한다. 그러고도 모자라는 부분은 식량수출국과 우호협정을 맺거나 해외에 식량기지를 조성하는 방법으로 조달하고, 그래도 부족한 먹을거리는 국제곡물시장을 통해 조달하면 지금보다는 훨씬 더 안정적으로 먹을거리를 확보할 수 있고, 식량위기에 대한 대응력이 높아질 것이다.

  식량자급률 목표를 달성하려면 그에 맞게 농지를 보전해야 하는데, 대운하나 골프장과 같은 대규모 개발이나 무분별한 농지전용을 막고 투기목적의 농지매입을 원천적으로 봉쇄할 수 있는 농지공개념 제도를 도입하는 것이 필요하다.

  안전한 먹을거리의 공급을 늘리기 위해서는 국내 농업을 화학농업에서 친환경농업으로 전환시켜나가야 한다. 짧은 기간에 한꺼번에 전환하는 것은 현실적으로 불가능하지만 목표를 정하고 단계별로 바꾸어나가는 것은 얼마든지 가능하다. 친환경농업으로 바꾸어가려면 그에 맞는 소비가 이루어져야 한다. 지금과 같이 시장기능에 맡겨두면 전체 농산물 가운데 10퍼센트 정도의 틈새시장에서만 친환경농업이 이루어질 수 있고, 국민들은 상대적으로 높은 가격을 부담해야 한다. 그러나 정부가 공공영역에서 친환경농산물에 대한 소비를 창출하고 일정한 재원을 부담한다면 친환경농업은 틈새시장을 넘어 국민 모두에게 다가갈 수 있을 것이다. 학교급식이나 병원, 군대, 사회복지시설, 공공기관 등에 친환경농산물을 공급하는 것에서 출발하는 것이 좋을 것이다. 중장기적으로 친환경농업의 생산성이 화학농업 수준으로 올라가거나 혹은 농지공개념 제도의 도입으로 생산비가 떨어지게 되면 그만큼 정부의 재원 부담이 없어도 싼값에 친환경농산물을 공급할 수 있다.

이렇게 식량주권을 실현하기 위해 식량자급률 목표를 정하고 국내 농업을 친환경농업으로 바꾸어나가는 과정에서 생산자인 농민에 대해서도 일정한 소득이 보장되도록 해야 한다. WTO에서 허용하는 직접지불제도와 같은 것들을 포함하여 제도적인 장치를 만들고 도시근로자들의 평균가구소득 대비 일정 비율 정도로 농가소득이 이루어지도록 정책과 제도를 마련하며, 도시에 비해 상대적으로 열악한 농촌의 공공서비스를 확충하여 도시와 농촌 간 격차를 줄이는 일도 중요한 과제 가운데 하나다.

또한 먹을거리의 안전성을 확보하기 위해서는 수입되는 먹을거리에 대한 검사와 검역이 현행보다 더 강화되어야 할 것이다. 특히 유전자조작농산물GMO이나 광우병 위험 쇠고기와 같이 안전성이 분명하게 입증되지 않은 먹을거리에 대해서는 '사전예방의 원칙'을 적용하여 수입되는 것을 최대한 차단해야 할 것이다.

혹자는 이 같은 주장에 대해 시장논리에 어긋나기 때문에 시장경제체제에서는 수용하기 어려운 것이라고 주장할지도 모른다. 그러나 이것 한 가지는 분명히 하자. 시장을 위해 국민이 존재하는 것이 아니라 국민이 먹고 살기 위해서 시장이 필요하다는 점을. 식량위기로부터, 먹을거리 지배자의 지배로부터 벗어나 우리 국민이 안전한 먹을거리를 안정적으로 확보하는 데 필요하다면 시장논리에 어긋나더라도 정부가 개입하여 정책과 제도를 시행할 수 있는 것이다. 국제식량시장이든 국내 농산물시장이든 시장기능이 우리 국민의 안전한 먹을거리를 안정적으로 확보하는 역할을 할 수 없다면 국민을 대신하여 정부가 그 일을 하는 것은 너무나 당연한 일 아닌가.

마찬가지로 더 이상 WTO나 농업협정문을 들먹이지 말자. 먹을거리를 이윤추구의 상품으로 취급하는 WTO가 없어지면 좋겠지만, 먹을거리가 자유무역의 대상에서 제외되면 좋겠지만, 그렇지 않다고 하더라도 방법은 얼마든지 찾을 수 있다. WTO와 자유무역협정FTA이 판치는 속에서도 자국 농업을 보호하기 위해 애쓰는 미국이나 EU의 정책과 제도를 보라. 우리가 하고자 하는 의지만 있다면 국민적 합의와 동의를 모아 주어진 한계와 조건 속에서 최선의 방법을 찾는 것이 가능하다.

우리의 먹을거리를, 우리의 밥상을, 우리의 생명줄을, 우리의 운명을 미국과 같은 식량수출국이나 카길과 같은 곡물 메이저나 초국적 농식품복합체에 맡길 것이 아니라 우리 스스로 보호하고 챙기는 날이 오기를 간절히 소망한다.

자 | 료 | 인 | 용

＊자주 인용되는 출처들은 아래와 같이 약자로 표기했다.

CB : *Cargill Bulletin*(no longer published)
CN : *Cargill News*(monthly publication for company employees)
CRM : *Corporate Report Minnesota*
G&M : *Glove and Mail*, Toronto
M&B : *Milling & Baking News*
M&P : *Meat & Poultry* magazine
MC : *Manitoba Co-Operator*, Winnipeg
NYT : *New York Times*
ST : *Star Tribune*, Minneapolis
WGB : W. G. Brohl Jr, *Cargill-Trading the World's Grain*, University Press of New England, New Hampshire, USA, 1992
WSJ : *Wall Street Journal*

1. www.cargill.com, 20/2/02.
2. *M&B*, 21/8/01.
3. Cargill executive Peter Kooi in *M&B*, 17/11/98.
4. *M&P*, 4/01.
5. *M&B*, 2/6/98.
6. *M&B*, 16/10/01.
7. *M&B*, 16/10/01.
8. *M&B*, 27/6/00.
9. *M&B*, 23/10/01.
10. Phone interview, Jim Snyder, Dun & Bradstreet, 10/10/94.
11. Wilson, J.R., 'A Private Sector Approach to Agricultural

Development'manuscript, Cargill Technical Services Ltd, UK, 1994.
12. Remarks by Whitney MacMillan before the Columbus [Ohio] Council on World Affairs, 15/12/92.
13. VP Robbin Johnson to USDA Outlook '93 Conference, *M&B*, 22/12/93.
14. MacMilan 15/12/92.
15. *Asia Pacific Economic Review*, Summer/Autumn 1996.
16. *CB*, 2/98.
17. *ST*, 8/7/98.
18. Cargill Internal Memo, 18/6/99.
19. Cargill Internal Memo, 19/7/99.
20. Cargill VP Jim Prokopanko, Sioux Falls, South Dakota, 20/10/99.
21. Bob Parmelee, President, Food System Design, 25/6/01.
22. *ST*, 6/5/94; *Forbes*, 5/12/94.
23. *ST*, 18/2/94.
24. *WSJ*, 9/1/97.
25. *ST*, 6/2/98, 17/4/99.
26. Cargill press release, 15/1/02.
27. W. Duncan MacMillan, with Patricia Condon Johnson, *MacGhillemhaoil-An Account of My Family from Earliest Times*, privately printed at Wayzata, Minnesota, 1990(two volumes, illustrated).
28. WGB, p. 686.
29. *CRM*, 1/93.
30. *CN*, 10/91.
31. *M&B*, 11/2/93.
32. Archer Daniels Midland annual report 1994.
33. *M&B*, 11/2/93.
34. *CN*, 11/91.
35. *M&B*, 11/2/93.
36. *M&B*, 11/2/93.

37. *ST*, 18/5/86.
38. *Fortune*, 13/7/92.
39. *ST*, 29/6/93.
40. *Fortune*, 28/6/93.
41. *ST*, 17/4/99, 7/6/99.
42. *Dyergram*, 21/3/01.
43. *M&B*, 7/12/93.
44. *CN*, 11/93.
45. *CN*, 2/93.
46. *CN*, 2/93.
47. *CN*, 11/93.
48. *ST*, 29/6/93.
49. *CN*, 6/93.
50. *CB*, 10/88.
51. Family Farm Organizing Resource Centre, St Paul, n.d.
52. Richard Gilmore, *A Poor Harvest*, Longman, 1982, p.138.
53. Ralph Nader & Wm Taylor, *The Big Boys*, Pantheon, 1986, pp. 322-3.
54. WGB, p. 778.
55. *G&M*, 5/12/86.
56. *M&B*, 28/11/89.
57. *NYT*, 10/10/93, 1st of three articles; 10, 11 & 12/10/93, by Dean Baquet with Diana Henriques.
58. *M&B*, 14/11/89.
59. *M&B*, 17/8/94.
60. Cargill press release, 6/11/01.
61. *Cattle Buyers Weekly*, 26/9/94.
62. *Ontario Farmer*, 16/11/88.
63. *Farm to market Review*, 7/93.
64. Cargill press release, www.cargill.com
65. Canadian Press, 21/590.

66. *Farm & Country*, Toronto, 21/11/93.
67. *Financial Times*, Canada, 13/5/91.
68. *CN*, 2/93.
69. *ST*, 15/7/95.
70. Cargill News International, 1999.
71. Reuters, 28/9/99.
72. *CRM*, 8/85.
73. Ibid.
74. Ibid.
75. Ibid.
76. www.cargill.com, 26/9/97.
77. Ibid.
78. *G&M/WSJ*, 30/9/97.
79. *M&B*, 20/4/99.
80. *WSJ*, 29/12/95.
81. *M&P*, 3/94.
82. Personal interview, 28/2/94.
83. *CN*, 12/90.
84. *ST*, 20/7/93.
85. *CB*, 10/94.
86. Cargill Update, Winter 1994.
87. *Far Eastern Economic Review*, 27/10/94.
88. USIA, 11/8/97.
89. *Fortune*, 13/7/92.
90. www.cargill.com, 3/4/97.
91. Cargill press release, 8/6/98.
92. *ST*, 20/9/98.
93. www.cargill.ven, updated 8/00.
94. *M&B*, 30/1/96.
95. Cargill press release, 8/6/98.
96. *WSJ*, 31/10/01.

97. Speech to the Corn Refiners Association, 2000.
98. *DowJons News*, 30/10/01, 31/10/01.
99. *M&B*, 25/9/01.
100. Pat Thiessen, quoted by David Fry, assistant administrator for the Kansas Wheat Commission, in MC, 30/3/95.
101. *M&B*, 25/9/01.
102. www.admworld.com
103. *Forbes*, 18/9/78.
104. Cargill brochure, Ontario, 1989.
105. *Fortune*, 25/7/94.
106. Ibid.
107. *M&B*, 1/11/94.
108. WGB, pp. 772-4.
109. David Rogers, president, Financial Markets Divisions, *CN*, 1/94.
110. *CN*, 1/94.
111. Cargill Update, Winter 1994, and corporate brochure, nd.
112. Cargill brochure, nd.
113. *ST*, 28/2/95.
114. *ST*, 31/10/95.
115. *ST*, 11/11/96.
116. *G&M*, 22/8/97.
117. *ST*, 23/12/97.
118. *ST*, 16/5/98.
119. *ST*, 2/10/98; GM, 21/10/98.
120. *ST*, 28/12/01.
121. ccc.cargill.com/fmg/
122. Kevin Phillips, *Arrogant Capital*, Little Brown, 1994, pp. 79-80.
123. St Paul *Pioneer Press*, 24/9/10.
124. Cargill, press release, 4/4/00, www.cargill.com
125. *CB*, 11/88.
126. WGB, p. 554.

127. *CN*, 2/92.
128. *El Financiero International*, 19-25/7/93.
129. *ST*, 7/12/93.
130. *M&B*, 10/8/99.
131. WGB, p. 722.
132. www.cargill.com, updated 8/00, accessed 15/2/02.
133. Cargill corporate brochure, 2001.
134. 'Soybean Cultivation as a Threat to the Environment in Brazil' Philip M. Fearnside, Department of Ecology National Institute for Research in the Amazon, Manaus, Amazonas, 3/10/00.
135. *M&B*, 8/1/02.
136. Fearnside, 3/10/00.
137. David kaimowitz and Joyotee Smith, 'Soybean technology and the loss of natural vegetation in Brazil and Bolivia', in *Agricultural Technologies and Tropical Deforestation*,
A. Angelsen and D. Kaimowitz(eds). CAB International, Wallingford, UK. 2001, pp. 195-211.
138. *Financial Times*, 20/11/96.
139. Glenn Switkes, 'Competition between Brazilian, U.S. growers needs unmasking', *Feedstuffs*, 30/4/01.
140. www.aclines.com, accessed 15/12/01.
141. Fearnside, 3/10/00.
142. *Journal of Commerce*, 3/1/96.
143. Fearnside, op. cit.
144. *CN*, 6/93.
145. *CN*, 6/93.
146. *Dyergram*, 29/11/01.
147. *International Bulk Journal*, 4/92.
148. *Herald Tribune*, 2/9/87, 25/9/87.
149. *CN*, 5/94.
150. Anthony Depalma with Simon Romeo, *NYT*, 24/4/00.

151. *Packer*, 10/7/92.
152. *Packer*, 18/12/93.
153. *Packer*, 2/9/96.
154. *M&B*, 15/3/94.
155. *Journal of Commerce*, 21/11/91.
156. *Activity News*, National Council of Churches in Korea, May-July 1990.
157. *Han-Kyoreh Shinmun*, 24/8/89, translation.
158. *Korea Times*, 7/1/88.
159. Personal interview, 1/8/94.
160. Charles Alexander, personal interview, 1/8/94.
161. *CN*, 5/98.
162. Takashi Suetsune, *Journal of Japanese Trade & Industry*, #4, 1988.
163. Editorial, *M&B*, 22/3/94.
164. *Business Week*, 11/7/94.
165. 'Discover CNAL' (Cargill North Asia Ltd) no date.
166. Company transcript, 24/8/94.
167. Reuter European Business Report, 13/10/92.
168. *Nikkei Weekly*, 23/12/96.
169. *ST*, 23/12/96.
170. http://www.farmchina.com/clientwebsite/cargill, accessed 8/2/02.
171. http://english.peopledaily.com, 11/5/01.
172. www.cargill.com, under 'speeches'.
173. IPS-Interpress Third World News Agency, 4/2/97.
174. WGB, p. 746.
175. WGB, p. 749.
176. *CN*, 11/91.
177. Reuters, 2/2/92.
178. Cargill/Pioneer press release, 16/5/00.

179. Ibid.
180. Cargill press release, 14/5/98.
181. www.cargillhft.com
182. *The Other Side*, 11/93.
183. *Biotechnology & Development Monitor* #19, 6/94.
184. Cargill Seeds press release, 17/7/93.
185. *Times of India*, Bangalore, 30/12/92.
186. *India Express*, 15/8/93.
187. Personal interview, 1/2/94.
188. Personal interview, 12/1/94.
189. *Biotechnology & Development Monitor* #3, June, 1990; *Biotechnology & Development Monitor* #6, March, 1991, from Robert Walgate, 'Miracle or Menace? Biotechnology and the Third World', Panos Institute, 1990.
190. www.cargill.com accessed 26/9/97.
191. San Francisco *Chronicle*, 13/3/01.
192. *El Universal*, 14/10/01; 7/8/00; www.cargill.ven.
193. *Bloomberg News*, 15/8/01.
194. *Financial Times*, 7/5/93.
195. Personal interview, 14/1/94.
196. *Western Producer*, 13/10/94.
197. *Frontline*, India, 17/6/94.
198. *Indian Express*, Ahmedabad, 28/4/94.
199. www.cargill.com 10/3/98.
200. *Economic Times*, Ahmedabad edition, 15, 24/7/99.
201. San Francisco *Chronicle*, 11/12/00.
202. www.cargill.com.ve, accessed 13/10/01.
203. Paul Beingessner, weekly column(e-mail) 24/2/02.
204. *Feedstuffs*, 22/9/97.
205. AP, 20/2/02.

참 | 고 | 문 | 헌

정기간행물

Biotechnology & Development Monitor, Amsterdam, quarterly
Bloomberg News
Business Week
Cargill Bulletin
Cargill News
Cargill Publications - the term used by Cargill for items that are often undated and drawn from unnamed company sources
Cattle Buyers Weekly, Petaluma, California
Corporate Report Minnesota, Minneapolis, Minnesota, monthly
DowJones News
Dyergram, B.W. Dyer & Co., New Jersey, bwdyer@worldnet.att.net
Economic Times, India, daily
El Financiero International, Mexico City, weekly
Feedstuffs, USA, weekly
Financial Times, London, daily
FOLicht
Forbes
Globe and Mail, Toronto, daily
Grain & Milling Annual, *Milling & Baking News*, Marriam, Kansas
India Express, daily
International Bulk Journal, UK, monthly
Japan Agrinfo Newsletter - Japan International Agriculture Council
Japan Economic Journal
Manitoba Co-Operator, Winnipeg, weekly

Meat & Poultry, USA, monthly
Milling & Baking News, Marriam, Kansas, weekly
Mining Annual Review
Nikkei Weekly, Japan
Oils & Fats International, UK, quarterly
Ontario Farmer, London, Ontario, Canada, weekly
Post-Intelligencer, Seattle
Seattle Times
Seed World, USA, monthly
Star Tribune, Minneapolis, Minnesota, daily
Wall Street Journal, daily
Washington Post, daily
Western Producer, Saskatoon, Saskatchewan, Canada, weekly(WP)

단행본

William Cronon, *Nature's Metropolis - Chicago and the Great West*, Norton, 1991
A.V. Krebs, *The Corporate Reapers*, Essential Books, 1992(Box 19405, Washington DC 20036 USA)
Patrick McCully, *Silenced Rivers: The Ecology and Politics of Large Dams*, International Rivers Network/ZedPress 1996, new edition 2001
Dan Morgan, *Merchants of Grain*, Viking Press, 1979; Penguin, 1980
Marc Reisner, *Cadillac Desert-The American West and its Disappearing Water*, Penguin, 1986, new edition 1997

각 회사 · 단체 원어 표기

가든 시티 협동조합Garden City Coop
고드레이 비누제조회사Godrej Soaps
곡물시설운영자조합Grain Terminal Association
골드 키스트 앤드 팜랜드 인더스트리Gold Kist and Farmland Industries
골드만 삭스 앤드 컴퍼니Goldman, Sachs and Company
골든 재배업자조합Golden Growers Coop
국제기초경제회사International Basic Economy Corporation,IBEC
국제자산회사International Property Corp.
궤르첸 종자연구Goertzen Seed Research
그라모벤Gramoven
그란데스 몰리노스 데 베네수엘라Grandes Molinnos de Venezuela SA
그레이트 솔트레이크 미네랄Great Salt Lake Mineral
글로벌 바이오-켐 테크놀로지 그룹Global Bio-Chem Technology Group
기꼬만Kikkomen
내셔널 곡물National Grain
내추럴 클라우드Natural Cloud
네슬레Nestle
네이처가드NatureGuard
노스 스타 철강 유닛North Star Steel unit
노스 스타 철강North Star Steel
노스 이스트 화물집하 회사North East Terminal Ltd
노스다코타 개발 펀드North Dakota Development Fund
뉴트리나 제분Nutrena Mills
니데라Nidera SA
닛폰 포장육Nippon Meat Packers
다우 아그로사이언스Dow AgroSciences
다우 화학Dow Chemical
다우Dow
대만설탕회사Taiwan Sugar Corporation
데구사-헐스 사Degussa-Huls Corp.

데구사-휠스Degussa-Huls AG
덴Den
델타 앤드 파인 랜드 컴퍼니Delta and Pine Land Company
델타 프라이드 메기 양식회사Delta Pride Catfish Inc.
돔타르 사Domtar Inc.
두페르코Duferco
뒤나방 엔터프라이즈 인코퍼레이티드Dunavant Enterprises Inc.
뒤나방 엔터프라이즈Dunavant Enterprises
드레퓌스Dreyfus
라우호프 곡물 사Lauhoff Grain Co.
랄코프Ralcorp
래디시 맥아제조 회사Ladish Malting Co.
랠리 브라더스&코니Ralli Bros & Coney
랠스턴 퓨리나Ralston Purina
랭스티튜트 드 셀렉시옹 아니말l'Institut de Selection Animale
레슬리 제염 회사Leslie Salt Co.
레이크사이드 육류 포장회사Lakeside Packers
레이크사이드 팜 인더스트리 사Lakeside Farm Industries Ltd.
로버츠 뱅크Roberts Bank
로스킬 컨설팅 그룹Roskill Consulting Group
로열 더치 · 셸Royal Dutch · Shell
캐나다 로열 뱅크Royal Bank of Canada
로열 사료 · 제분 회사Royal Feed and Milling Co.
로저스 화물집하 운송회사Rogers Terminal and Shipping Co.
로코 엔터프라이즈Rocco Enterprises
론 스타 테크놀로지 사Lone Star Technologies Inc.
롬&하스Rohm & Haas
롭로Loblaw
루이 드레퓌스Louis Dreyfus & Cie
르네센Renessen
리오 틴토 그룹Rio Tinto Group
리치랜드 세일즈 컴퍼니Richland Sales Co.
리포자Lifosa
링 어라운드 프로덕트 사Ring Around Products Inc.
마그니멧Magnimet
마기 그룹Grupo Maggi

마이코젠 종자 Mycogen Seeds
마이코젠 Mycogen
막스&스펜서 Marks & Spencer
매니토바 연합 Manitoba Pool
맥도날드 McDonald
머스크 라인 Maersk Line
메리유 그룹 Merieux Group
메이플 롯지 팜스 Maple Lodge Farms
메이플 리프 식품 Maple Leaf Food
면화와 농작물 가공회사 Cotton and Agricultural Processors
모건 인터내셔널 Mogan International
모튼 Morton
몬산토 Monsanto
몬테디슨 Montedison
몰리노스 리오 데 라 플라타 Molinos Rio de la Plata
무디스 Moody's
미국 쌀제분업자협회 US Rice Millers Association
미국 엑스포트 케미컬 US Export Chemical Company
미네티 시아 Minettiy Cia SA
미니트 메이드 Minute Maid
미라클 푸드 마트 Miracle Food Mart
미마로츠 Mimarroz
미츠비시 Mitsubishi
민-닥 농민협동조합 Minn-Dak Farmers Coop
밀워키 뱅킹 컴퍼니 퍼스타 사 Milwaukee banking company Firstar Corp.
바모 제분 Vamo Mills
바바라 이스만 Barbara Isman
바이아티케어 금융서비스 ViatiCare Financial Services
반드무어텔 인터내셔널 Vandemoortele International NV
번즈 식품 Bunrs Foods Ltd.
벙기 글로벌 마켓 Bunge Global Markets
벙기 Bunge Ltd
벙기 제분 Bunge Milling
볼타스 Voltas
북미조직프로젝트 North American Organization Project, NAOP
북아메리카 제염회사 North American Salt Company

블루 스퀘어Blue Square
블룸버그Bloomberg
비고로 코퍼레이션Vigoro Corporation
비엔 호아 사료공장Bien Hoa Feed Mill
비이코 사BEOCO Ltd
비컨 제분Beacon Milling
빅 벤드 트랜스퍼 사Big Bend Transfer Co.
빈야드 종자Vineyard Seeds
사스크파워SaskPower
사이아나미드 캐나다Cyanamid Canada
산타나 협동조합Santana Cooperative
산티스타 알리멘토스Santista Alimentos
서니 프레쉬 푸드Sunny Fresh Foods
서던 사료Southern Feeds
서스캐처원 소맥연합Saskatchewan Wheat Pool
선 밸리 가금회사Sun Valley Poultry Ltd.
선 밸리 타일랜드Sun Valley Thailand
선 밸리Sun Valley
선퓨어SunPure
세넥스Cenex
세라나Serrana
세레스타Cerestar
세레올Cereol
세미놀 비료Seminole Fertilizer
세발 알리멘토스Ceval Alimentos
세이퍼코 프로덕트 사Saferco Products Inc.
세인즈베리Sainsbury
센트럴 소야Cental Soya
센트럴 소이 · 캐나마라Central Soy · Canamara
센트럴 아기레 포르투아리아Central Aguirre Portuaria SA
솔로리코Solorrico
수코시트리코 큐트랄Sucocitrico Cutrale
쉐이버 가금Shaver Poultry
슈라이어 맥아제조회사Schreier Malting Co.
스미스 필드Smith Field
스미스필드 식품Smithfield Foods

스타인버그 사Steinberg, Inc.
스탠더드&푸어스Standard & Poor's
스톤빌 순종종자회사Stoneville Pedigree Seed Company
스트라토스피어 코퍼레이션Stratosphere Corp.
스티븐스 인더스트리Stevens Industries
시보드 사Seaboard Corporation
시보드 연합 제분회사Seaboard Allied Milling Corp.
시카고 상품 거래소Chicago Board of Trade, CBOT
시트러스 힐Citrus Hill
시트로 퓨어 클라우드Citro Pure Cloud
시트로수코 파울리스타Citrosuco Paulista
시트로수코Citrosuco
시포스 옥수수제분Seaforth Corn Mills
시프토 제염Sifto Salt
신토 아줄Cinto Azul SA
실베이니아 땅콩 회사-카길 사Sylvania Peanut Co. - Cargill Inc.
씨 콘티넨탈Sea Continental
아그리브랜드 인터내셔널 사Agribrands International Co.
아그리-인더스트리얼 미메사Agri-Industrial Mimesa
아그리코어 연합Agricore United
아그리코어Agricore
아그리코Agrico
아다니 수출 회사Adani Export Co.
아다니 화학Adani Chemical
아디나스 폴리필스Adinath Polyfils
아리바 사Ariba Inc.
아메리칸 제염American Salt
아메리칸 커머셜 라인 홀딩스American Commercial Lines Holdings
아메리칸 커머셜 바지 라인American Commercial Barge Lines, ACBL
아메리칸 커머셜American Commercial
아메리칸 크리스털 설탕제조회사American Crystal Sugar Co.
아이어 사료Ayr Feeds
아처 대니얼스 미들랜드Archer Daniels Midland, ADM
아코나 사료 제분Arkona Feed Mills
아코Acco
아트퍼 사Artfer Inc.

아홀드Ahold
악조 노벨Akzo-Nobel
알세코Alceco
알터나 테크놀로지 그룹Alterna Technologies Group
앙드레Andre
애보트 제약Abbott Laboratories
애본데일 제분Avondale Mills
액세스 금융Access Financial
앤드루 위어 극동 회사Andrew Weir [Far East] Ltd.
앨런버그 코튼 컴퍼니Allenberg Cotton Co.
앨버타 소맥연합Alberta Wheat Pool, AWP
앨버타 연합Alberta Pool
앨버타 화물집하 회사Alberta Terminals Ltd, ATL
얼린 곡물Erlin Grain
에그솔루션 사EggSolutions Inc.
에리다니아 베긴-세이Eridania Beghin-Say
에콤 아그로인더스트리얼 사Ecom Agroindustrial Corp
엑셀 식품Excel Foods
엑셀Excel
엔론Enron
엠팩 식품Empack Foods
엠프레사 나쇼날 데 살리나스Empresa Nacional de Salinas
엠프레사스 알고도네라 멕시카나Empresas Algodonera Mexicana
엠프레사스 이안사Empresas Iansa
엠프레사스 호헨버그Empresas Hohenberg
영국식품연합Associated British Foods
옌타이 카길 비료Yantai Cargill Fertilizer
오르메치아 에르마노스Ormaechea Hermanos CA
옥수수정제업자협회Corn Refiners Association
옥시덴탈 페트롤륨Occidental Petroleum
울트라페트롤Ultrapetrol SA
월마트Wal-Mart
웨스턴 캐나다Western Canadian
웨스턴Weston
윌리 펠릭스 마샹Huilerie Felix Marchand SA
윌리엄스 에너지Williams Energy of Oklahoma

윌버 초콜릿 회사Wilbur Chocolate Company
유니레버Unilever
인더스트리아 데 발라스 플로레스탈Industria de Balas Florestal
인더스트리아 호헨버그Industria Hohenberg
인터마운틴 캐놀라InterMountain Canola
인터-아메리칸 개발 은행Inter-American Development Bank
일리노이 곡류 제분 유한회사Illinois Cereal Mills Ltd.
일리노이 곡류 제분회사Illinois Cereal Mills
일본무역회사Japanese Trading Company, JTC
일용품 마케팅 부문Commodity Marketing Division, CMD
일용품 신용공사Commodity Credit Corporation
자산 투자&금융 그룹Asset Investment & Finance Group
전국식료품상인연합National Grocers
제너럴 제분회사General Mills
제르켄스Gerkens
제퍼슨 아일랜드 제염회사Jefferson Island Salt Company
제프보트 사Jeffboat Inc.
젠-노 곡물 사Zen-Noh Grain Corp
줄리아노 그룹Grupo Zuliano
체이스 내셔널 뱅크Chase National Bank
체커보드Checkerboard
카길 곡물 부문Cargill Grain Division, CGD
카길 그레인 컴퍼니Cargill Grain Co.
카길 글로벌 펀딩 사Cargill Global Funding plc
카길 금융 서비스 사Cargill Financial Services Corp.,
카길 농업 상사Cargill Agricultural Merchants
카길 다우 폴리머Cargill Dow Polymers LLC
카길 데 베네수엘라Cargill de Venezuela, CA
카길 돈육회사Cargill Pork Inc.
카길 리스Cargill Leasing
카길 리쿠어라이프Cargill LiquaLife
카길 무역Cargill Trading
카길 맥아Cargill Malt
카길 밀가루제분Cargill Flour Milling
카길 벤처 나이지리아Cargill Ventures Nigeria
카길 북아시아 사Cargill North Asia Ltd, CNAL

카길 브라더스Cargill Brothers
카길 비료회사Cargill Fertilizer Inc.
카길 시암Cargill Siam
카길 시트로 아메리카Cargill Citro America
카길 아그리콜라 에 코메르샬Cargill Agricola e Comercial
카길 아그리콜라Cargill Agricola
카길 오브 위니펙Cargill Ltd of Winnipeg
카길 운송회사Cargill Carriers Incorporated
카길 잡종 종자Cargill Hybrid Seeds
카길 제염Cargill Salt
카길 종자 인디아Cargill Seeds India
카길 종자Cargill Seeds
카길 철강Cargill Steel
카길 카페테라 오브 콜롬비아Cargill Cafetera of Colombia
카길 투자 서비스Cargill Investor Service
카길 파체Cargill Pasze SA
카길 폴란드Cargill Poland
카길 필리핀 사Cargill Philippines Inc.
카길 헬스 앤드 푸드 테크놀로지Cargill Health and Food Technologies
카길Cargill
카나리 와프Canary Wharf
카르메이Carmay
카르멕스Carmex
카르멜라Carmela
카밋 라이스 제분Comet Rice Mill
칼 메인 식품Cal-Maine Foods
캐나다 맥아제조 회사Canada Malting Co.
캐나다 육류 포장회사Canada Packers
캐리 제염Carey Salt
캐터스 사육회사Cactus Feeders
캔자스 비프Kansas Beef
캘진 사Calgene Inc.
캠벨 수프Campbell Soup's
캡록 인더스트리Caprock Indestries
커길 컴퍼니 사Kerrgill Company Ltd.
커네이디안 퍼시픽Canadian Pacific

커디 인터내셔날 코퍼레이션Cuddy International Corporation
콜롬비아 컨테이너Columbia Containers
켈로그 사Kellogg Co.
코데바CODEBA
코카콜라Coca-Cola
코튼 지너 사Cotton Ginner Ltd
코팔 비료Co-pal Fertilizer
콘아그라 식품ConAgra Foods
콘아그라ConAgra
콘티 파이낸셜Conti Financial
콘티그룹 컴퍼니ContiGroup Companies Inc.
콘티넨탈 그레인Continental Grain
콘티코튼 오브 프레스토ContiCotton of Presno
콜라 사료Kola Feeds
쿨터 푸드 사이언스Cultor Food Science
퀘벡고용공사Emploi Quebec
퀘벡투자개발공사Investissement Quebec
퀘이커 오츠Quaker Oats
큐트랄Cutrale
크라프트Kraft
크리스탈 브랜드Crystal Brand
크리스탈세브 코메르시오 에 레프레젠타카오 사
    Crystalsev Comercio e Representacao Ltda
클라크슨Clarksons
클리어 밸리Clear Valley
타이슨 식품Tyson Foods
타타 오일제조 회사Tata Oil Mills Company, Tomco
테넌트 멕시코Tennant Mexico
테넌트 파 이스트 코퍼레이션Tenant Far East Corp
테드코Tedco
테일러 포장 회사Taylor Packing Co.
테트라 테크놀로지Tetra Technologies
테트라 팍Tetra Pak
텐진 카길 비료사Tianjin Cargill Fertilizer Co. Ltd
토스코 코퍼레이션Tosco Corporation
트라닥스 저팬Tradax Japan

트라닥스 캐나다 사Tradax Canada Ltd.
트라닥스Tradax
트랜스포트 서비스 사Transport Services Co.
트레이드아베드TradeARBED
트로피카나Tropicana
트릴리엄 육류회사Trillium Meats Ltd
파 베터 사료회사Farr Better Feeds
파이어니어 하이브레드Pioneer Hi-Bred
파크데일 제분Parkdale Mills
파타고니아 칠레Patagonia Chile
판코 가금Panco Poultry
팜랜드 인더스트리Farmland Industries
펀자브 농업관련 수출기업Punjab Agri Export Corporation
페루치 그룹Ferruzzi Group
페르티자Fertiza
페트로퀘미카 데 베네수엘라, S.A. Petroquemica de Venezuela, S.A.
펩시콜라PepsiCo
프래디엄 사Pradium Inc.
프레리 맥아Prairie Malt
프레스티지 팜스Prestage Farms
프레지던트 그룹Presidents Group
프레지던트 카길 사료콩단백회사President Cargill Fodder Protein Co.
프로골드 유한책임회사ProGold Limited Liability Co.
프로덕토라 델 살Productoral del Sal, Produsal
프로스퍼 덜시치&선Prosper Dulcichi & Sons
프록터&갬블Procter&Gamble
프루덴셜 보험회사Prudential Insurance Co.
프리미엄 스탠다드 팜스Premium Standard Farms
프리츠 코리건Fritz Corrigan
프리포트 맥모런Freeport McMoran Resource Partners
프릭 서비스Frick Services
플랜테이션 식품Plantation Foods
플레인즈 면화협동조합Plains Cotton Cooperative
피셔Fischer SA
필스버리Pillsbury
하비스트 스테이트 협동조합Harvest States cooperatives

하비스트 스테이트Harvest States
하이 밸류 옥수수사료회사High Value Feed Corn Company
하트랜드 협동조합Heartland Cooperative
해리스 케미컬 그룹Harris Chemical Group
핸슨&피터슨Hansen & Peterson
허니미드 프로덕트 컴퍼니Honeymead Products Co.
호라이즌 제분Horizon Milling, LLC
호멜Hormel
호프만-라 로쉬 사Hoffmann-La Roche Ltd
호헨버그 브라더스 컴퍼니Hohenberg Bros Co.
호헨버그Hohenberg
혼다 모터스Honda Motors
획스트 셔링 아그레보Hoechst Schering AgrEvo GmbH, AgrEvo
힌두스탄 레버Hindustan Lever
힐스다운 홀딩스 사Hillsdown Holdings plc
ACBL 히드로비아스ACBL Hidrovias
ADM 제분ADM Milling
AGP 곡물AGP Grain
BP 아모코BP Amoco
C. C. 테넌트 선즈&컴퍼니C. C. Tennant Sons & Co.
CF 인더스트리 사CF Industries Inc.
CLD 퍼시픽 곡물CLD Pacific Grain LLC
CSM 오브 암스테르담CSM of Amsterdam
CUC 맥아회사CUC Malt Ltd
E. I. 듀퐁E.I. DuPont de Nemours & Co.
ED&F 맨 그룹ED&F Man Group
EFS 네트워크 사EFS Network, Inc.
H. D. 클레버그H. D. Cleberg
IBP사IBP Inc.
IMC 글로벌 사IMC Global Inc.
IMC 비료회사IMC Fertilizer Inc.
M. A. 카길 무역 회사M. A. Cargill Trading Co.
SF 서비스SF Services
W. R. 그레이스&컴퍼니W. R. Grace & Co.
W. W. 카길 앤드 브라더W. W. Cargill and Brother
XL 푸드 오브 캘거리XL Foods of Calgary

찾아보기

[ㄱ]

가금사업 ·· 29
가디니에 비료공장 ···················· 239
건식제분 ······································ 162
고과당 옥수수 시럽 ·················· 160
고염품鹽 ······································ 387
고정편성 화물열차 ···················· 220
곡물 교역 ···································· 28
곡물 상인들 ································ 28
곡물식품 산업 ···························· 27
공동판매 ···································· 210
공법 480호 ·································· 91
교두보 ·· 43
교민당 ·· 309
구연산 염화나트륨 ···················· 165
구연산나트륨 ···························· 165
국가정책연구회 ························ 309
국제통화기금 ······························ 42
국제표준화기구 ························ 199
그라모벤 ······································ 34
글로브 앤드 메일 ······················ 30
금융상품 ···································· 183
금융서비스 센터 ······················ 195
금융시장 부문 ·························· 276
금융장치 ···································· 183
기업 본부 ···························· 49, 67
기점 ·· 84
기점시설 ······································ 35

[ㄴ]

내륙집하시설 ···························· 227
내셔널 곡물 ······························ 226
냉동 오렌지 주스 농축액 ········ 284
네슬레 ·· 39
넥세라 ·· 38
농가 보조법 ······························ 300
농무부 ································ 254, 312
농사 고문 ·································· 182
농사 대표 ·································· 182
농산물 협정 ······························ 361
농업거래사무소 ························ 312
뉴트리나 제분 ·························· 103

[ㄷ]

다국적 기업 ································ 39
다우 아그로사이언스 ·········· 38, 353
다이에이 ···································· 334
단일경작물 ································ 403
단일창구 판매 ·························· 210
대니얼 암스투츠 ························ 88
대만 ·· 301
대만 밀가루제분협회 ·············· 302
댄 모건 ·· 28
동방유량 ···································· 318
돼지고기 일관생산 사업 ·········· 29
둔켈 ·· 361

드레퓌스 · 28
디암모니움 인산염 · · · · · · · · · · · · · · · · · 238
딕 도슨 · 225

[ㄹ]

라라고 면화 프로젝트 · · · · · · · · · · · · · · · 142
라우호프 곡물 · 35
라운드업 레디 콩 · · · · · · · · · · · · · · · · · · 123
랠리 브라더스 · 289
랠리 브라더스&코니 · · · · · · · · · · · · · · · 135
레버리지 · 151, 209
레슬리 제염회사 · · · · · · · · · · · · · · · · · · · 370
로스 올리비토스 · · · · · · · · · · · · · · · · · · 384
로우 볼링 · 114
로크 아웃 · 113
루이 드레퓌스 · 254
르네센 · 348, 354

[ㅁ]

마이코젠 종자회사 · · · · · · · · · · · · · · · · · 353
메이플 리프 식품 · · · · · · · · · · · · · · · · · · · 31
메이플 리프 제분 · · · · · · · · · · · · · · · · · · 230
면실박 · 137
면실(목화 씨) · 137
모튼 소금 · 381
몬산토 · 348
몰리노스 리오 데 라 플라타 · · · · · · · · · · 34
미국 쌀제분업자협회 · · · · · · · · · · · · · · · 315
미국소맥협회 · · · · · · · · · · · · · · · · 97, 302
미국육류수출연합 · · · · · · · · · · · · · · · · · 312
미시시피 강 · · · · · · · · · · · · · · · · · · 211, 266
미시시피-미주리 · · · · · · · · · · · · · · · · · · 270
미츠비시 · 39
미츠비시 화학 · 166
미트&포울트리 · · · · · · · · · · · · · · · · · · · 132

밀링&베이킹 뉴스 · · · · · · · · · · · · · · · · · · 27

[ㅂ]

바지선 · 272
벌크 · 68
벌크 상품 · 207
벌크 운송 · 260
벙기 · 28
부셸 · 37
북아메리카 제염 · · · · · · · · · · · · · · · · · · 369
브라인 · 371
브라질 세라나 · 34
브로일러산업 · 120
블루 스퀘어 · 102
비非브랜드 · 292
비非알코올성 음료 · · · · · · · · · · · · · · · · · 290
비이코 사 · 36

[ㅅ]

사일로 · 33
사츠마 · 289
사티아그라하 · 375
산티스타 알리멘토스 · · · · · · · · · · · · · · · · 34
생물학 지역 · 230
서스캐처원소맥연합 · · · · · · · · · · · · · · · 251
서클 미팅 · 84
선물시장 · 210
세계은행 · 42
세금대체 · 164
세라두 · 268
세레스타 · 170
세발 알리멘토스 · · · · · · · · · · · · · · · · · · · 34
세인트로렌스 강 · · · · · · · · · · · · · · · · · · 211
소금 · 366
소금 행진 · 375

수상도로 ································· 266
수출증진 프로그램 ············· 93, 300
수코시트리코 큐트랄 ················ 286
수하르토 ································· 127
스네이크와 콜롬비아 하천계 ········ 211
스미스 필드 ···························· 31
스위트 브랜 ··························· 164
스핀오프 방식 ······················· 104
습식제분 ································· 163
시장확대 프로그램 ···················· 96
시카고 선물거래소 ···················· 65
시트로수코 파울리스타 ············· 286
시트로수코로 ························· 283
신 동방 ································· 318
신토불이身土不二 ····················· 321
실물 상품 ······························ 196
싱글 데스크 셀링 ···················· 210
씨 콘티넨탈 ··························· 307

[ㅇ]

아그리코어 연합 ····················· 251
아마라고스 ···························· 387
아처 대니얼스 미들랜드 ············· 37
아홀드 사 ······························· 31
악조 노벨 ······························ 370
암염 광상鑛床 ························· 370
앙드레 ··································· 28
앨버타소맥연합 ······················ 251
어니스트 미셱 ·························· 46
에리스리톨 ···························· 166
에지도스 ······························ 233
에프레모프 ···························· 155
엔론 ······································ 59
연합 ···································· 395
예선 ···································· 272
예인선 ································· 272

오대호 ································· 211
오르토인산 ····················· 240, 242
오일시드 ································ 102
오하이오 써클 ························· 83
오하이오 서클 회의 ···················· 84
우루과이 라운드 ······················· 82
워렌 스테일리 ··························· 48
원가 플러스 ···························· 91
월마트 ··································· 31
월터 클라인 ···························· 34
웨인 G. 브로엘 주니어 ·············· 19
웰빙 ·································· 403
윌버 초콜릿 회사 ··················· 265
유개 개저식有蓋 開底式 ············· 272
유니레버 ································· 39
유닛 ···································· 194
유연한 기반 ···························· 67
유전자 변형 ···························· 38
유전자 변형 종자 ···················· 402
유통경로 관리 특산 농작물 ········· 38
이노바슈어 ····························· 74
이리 운하 ······························ 214
이슈5 ··································· 83
이타코닉 산 ·························· 169
인광燐鑛 ································ 238
인산비료 ································ 238
인(P) ··································· 238
일관생산자 ···························· 119
일본 ···································· 325
일용품 마케팅 부문 ··················· 70
일용품신용공사 ······················ 217

[ㅈ]

자연수분 ································ 402
자율거래 ································ 321
자이바츠財閥 ·························· 327

잡종 · 184
잡종 옥수수 · · · · · · · · · · · · · · · · · · · 349
잡종 종자 · 42
장기 리스 · 213
재무 리스크 관리사업 · · · · · · · · · · · · · 28
절임 염지 · 381
정박(거룻배)운반시설 · · · · · · · · · · · · 379
제르켄스 · 265
젠-노 곡물 · 35
조찬 클럽 · 308
존 E. 클라인 · · · · · · · · · · · · · · · · · · · 34
종업원지주제 · · · · · · · · · · · · · · · · · · 78
종자사업 · 347
주식공개상장 · · · · · · · · · · · · · · · · · · 33
중국 · 337
중점수출 지원 프로그램 · · · · · · · · · · · 96
지리 · 67
질소비료 · 245
질소(N) · 239

[ㅊ]

초국가적 기업 · · · · · · · · · · · · · 32, 188

[ㅋ]

카길 · 28
카길 곡물 부문 · · · · · · · · · · · · · · · · · 70
카길 데 베네수엘라 · · · · · · · · · · · · · 384
카길 아그리콜라 · · · · · · · · · · · · 284, 286
카길 제염 · 372
카길 종자 인디아 · · · · · · · · · · · · · · · 355
카길 커뮤니티 네트워크 · · · · · · · · · · · 83
카길 투자 서비스 부문 · · · · · · · · · · · 337
카길 회보 · 81
칸들라 항구 트러스트 · · · · · · · · · · · · 373
칼륨(K) · 238

캐나다 내셔널 철도 · · · · · · · · · · · · · 251
캐나다 퍼시픽 철도 · · · · · · · · · · · · · 251
캐나다소맥협회 · · · · · · · · · · · · · · · · 97
캐나다육류포장회사 · · · · · · · · · · · · 114
캐놀라 · · · · · · · · · · · · · · · · · · · 38, 154
캐시 포렉스 · · · · · · · · · · · · · · · · · · 191
캐시 플로 · 43
커-기포드 사 · · · · · · · · · · · · · · · · · 328
케이스 레디 · · · · · · · · · · · · · · · · · · 107
코나수포 · 233
콘티 파이낸셜 · · · · · · · · · · · · · · · · · 29
콘티그룹 컴퍼니 · · · · · · · · · · · · · · · · 29
콘티넨탈 곡물회사 · · · · · · · · · · · · · 253
콘티넨탈 그레인 · · · · · · · · · · · · · · · · 29
콜롬비아-스네이크 하천계 · · · · · · · · 255
큐트랄 · 283

[ㅌ]

타타 오일 제조 회사 · · · · · · · · · · · · · 357
테트라 팍 · 287
트라닥스 · 303

[ㅍ]

파나맥스 · 307
파라과이-파라나 하천 계 · · · · · · · · · 270
파생상품 · 183
파이어니어 하이브레드 인터내셔널 · · · 351
판타날 · 271
팜파스 · 277
패션프루트 · · · · · · · · · · · · · · · · · · · 290
평화를 위한 식량 · · · · · · · · · · · · · · · 91
포르모사 · 301
포장 상품 · 31
포장육 · 31
폴리락트산 폴리머 · · · · · · · · · · · · · 167

찾아보기 | 459

풀링 ················· 210
퓨 이니셔티브 ············ 51
프레리 ················ 30
프레리농가연합 ·········· 250
프로덕토라 데 살(프로듀살) ······ 384
프로듀살 ·············· 386
프록터&갬블 ········· 285, 357
프리미엄 스탠다드 팜스 ········ 29
피드스터프 ············· 129
피셔 ················ 284

[ㅎ]

하류 이동 ············· 151
한국 ················ 311
한국사료협회 ············ 316
허드슨 강 ·············· 211
호주소맥협회 ············· 97
호헨버그 ·············· 135
호헨버그 브라더스 사 ········ 232
호헨버그 사 ············· 39
혼탁도 ··············· 292
홍수림紅樹林 ············ 374
화학비료 ·············· 237
휘트니 맥밀런 ············ 44
히드로비아스 ············ 266
힌돌리 ··············· 125

[기타]

3백白 산업 ············· 316
ADM ·············· 37, 69
ag reps ·············· 182
amaragos ············· 387
ATO ··············· 312
AWB ················ 97
AWP ··············· 251

barge ··············· 272
bioregion ············· 230
BSPA ··············· 308
Bt ················· 350
BTR 농업협동조합 ········· 393
bulk ················ 68
Cargill Bulletin ··········· 81
case-ready ·········· 31, 107
case-ready meat ·········· 31
cash flow ············· 43
cash forex ············ 191
CBOT ··············· 65
CCN ················ 83
Cerrado ·············· 270
CGD ················ 70
Circle Meeting ··········· 84
CIS ················ 337
CLD 퍼시픽 곡물 LLC ········ 37
CMD ················ 70
CN ················ 251
CONASUPO ············ 233
Corporate Center ········ 49, 67
cost-plus ············· 91
CP ················ 251
CWB ················ 97
DAP ··············· 238
EEP ············· 93, 300
Effrmov ·············· 155
EFP ··············· 191
Efremov ·············· 155
ejidos ··············· 233
Erie ················ 214
ESOP ················ 78
extension agent ·········· 182
Farm Bill ············· 300
FCOJ ··············· 284
Feedstuffs ············· 129

FMD	276
Formosa	301
GATT	82
GE	38
geography	67
Glove and Mail	30
HFCS	160
Hidrovias	266
Hindoli	125
IMC-아그리코	243
IMF	42
InnovaSure	74
INPR	308
Integrator	119
IP	38
IP(유통경로 관리, Identity Preserved)	75
IP 상품	207
IPO	33
ISO	198
Issue	83
itaconic acid	169
K-2	216, 249
KPT	373
KRRS	359
Lalago	142
lock-out	113
low-balling	114
M. A. 카길 무역회사	307
Meat&Poultry	132
Merchants of Grain	28
Milling&Baking News	27
MPP	96
Nexera	38
non-branded	292
Ohio Circle	83
Ohio Circle Council	84
Origination	84
origination facilities	36
Payment in Lieu of Taxes	164
Pew Initiative	51
pickle pond	381
PILOT	164
PL 480	186
PLA	167
PLA 폴리머	167
Pool	395
pooling	210
prairie	30
Public Law, PL 480	91
PVC	386, 388
Renessen	354
satsuma	289
satyagraha	375
silo	33
Simultaneous-Buy-Sell, SBS	321
single desk selling	210
soft watrix	67
Sweet Bran	164
SWP	251
TEA	96
the Breakfast Club	308
TNC	188
Tomco	357
Trans-national Company, TNC	32
USDA	312
W. W. 카길 앤드 브라더	63
well-being	403
Yefremov	155

발간에 부쳐

우리의 식량 주권을 일개 기업에 맡길 것인가

현재 우리의 식량 자급률은 26.9퍼센트, 그나마 쌀을 빼면 5퍼센트도 안 됩니다. 그런데 쌀마저도 개방 압력에 직면해 있는 현실은 식량 위기를 실감하게 해주고 있습니다. 지금 진행중인 쌀 재협상에서 어떤 결과가 나오든 우리의 식량 안보를 위협하게 될 것임은 누구도 부정할 수 없을 것입니다.

이런 가운데 우리에게 다국적 곡물기업 카길 사의 본질을 드러내는 책이 나온다는 소식에 반갑기 그지없었습니다. 국제 농산물시장 개방의 이면에 카길과 같은 다국적 곡물기업의 막강한 영향력이 있다는 것은 이미 세상이 다 아는 사실이기 때문입니다.

진작 이런 책이 나왔어야 하는 아쉬움보다 지금이라도 이런 책이 나와서 기쁜 마음이 더 컸습니다. 이 책은 이러한 시장 개방 압력이 단지 특정 기업들의 이익을 위해서 이루어지고 있음을 '카길'이라는 다국적 곡물기업을 파헤치면서 적나라하게 드러내 주는 고마운 책입니다.

카길은 사람의 먹을거리를 천박한 경제적 논리로 이익을 취하는 기업일 뿐임을 이 책을 통해서 다시 한번 확인하게 됩니다.

우리 소비자들이 이 책을 통해 '위협받고 있는 식량 안보의 심각성'에 대해 좀더 깊은 인식을 갖게 되길 바랍니다. 아울러 이 땅 농정을 책임지는 위정자들이 식량 위기에 대한 안일한 인식을 버리고 적극적인 대책을 마련할 수 있기를 기대해 봅니다.

강기갑(민주노동당 국회의원)

새로운 사회를 여는 지식 캠프

우리 농업, 희망의 대안
신자유주의를 넘어서는 지속 가능한 국민농업의 모색

지은이 | 박세길
토 론 | 새로운 사회를 여는 연구원 농업모임
쪽 수 | 200쪽
가 격 | 8,900원

우리 농업, 희망은 있다!

PART 01 우리 농업, 위기의 진단

01 한국 농업의 활로는 어디에 있는가?
고사 직전의 한국 농업 | 그렇다고 농업을 포기할 것인가 | 역사에서 배운다 | 유일한 활로, 국민농업으로의 전환

02 근대 농업의 위기
천년을 살아 숨쉰 농업 | 도시화와 자본의 농업 지배 | 농업의 세계화 | 지속 가능성의 위기

PART 02 우리 농업, 기회의 모색

03 쿠바 농업이 던지는 메시지
사회주의 국제 분업 체계 | 사회주의권의 붕괴 | 쿠바 농업, 위기에서 희망을 캐다

04 국민농업의 구조와 발전 전략
지속 가능한 생태농업으로의 전환 | 도시농업의 활성화 | 전 국민적인 먹을거리 공동체 형성

05 농업 시스템의 혁신적 재구축
소농 중심의 협업 체계 | '기간농민제' 도입과 농업공사 | 소유권과 사용권 분리에 입각한 농지공유제 확립 | 참고—토지 문제 일반의 해결 방안

06 새로운 사회로의 패러다임 전환과 농업
지역공동체 중심의 복지 모델 | 축복받는 장수 사회 | 자연과의 교감 회복

07 식량자급의 완성, 통일농업
북한 농업의 변화 | 남북 농업협력의 방향 | 보론—농민운동의 새로운 모색

독자를 먼저 생각하는 정직한 출판

시대의창이 **'좋은 원고'**와 **'참신한 기획'**을 찾습니다

쓰는 사람도 무엇을 쓰는지 모르고 쓰는,
그런 '차원 높은(?)' 원고 말고
여기저기서 한 줌씩 뜯어다가 오려 붙인,
그런 '누더기' 말고

마음의 창을 열고 읽으면
낡은 생각이 오래 묵은 껍질을 벗고 새롭게 열리는,
너와 나, 마침내 우리를 더불어 기쁘게 하는

땀으로 촉촉히 젖은 그런 정직한 원고,
그리고 그런 기획을 찾습니다.

시대의창은 모든 '정직한' 것들을 받들어 모십니다.

시대의창 WINDOW OF TIMES
분야 인문 / 정치 / 사회
서울시 마포구 연희로 19-1 (4층) (우)121-816
Tel : 335-6125 Fax : 325-5607